Methode zur merkmalbasierten Gesamtkostenermittlung für polymer-additiv gefertigte Spritzgießwerkzeuge

Method for Feature-Based Total Cost Calculation for Polymer-Additive Manufactured Injection Moulds

Von der Fakultät für Maschinenwesen
der Rheinisch-Westfälischen Technischen Hochschule Aachen
zur Erlangung des akademischen Grades eines
Doktors der Ingenieurwissenschaften
genehmigte Dissertation

vorgelegt von

Peter Ayvaz

Berichter/in:

Univ.-Prof. Dr.-Ing. Achim Kampker, MBA
Univ.-Prof. Dr.-Ing. Dipl.-Wirt.-Ing. Johannes Henrich Schleifenbaum

Tag der mündlichen Prüfung: 20. August 2021

ERGEBNISSE AUS DER ELEKTROMOBILPRODUKTION

Peter Ayvaz

Methode zur merkmalbasierten Gesamtkostenermittlung für polymer-additiv gefertigte Spritzgießwerkzeuge

Herausgeber:
Univ.-Prof. Dr.-Ing. Achim Kampker, MBA

Band 17

PEM | RWTH AACHEN UNIVERSITY

Bibliografische Information der Deutschen Nationalbibliothek
Die Deutsche Nationalbibliothek verzeichnet diese Publikation in der Deutschen Nationalbibliografie; detaillierte bibliografische Daten sind im Internet über https://portal.dnb.de abrufbar.

Peter Ayvaz:

Methode zur merkmalbasierten Gesamtkostenermittlung für polymer-additiv gefertigte Spritzgießwerkzeuge

1. Auflage, 2021

Gedruckt auf holz- und säurefreiem Papier, 100% chlorfrei gebleicht.

Apprimus Verlag, Aachen, 2021
Wissenschaftsverlag des Instituts für Industriekommunikation und Fachmedien an der RWTH Aachen
Steinbachstr. 25, 52074 Aachen
Internet: www.apprimus-verlag.de, E-Mail: info@apprimus-verlag.de

Druck: KN Digital Printforce GmbH, Stuttgart

ISBN 978-3-86359-999-7

D 82 (Diss. RWTH Aachen University, 2021)

Vorwort

Die vorliegende Arbeit entstand während meiner Tätigkeit als wissenschaftlicher Mitarbeiter am Lehrstuhl PEM der RWTH Aachen.

Mein besonderer Dank gilt meinem Doktorvater, Herrn Professor Achim Kampker, Leiter des Lehrstuhls PEM der RWTH Aachen, an dem ich als wissenschaftlicher Mitarbeiter tätig sein durfte. Ihm danke ich insbesondere für das inspirierende und freie Umfeld und die Möglichkeit zur Promotion. Daneben Danke ich Herrn Professor Johannes Schleifenbaum für die Übernahme des Koreferats und Herrn Professor Thomas Bergs für die Annahme des Prüfungsvorsitzes. Von großer Bedeutung war und ist für mich die Zusammenarbeit mit Dr. Johannes Triebs und Sebastian Kawollek. Mit Blick auf diese Arbeit danke ich beiden für das Vertrauen, die kritischen Diskussionen und die Begleitung der Arbeit.

Die Umsetzung dieser Arbeit ist erst durch die große Unterstützung zahlreicher Kollegen am PEM der RWTH Aachen möglich geworden. Für die technische Unterstützung bei der Vorbereitung und Realisierung von Versuchen bedanke ich mich insbesondere bei Tim Louis und Alfred Frauenrath.

Die Auf- und Umbauten an der Maschine, die unzähligen Versuchsreihen, Messreihen, Analysen, Auswertungen und Simulationen waren nur durch den unermüdlichen Einsatz meiner Studenten möglich. Hervorheben möchte ich Lukas Claßen, Paula Hohoff, Tom Beyer, Leonard Hafner, Martin Paschen, Matthias Zeller, und Jan Winitzki.

Für die sehr gute Zusammenarbeit und die freundliche Arbeitsatmosphäre möchte ich mich bei meinen ehemaligen Kollegeninnen und Kollegen am PEM der RWTH Aachen bedanken. Die gemeinsame Zeit hat mir sehr viel Freude bereitet und ich werde Sie als intensive und lehrreiche Zeit in bester Erinnerung behalten. Ich danke insbesondere den ehemaligen Kollegen Benjamin Rubin, Gerret Lukas, Dennis Ilic, Steffen Hohenstein, Dr. Ansgar vom Hemdt, Ahmad Mohsseni, Saskia Wessel, Christian Offermanns und Dr. Heiner Heimes.

Der größte Dank gebührt meiner Familie, meinen Eltern und meinen beiden Brüdern Rafet und Felix. Meinen Eltern möchte ich dafür danken, dass Sie mir in jeder Phase meines Lebens mit Rat und Tat zur Seite stehen. Meinen Brüdern möchte dafür danken, dass ich weiß, dass ich immer auf Sie zählen kann.

Ich danke meiner lieben Partnerin Viola sehr für ihr Verständnis und für ihre Unterstützung vor allem zum intensiven Ende der Promotionszeit, um die vorliegende Arbeit abzuschließen.

Aachen, im August 2021

Peter Ayvaz

Zusammenfassung

Klassische werkzeuggebundene Fertigungsverfahren sind durch den zugrundeliegenden mehrstufigen Fertigungsprozess häufig bei kleinen Stückzahlen wirtschaftlich anspruchsvoll. Kleine Stückzahlen treten vor allem zu Beginn des Produktlebenszyklus in der Produktentwicklung und zum Ende im Rahmen der Ersatzteilversorgung auf. Insbesondere in den Phasen der Produktentwicklung mit häufigen Änderungen im Produktdesign und der Notwendigkeit die Produktiterationen bereits im Serienfertigungsverfahren zu fertigen um die notwendigen Absicherungen und Freigaben zu erzielen schlagen die hohen Kosten konventionell gefertigter Werkzeuge aufgrund der geringen Stückzahlen stark auf den Teilepreis durch. Alternative Werkzeugfertigungsverfahren zur Senkung der Werkzeugkosten werden aufgrund der Unkenntnis über das Verhalten innerhalb des Spritzgießprozesses nur sehr selten eingesetzt. Die entwickelte Methode wirkt diesem Informationsdefizit für polymer-additive Spritzgießwerkzeuge durch eine Systematik zur Prognose der Werkzeugstandzeit auf Basis einer kennzahlenbasierten Beschreibung der Bauteilanfrage entgegen. Damit ist es erstmals möglich quantifizierte Informationen zur Werkzeugstandzeit polymer-additiv gefertigter Werkzeuge mit in den Kalkulationsprozess einfließen zu lassen um diese Technologiekombination verwenden zu können. Die grundlegende Neuerung der Methode ist die Werkzeugstandzeitprognose auf Basis einer modellierten, quantifizierten Bauteilanfragebeschreibung. Die entwickelte Modellierung nutzt eine mehrstufige Gliederung bei der insbesondere zwischen Bauteil, zugehörigem Werkzeug und zu verwendenden Prozessparametern unterschieden wird. Die so beschriebenen Bauteilanfragen werden damit vergleichbar und bilden die Datengrundlage für eine Data Mining-basierte Werkzeugstandzeit-Prognosemodellerstellung. Somit können kontinuierlich weitere Datensätze in Form von Bauteilanfragen gesammelt und mit in die Datenbasis aufgenommen werden. Für die kontinuierliche Erweiterung und Anpassung der Prognosemodelle bietet die entwickelte Methode ebenfalls einen geeigneten Rahmen.

Summary

Classic tool-based manufacturing processes are often economically challenging for small quantities due to the underlying multi-stage manufacturing process. Small quantities occur primarily at the beginning of the product life cycle in product development and at the end in the context of spare parts supply. Especially in the phases of product development with frequent changes in the product design and the necessity to manufacture the product iterations already in the series production process in order to achieve the necessary validations and approvals, the high costs of conventionally manufactured tools have a strong impact on the part price due to the small quantities. Alternative mould manufacturing processes to reduce mould costs are rarely used due to the lack of knowledge about the behaviour within the injection moulding process. The developed methodology counteracts this information deficit for polymer additive injection moulds by providing a system for predicting mould service life based on a metrics-based description of the part request. This makes it possible for the first time to include quantified information on the tool life of polymer additive manufactured tools in the calculation process in order to be able to use this combination of technologies. The fundamental innovation of the method is the tool life prediction based on a modelled, quantified part demand description. The developed modelling uses a multilevel structure that distinguishes between the component, the associated tool and the process parameters to be used. The component inquiries described in this way thus become comparable and form the data basis for a data mining-based tool life prediction model. Thus, further data sets in the form of component inquiries can be continuously collected and included in the database. The developed method also provides a suitable framework for the continuous extension and adaptation of the forecast models.

Inhaltsübersicht

Inhaltsverzeichnis

Abbildungsverzeichnis

Tabellenverzeichnis

Abkürzungsverzeichnis

Abb.	Abbildung
bzgl.	bezüglich
bzw.	beziehungsweise
ca.	circa
d.h.	das heißt
engl.	englisch
et al.	et alii
etc.	et cetera
e.V.	eingetragener Verein
f.	folgende
ff.	fortfolgende
ggfs.	gegebenenfalls
Hrsg.	Herausgeber
i.A.a	in Anlehnung an
i.d.R.	in der Regel
inkl.	inklusive
Jg.	Jahrgang
Kap.	Kapitel
konv.	Konventionell
o.Ä.	oder Ähnlichen
o.g.	oben genannte
S.	Seite(n)
sog.	sogennante
u.a.	unter anderem
usw.	und so weiter
vgl./Vgl.	vergleich/Vergleiche
z.B.	zum Beispiel
%	Prozent

Akronyme

3D-IM	3D printed injection molding
ABS	Acrylnitril-Butadien-Styrol
ACES	Accurate Clear Epoxy Solids
AIM	ACES injection molding
AM	Additive Manufacturing
ANN	Aritificial Neural Net
AV	Aspektverhältnis
BSS	Bedienerstundensatz
CAD	Computer-Aided Design
CBR	Case based reasoning
CV	Cross-validation

DIN	Deutsches Institut für Normung e.V.
DM	Data Mining
DPAT	Direct Polymer Additive Tooling
DS	Düsenseite
EDV	elektronische Datenverarbeitung
FEK	Fertigungseinzelkosten
FEM	Finite Elemente Methode
FGK	Fertigungsgemeinkosten
FK	Fertigungskosten
GK	Gesamtkosten
GmbH	Gesellschaft mit beschränkter Haftung
HK	Herstellkosten
HRC	Härtegrad Rockwell
IT	Informationstechnologie
k-NN	k-nearest neighbour Methode
KDD	knowledge discovery in data bases
KI	künstliche Intelligenz
KMU	kleine und mittlere Unternehmen
MEK	Materialeinzelkosten
MGK	Materialgemeinkosten
MK	Materialkosten
MRE	Mittlerer relativer Fehler (engl.: mean relative error)
MSS	Maschinenstundensatz
MSS_{Druck}	Maschinenstundensatz Drucker
MVI	Schmelzflussindex (engl.: melt volume index)
NC	Numerical control
PA	Polyamid
PAT	Polymer Additive Tooling
PEEK	Polyetheretherketon
PEM	Lehrstuhl für Production Engineering of E-Mobility Components der RWTH Aachen
PLA	Polylactide (poly lactic acid)
PMMA	Polymethylmethacrylat
PP	Polypropylen
PPS	Produktionsplanung und -steuerung
RWTH	Rheinisch-Westfälische Technische Hochschule
SEF	Sondereinzelkosten der Fertigung
SG	Spritzgieß(-en)
SGB	Spritzgießbauteil
SS	Schließseite
Stk.	Stück
STL	Standard Triangulation Language
SVM	Support Vektor Maschine
TG	Toleranzgrad
Tr	Trennebene
VDI	Verein Deutscher Ingenieure e.V.

VDMA	Verband Deutscher Maschinen- und Anlagenbau e.V.
WKZ	Werkzeug

Symbolverzeichnis

Griechische Zeichen

Abkürzung	Einheit	Beschreibung
α		mittlere Nutzung eines Maschinenbedieners
π		Kreiszahl
ϑ_M	°C	Massetemperatur beim Einspritzen
ϑ_W	°C	Werkzeugwandtemperatur
$\bar{\vartheta}_E$	°C	über Querschnitt gemittelte Entformungstemperatur

Lateinische Zeichen

Abkürzung	Einheit	Beschreibung
a, b, c	mm	Bauteilabmessungen (Länge, Breite, Höhe)
a_{leit}	m^2/s	Temperaturleitfähigkeit
a_w	mm	Kantenlänge des Vergleichswürfels
$A_{Anguss,proj.}$	mm^2	Projizierte Oberfläche des Angusses in der Trennebene
$A_{Bauteil}$	mm^2	Bauteiloberfläche
A_{ges}	mm^2	Gesamtfläche
A_i	mm^2	Teilfläche i
$A_{Kavität,proj.}$	mm^2	Projizierte Oberfläche der Kavität in der Trennebene
A_{KZ}		Anteil Kühlzeit an Zykluszeit
$A_{Proj.}$	mm^2	Projizierte Bauteilfläche
A_S	mm^2	Oberfläche einer volumengleichen Sphäre
A_{SGB}	mm^2	Oberfläche des Spritzgießbauteils
$A_{Werkzeug.}$	mm^2	Fläche des polymer-additiv gefertigten Werkzeugeinsatzes in der Trennebene
AG_{Art}		Angussverteilerkanalart
$AG_{Oberfläche}$		Ausfüllungsgrad Oberfläche
$AG_{Position}$		Angussposition
$AG_{Volumen}$		Ausfüllungsgrad Volumen
$AN_{Auswerferstifte}$		Anzahl Auswerferstifte

$AN_{Kavität}$		Anzahl Kavitäten
AN_{Kerne}		Anzahl Kerne
$AN_{Schieber}$		Anzahl Schieber
$AT_{Vorhanden}$		Aktives Temperiersystem
AV		Aspektverhältnis
AV_{Pin}		Aspektverhältnis Pin
AV_{Steg}		Aspektverhältnis Steg
b_{Steg}	mm	Breite eines Stegs
$b_{Steg,min}$	mm	Minimale Stegbreite
d_{Pin}	mm	Durchmesser eines Pins
$d_{Pin,min}$	mm	Minimaler Pindurchmesser
d_R	mm	Raumdiagonale der kleinstmöglichen rechteckigen Verpackung des Werkstücks
d_{RW}	mm	Raumdiagonale des Vergleichswürfels
$F_{k,PAM}$		Faktor Kühlzeit polymer-additiver Werkzeuge
$FK_{Einsatz}$	€	Fertigungskosten des Werkzeugeinsatzes
G_w		Oberflächenverhältnis
G_x		Gestrecktheit
G_y		Dünnwandigkeit
G_z		Verpackungssperrigkeit
h_{Rippe}	mm	Rippenhöhe
h_{Pin}	mm	Höhe eines Pins
h_{Steg}	mm	Höhe eines Stegs
HK_{SGB}	€	Herstellkosten der Spritzgießbauteile
HK_{WKZ}	€	Herstellkosten des Werkzeugs
K_{Druck}	€	Kosten des Drucks
K_{Mkg}	€/kg	Materialkosten pro kg Druckmaterial
K_{Nach}	€	Kosten der Nachbearbeitung
$K_{Rüst}$	€	Rüstkosten
K_{SGBMkg}	€/kg	Materialkosten pro kg Spritzgießmaterial
K_{SMkg}	€/kg	Materialkosten pro kg Supportmaterial
K_{SR}	€	Kosten des Werkzeugspannrahmens

K_{Vor}	€	Kosten der Vorverarbeitung
Kap_h	Bauteile/s	Stündliche Maschinenkapazität
$l_{Entformung}$	mm	Maximaler Entformungsweg
LZ	#Bauteile	Lebenszyklus des Werkzeugspannrahmens
m		beliebige ganzzahlige Zahl
M_{Anguss}		Gewicht des Anguss- & Verteilerkanalsystems
$M_{Einsatz}$	g	Masse des Werkzeugeinsatzes
M_S	g	Masse des Supportmaterials
M_{Schuss}	g	Schussgewicht je Bauteil
M_{SGB}	g	Bauteilgewicht
m_{sz}		Standzeitfaktor
$MA_{Werkzeug}$		Werkzeugmaterial
$MK_{Einsatz}$	€	Materialkosten des Werkzeugeinsatzes
n		Anzahl Kavitäten je Werkzeugeinsatz
N	#Bauteile	Auftragsgröße
r	mm	Zylinderradius
R	mm	Radius
R_a	nm	Mittenrauwert
s	mm	Plattendicke
S		Grundwandstärkenverhältnis
S_R	mm	Rippendicke
t_{Druck}	s	Druckzeit
T_{ein}	°C	Einspritztemperatur
$T_{ein,min}$	°C	Minimale Verarbeitungstemperatur
T_i	mm	Wandstärke der Teilfläche i
t_k	s	Kühlzeit
$t_{kühl}$	s	Rechnerische Kühlzeit konv. Spritzgießprozess
T_{Mittel}	mm	Mittlere Wandstärke
t_{Nach}	s	Nachbearbeitungszeit
$t_{Rüst}$	s	Rüstzeit
t_{Vor}	s	Vorverarbeitungszeit
t_{Zyklus}	s	Zykluszeit

$t_{Zyklus,PAM}$	s	Zykluszeit polymer-additiver Werkzeuge
TG_{max}		Maximal erreichbarer Toleranzgrad
V_{Anguss}	mm^3	Volumen des Angusses
$V_{Bauteil}$	mm^3	Bauteilvolumen
$\dot{V}_{ein}$	cm^3/s	Einspritzvolumenstrom
$V_{Kavität}$	mm^3	Volumen der Kavität
V_{SGB}	mm^3	Volumen des Spritzgießbauteils
V_U	mm^3	Umhüllungsvolumen des Werkstücks
$V_{Werkzeug}$	mm^3	Werkzeugvolumen
x_{sz}		Werkzeugstandzeit

1 Einleitung

Der Trend der individualisierten Massenproduktion – Mass Customization – bedeutet in seinem übergeordneten Ideal, Produkte oder Dienstleistungen anzubieten, die den Anforderungen jedes einzelnen Kunden gerecht werden, die aber dennoch mit Massenproduktionseffizienz hergestellt und geliefert werden können.[1] Die Umsetzung erfolgt derzeit durch die Variation von wenigen, aus Kundensicht aber entscheidenden Merkmalen eines Produktes, wodurch eine neue Stufe der Individualisierung erreicht wird. Anschauliches Beispiel sind hierbei die Konfiguratoren von Autos, bei denen sich Kunden bspw. individuelle Schriftzüge in Scheinwerfer oder in Design-Elemente integrieren lassen können.[2] Einer der wesentlichen Befähiger dieser steigenden Individualisierung ist die additive Fertigung, die auch im Werkzeug- und Formenbau zunehmenden Einzug erhalten hat, um der steigenden Variantenvielfalt als Folge der erhöhten Individualisierung auch für die werkzeuggebundene Bauteilherstellung zu begegnen.[3]

Im Mittelpunkt dieser Arbeit steht dabei die Frage, mit welchen Methoden die Individualisierung im Bereich der werkzeuggebundenen Bauteilherstellung entlang verschiedener Phasen des Produktentstehungsprozesses vorangetrieben werden kann. Werkzeuggebundene Herstellungsverfahren eignen sich aufgrund des Fertigungsablaufs besonders zur Herstellung von Wiederholteilen mit eingeschränkter Varianz. Fokussiert wird in dieser Arbeit das Spritzgießen als der für die Großserienproduktion bedeutsamste Fertigungsprozess zur Herstellung von Polymerbauteilen.[4] Spritzgießwerkzeuge werden i.d.R. als Unikate oder in sehr kleinen Serien mit aufwendigen und vor allem zeit- und lohnintensiven Fertigungsverfahren gefertigt.[5] Aufgrund dieser traditionell hohen Initialkosten der Werkzeugherstellung mit konventionellen Fertigungsverfahren werden zum einen innerhalb der Produktentwicklung die für verschiedene Validierungsphasen benötigten Bauteilprototypen kostenintensiv in der Herstellung und zum anderen werden Fertigungsanfragen erst ab einer ausreichend hohen Stückzahl für Unternehmen wirtschaftlich relevant. Hohe Kosten werkzeuggebundener Bauteile vor allem bei geringen Stückzahlen sind die Folge.[6] Die Relevanz dieser Fragestellung wird im nachfolgenden Abschnitt anhand zentraler Herausforderungen aus Auftragsabwicklung und Bauteilfertigung erläutert. Anschließend werden das Ziel sowie der Aufbau der weiteren Arbeit dargestellt.

1.1 Ausgangssituation und Problemstellung

Der eingangs beschriebene Trend zur Individualisierung von Produkten resultiert in immer kürzer werdenden Produktlebenszyklen und einer stetig steigenden Anzahl an Produktvarianten mit gleichzeitig zunehmender technischer Komplexität, die kürzere und häufigere Anlaufphasen erfordern, und stellt

---

1 Vgl. Piller (Mass Customization), 2008

2 Vgl. BMW AG (Mini yours customised), 2017

3 Vgl. Boos; Arntz et al. (Erfolgreich Fertigungstechnologien Einsetzen), 2017, 23 und 41

4 Vgl. Hopmann (Technologie des Spritzgießens), 2017, S. XVIIf.

5 Vgl. Boos; Pitsch et al. (Erfolgreich Kalkulieren), 2015

6 Vgl. Hopmann; Menges et al. (Spritzgießwerkzeuge), 2018, S. 115

damit produzierende Unternehmen vor Herausforderungen in verschiedenen Phasen entlang des Produktlebenszyklus[7]. Für alle werkzeuggebundenen Fertigungsprozesse führt dies zu hohen Anforderungen sowohl an die Angebotsstellung als auch die Werkzeugherstellung, da Kosten und Time-to-Market konsequent reduziert werden müssen[8].

Werkzeugbau- und Kleinserienfertigungsbetriebe sind daher gezwungen, innerhalb kurzer Zeit verlässliche Angebote abzugeben, um Kundenaufträge zu erhalten.[9] Die Anforderungen an die Angebotsstellung bleiben hierbei gleich, sodass zum Zeitpunkt der Anfrage eine hohe Änderungswahrscheinlichkeit des Produkts durch Kundenwünsche vorliegt. Dabei stellen Abweichungen zwischen Angebotspreis und später tatsächlich angefallenen Kosten mittelfristig eine Bedrohung für die Existenz der Unternehmen dar. Zu niedrige Angebotspreise führen zu unrentablen Aufträgen, zu hohe Angebotspreise verringern die Beauftragungswahrscheinlichkeit durch den Kunden.[10] Neue Fertigungstechnologien und verfahrenstechnische Kombinationen für die Werkzeugherstellung werden daher kontinuierlich entwickelt, um die notwendige Kostensenkung und Verkürzung der Time-to-Market von Polymerbauteilen zu realisieren[11]. Diese werden häufig unter dem Sammelbegriff „Rapid Tooling" zusammengefasst und stellen eine Sammlung direkter und indirekter alternativer Fertigungsverfahren für die Werkzeugherstellung dar.[12] Speziell die kontinuierliche Weiterentwicklung der additiven Fertigungsverfahren hat in den letzten Jahren neue Möglichkeiten im Zuge der Werkzeugherstellung eröffnet.[13] Die Kernherausforderung besteht hierbei darin, das fehlende Erfahrungswissen im Umgang mit den neuen Technologien aufzubauen. Dieser häufig mühsame Prozess bremst die durchgehende Verbreitung neuer Technologiekombinationen. Somit bestehen die folgenden zentralen Herausforderungen:

- Aufwandsarme und schnelle Erstellung von ausgearbeiteten Angeboten für die Herstellung von Werkzeugen bei hoher Änderungswahrscheinlichkeit des Produkts
- Kostengünstige und schnelle Herstellung von Werkzeugen für die Fertigung kleiner Stückzahlen individueller Bauteile

Vor diesem Hintergrund werden in Praxis und Wissenschaft zum einen Methoden zur Kostenkalkulation und zum anderen Ansätze für neue Technologiekombinationen im Werkzeugbau eingesetzt. Diese entsprechenden Methoden und Ansätze werden in den Kapiteln 2 und 3 im Detail erläutert, bevor auf Basis des damit geschaffenen Verständnisses für Theorie- und Praxisdefizit ein Lösungsvorschlag hergeleitet wird.

---

7 Vgl. Kampker; Burggräf et al. (Life cycle oriented evaluation of flexibility), 2013; Vgl. Kampker; Burggräf et al. (Integrated product and process development), 2014

8 Vgl. Eilert (Merkmalbasierte Herstellkostenermittlung), 2015, S. 11ff.

9 Vgl. Tönshoff; Reinsch et al. (Sicher zu genauen Kosten), 2005; Vgl. Petzold (Verbesserung der Datenqualität in der Vorkalkulation), 2008, S. 7

10 Vgl. Eilert (Merkmalbasierte Herstellkostenermittlung), 2015, S. 17f.

11 Vgl. Eversheim; Klocke (Werkzeugbau mit Zukunft), 1998, S. 147; Vgl. Kampker; Förstmann et al. (Additive Tooling), 2016

12 Vgl. Rosochowski; Matuszak (Rapid tooling), 2000; Vgl. Levy; Schindel et al. (Rapid manufacturing and rapid tooling with layer manufacturing (LM) technologies), 2003; Vgl. Rahmati (Direct Rapid Tooling), 2014; Vgl. Equbal; Sood et al. (Rapid tooling), 2015

13 Vgl. Levy; Schindel (Overview of layer manufacturing technologies), 2005; Vgl. Gebhardt (Additive Fertigungsverfahren), 2016, S. 6ff.

1.2 Ziel der Arbeit

Wie eingangs dargestellt, ist der formgebende Werkzeugbau ein kritischer Faktor in der industriellen Wertschöpfungskette und stellt mit seiner Sonderrolle das entscheidende Bindeglied zwischen Produktentwicklung und Produktherstellung dar. Um den dargestellten Anforderungen gerecht werden zu können, werden alternative Fertigungstechnologien für die Werkzeugherstellung eingesetzt. Für einen sichereren Umgang mit diesen Technologien während der Angebotsstellung wird in diesem Werk ein Ansatz zur Ermittlung der Gesamtherstellungskosten von Fertigungsaufträgen unter Berücksichtigung der Besonderheiten des polymer-additiven Werkzeugbaus vorgestellt, denn bestehende Ansätze zur Herstellkostenermittlung sind nur bedingt anwendbar.

Zum einen betrachten konventionelle Verfahren zur Herstellkostenermittlung ausschließlich die Werkzeugherstellung ohne Berücksichtigung der nachfolgenden Bauteilfertigung. Dies ist dadurch begründet, dass konventionelle Werkzeugbaubetriebe die Bauteilherstellung i.d.R. nicht im eigenen Betrieb durchführen. Damit endet der Betrachtungsbereich nach der Werkzeugherstellung. Im Rahmen verschiedener Phasen der Produktentwicklung sowie der Kleinserienfertigung werden hingegen die Bauteile häufig ebenfalls durch das Werkzeugbauunternehmen gefertigt. Hierdurch ist ein erweiterter Betrachtungsbereich notwendig. Zum anderen werden nur konventionelle Werkzeugfertigungsverfahren detailliert betrachtet. Dies hat zur Folge, dass insbesondere bei geringen geforderten Bauteilstückzahlen die Werkzeugstandzeit konventioneller Werkzeuge i.d.R. nicht mit betrachtet wird. Bei alternativen Fertigungstechnologien ist die Betrachtung der Werkzeugstandzeit für eine korrekte Ermittlung der Herstellungskosten allerdings von entscheidender Bedeutung. Somit wird das Ziel der Arbeit wie folgt definiert:

Ziel der vorliegenden Arbeit ist die Entwicklung einer Data Mining-basierten Methode zur Gesamtherstellkostenermittlung durch eine merkmalbasierte Prognose der Standzeit von polymer-additiv gefertigten Spritzgießwerkzeugeinsätzen

1.3 Aufbau der Arbeit

In Kapitel 1 der vorliegenden Arbeit wird in die Problemstellung eingeführt, die Zielsetzung der Arbeit aufgezeigt sowie das inhaltliche Vorgehen und der Aufbau der Arbeit erläutert.

In Kapitel 2 werden die Grundlagen des Werkzeugbaus mit einem Fokus auf den für diese Arbeit relevanten Bereich des Spritzgießwerkzeugbaus erläutert. Es werden insbesondere die verschiedenen, je nach Einsatzzweck möglichen Werkzeugfertigungstechnologien dargestellt. Darauf aufbauend wird der Ablauf in der Auftragsabwicklung mit einem Fokus auf die Angebotsstellung erläutert. Schließlich werden die Besonderheiten im Kleinserienwerkzeugbau beschrieben. Anhand der vorherrschenden Situation in diesen Bereichen wird die der Arbeit zugrundeliegende Problemstellung abgeleitet.

In Kapitel 3 wird der aktuelle Stand der Wissenschaft hinsichtlich Kalkulationsverfahren im Werkzeugbau aufgezeigt. Dazu werden zunächst die bestehenden Kalkulationsmethoden und -ansätze erläutert und hinsichtlich der aus der Praxis abgeleiteten Anforderungen bewertet. Anschließend wird der Forschungsbereich der wissensbasierten Systeme dargestellt. Nach einer Auseinandersetzung mit den Grundlagen wissensbasierter Systeme werden Möglichkeiten und Grenzen für die Anwendung aufgezeigt. Hieraus wird der Handlungsbedarf aus dem Stand der Wissenschaft abgeleitet und damit zusammen mit der zugrundeliegenden Problemstellung aus Kapitel 2 die Ausgangssituation für diese Arbeit dargelegt.

In Kapitel 4 werden ausgehend von der dargestellten Ausgangssituation und der zentralen Zielsetzung die Aufgabenstellung und Vorgehensweise abgeleitet.

In Kapitel 5 werden die wesentlichen inhaltlichen Lösungsbestandteile konzipiert und detailliert. Zunächst werden die zentralen Beschreibungsmodelle für die merkmalbasierte Quantifizierung von Bauteil- und Werkzeugeigenschaften dargestellt sowie Gestaltungsrichtlinien für die Konstruktion und Spritzgießprozessführung abgeleitet. Darauf aufbauend wird ein Data Mining-basierter Ansatz zur Prognose der Werkzeugstandzeit vorgestellt, dessen Ergebnisse in die Gesamtkostenermittlung eines Fertigungsauftrags eingehen. Abschließend wird der vorgestellte Lösungsansatz in einem Demonstrator umgesetzt.

In Kapitel 6 erfolgt abschließend die Anwendung des entwickelten und im Demonstrator umgesetzten Lösungsansatzes anhand der Kostenkalkulation des Gesamtfertigungsauftrags von verschiedenen Anwendungsbauteilen. Auf Basis der in der Anwendung erlangten Erkenntnisse erfolgt eine kritische Reflexion der Ergebnisse dieser Arbeit.

Schließlich werden in Kapitel 7 die Erkenntnisse dieser Arbeit zusammengefasst und weiterer Forschungsbedarf aufgezeigt.

2 Grundlagen des Betrachtungsbereichs

Die Grundlagen des Betrachtungsbereichs der vorliegenden Arbeit werden in dem folgenden Kapitel erläutert. Der Betrachtungsbereich dieser Arbeit zielt auf die Auftragsabwicklung und Angebotserstellung im formgebenden Werkzeugbau für kleine Stückzahlen von Spritzgießbauteilen als Unterklasse der Kunststoffwerkzeuge ab. Hierzu wird ein kurzer Überblick über den Werkzeugbau gegeben, der die Begrifflichkeiten definiert, den Werkzeugbau innerhalb der industriellen Wertschöpfungskette eines Produktes einordnet und die verwendeten Fertigungstechnologien darstellt. Anschließend werden die Grundformen der Spritzgießwerkzeuge sowie der Auftragsabwicklungs- und Angebotserstellungsprozess im Werkzeugbau erläutert. Aufbauend auf den Ausführungen wird der Handlungsbedarf aus der Praxis abgeleitet.

2.1 Werkzeugbau

Zur Einführung in den formgebenden Werkzeugbau werden zunächst die relevanten Begrifflichkeiten definiert, um darauf aufbauend den Werkzeugbau in den Produktlebenszyklus einzuordnen. Anschließend werden die gängigen Fertigungstechnologien für die Herstellung der in dieser Arbeit im Fokus stehenden Spritzgießwerkzeuge vorgestellt.

2.1.1 Definition relevanter Begrifflichkeiten

Der Begriff Werkzeugbau ist in der betrieblichen Praxis nicht eindeutig definiert und wird häufig als Synonym für den allgemeinen Betriebsmittelbau eines Unternehmens verwendet. In dieser Arbeit wird der Werkzeugbau als Teil des Betriebsmittelbaus nach BRANKAMP verstanden, zu dem außerdem Mess- und Prüfmittel, Vorrichtungen sowie sonstige Betriebsmittel und Modelle gehören.[14] Allgemein werden unter Werkzeugen Fertigungshilfsmittel, die auf ein bestimmtes Material unmittelbar zum Zweck der Form- oder Substanzveränderung mechanischer oder physikalisch-chemischer Art einwirken, verstanden.[15] Da diese Definition neben den in dieser Arbeit betrachteten Hohlformwerkzeugen auch Standardwerkzeuge wie Drehmeißel, Fräsköpfe, Schneidplatten, Bohrer sowie Sonderwerkzeuge wie Räumnadeln oder Formschleifplatten umfasst, ist es wichtig, den in dieser Arbeit verwendeten Begriff abzugrenzen.[16] Als Hohlformwerkzeuge werden alle Werkzeuge bezeichnet, die eine teilweise oder vollständige Abbildung der Werkstückform auf der Werkzeuggeometrie haben.[17] Ferner werden in dieser Arbeit nur Spritzgießwerkzeuge als Teil der Kunststoffwerkzeuge betrachtet. In Abbildung 2-1 sind die Begriffe Betriebsmittel und Werkzeuge eingeordnet sowie der in dieser Arbeit betrachtete Bereich der Spritzgießwerkzeuge als Teil der Kunststoffwerkzeuge gekennzeichnet.

---

14 Vgl. Brankamp (Organisation des Betriebsmittelbaus), 1981, S. 13
15 Vgl. Eversheim; Klocke (Werkzeugbau mit Zukunft), 1998, S. 25
16 Vgl. Boos (Methodik zur Gestaltung und Bewertung von modularen Werkzeugen), 2008, S. 28
17 Vgl. Eversheim; Klocke (Werkzeugbau mit Zukunft), 1998, S. 25

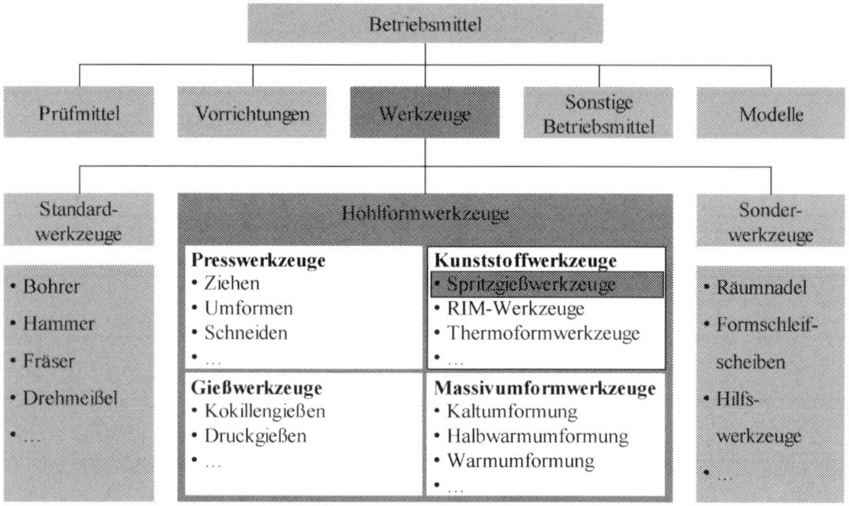

Abbildung 2-1: *Erzeugnisspektrum im Werkzeugbau und Einordnung des Betrachtungsbereichs*[18]

2.1.2 Die Position des Werkzeugbaus innerhalb der industriellen Wertschöpfungskette von Produkten

Der Werkzeugbau nimmt in der industriellen Wertschöpfungskette von Produkten die Schlüsselposition als Bindeglied zwischen Produktentwicklung und Produktherstellung ein. Dadurch hat der Werkzeugbau zwei Kunden, die Produktentwicklung und die Produktherstellung, mit stark unterschiedlichen Anforderungen. Betrachtet man die Schnittstelle des Werkzeugbaus zur Produktentwicklung, so kann der Werkzeugbau entscheidend die werkzeuggerechte Produktgestaltung unterstützen. Unter der Berücksichtigung von verschiedenen konstruktiven Einflussfaktoren wie z.B. der Größe der Radien, Verrundung der Kanten oder der Form von Hinterschnitten können die Werkzeuge einfacher und damit oft kostengünstiger gefertigt werden. Der Werkzeugbau nimmt hiermit einen entscheidenden Einfluss auf die Produktentwicklung. Betrachtet man die Schnittstelle zur Produktherstellung, so werden nach der Fertigstellung des Werkzeugs die für den Betrieb notwendigen Parameter wie z.B. Pressenkraft, Temperierung oder Zykluszeit durch den Werkzeugbau ermittelt. Weiterhin treten im Produktionsbetrieb häufig Variationen der Einstellparameter auf, die abhängig von den verwendeten Produktionsmaschinen sind. Auch hier ist spezifisches Know-How aus dem Werkzeugbau erforderlich. Weiterhin kann auch die Produktion von Null- und Kleinserien durch den Werkzeugbau übernommen werden, um die Produktionsunternehmen damit zu unterstützen.[19] Abbildung 2-2 fasst diese Doppelrolle des Werkzeugbaus zusammen.

---

[18] Vgl. Eversheim; Klocke (Werkzeugbau mit Zukunft), 1998, S. 25; Vgl. Heeschen (Kennzahlenbasierte Auswahl der Fertigungstechnologien und -ressourcen), 2015, S. 21

[19] Vgl. Klocke; Schuh et al. (Zukunftsstudie im Werkzeug- und Formenbau), 2005, S. 15

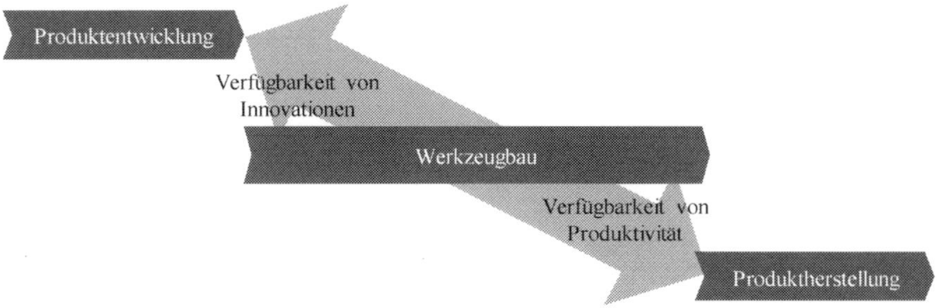

Abbildung 2-2: *Werkzeugbau als Bindeglied zwischen Produktentwicklung und Produktherstellung*[20]

Betrachtet man den gesamten Produktlebenszyklus in Abbildung 2-3, so nimmt der Werkzeugbau mehrere entscheidende Rollen entlang der Phasen des Produktlebenszyklus ein. Die Produktentwicklung beginnt mit der Produktplanung, zu der alle Aufgaben gehören, die marktbezogen den Gestaltungsrahmen für ein herzustellendes Produkt festlegen sowie die zur Abwicklung der Produktentwicklung organisatorisch notwendig sind.[21] Ergebnis der Produktplanung ist ein Entwicklungsauftrag, auf dessen Basis ein Produkt in der Konstruktion unter funktionalen, geometrischen, strukturellen und technologischen Gesichtspunkten gestaltet wird.[22] Die Produktentwicklung wird abgeschlossen durch die Arbeitsvorbereitung, die als Bindeglied zwischen funktionaler, geometrisch orientierter Festlegung des Produkts durch die Konstruktion und der Realisierung durch die nachfolgenden Bereiche der Produktherstellung, d.h. Fertigung und Montage, da steht. Die Arbeitsvorbereitung gliedert sich dabei in Arbeitsplanung und Arbeitssteuerung. Während die Arbeitsplanung alle einmaligen Planungsaufgaben, die unter Berücksichtigung der Wirtschaftlichkeit die fertigungstechnische Herstellung eines Produktes sichern, beinhaltet die Arbeitssteuerung alle Maßnahmen, die für eine der Arbeitsplanung entsprechende Auftragsabwicklung erforderlich sind.[23] Die Produktentstehung erstreckt sich über die Phasen der Produktplanung bis zur Produktherstellung und schließt damit die Produktentwicklung ein. Die Phasen von der Konstruktion bis zur Fertigung und Montage in der Produktherstellung werden auch technische Auftragsabwicklung genannt. Der technischen Auftragsabwicklung schließen sich dann noch die Phasen Vertrieb, Nutzung und Entsorgung bzw. Recycling an. Vor allem in der Produktentwicklungs- und -entstehungsphase hat die Werkzeugentwicklungszeit einen entscheidenden Einfluss auf die Produktentstehungszeit und damit auf die Time-to-Market eines Produktes.[24] Während das Produkt die verschiedenen Phasen der Entstehung mit fortschreitendem Reifegrad durchläuft, findet parallel in der Werkzeugentwicklung die Vorbereitung des Serienwerkzeugs statt. In diesen Phasen unterstützt der Werkzeugbau die Produktentwicklung durch verschiedene Konzeptmodelle und Prototypen, die sich in Abhängigkeit der Seriennähe des eingesetzten Bauteilwerkstoffs als Designstudien, Handhabungsmodelle für erste Einbautests oder sogar Funktionsmuster eignen. Dementsprechend müssen Werkzeuge hergestellt werden, die dem Produkt gemäß dem aktuellen Stand der Produktentwicklung hinsichtlich Qualität und

---

20 Vgl. Klocke; Schuh et al. (Zukunftsstudie im Werkzeug- und Formenbau), 2005, S. 15

21 Vgl. Wiendahl (Betriebsorganisation für Ingenieure), 2019

22 Vgl. Spur; Krause (Das virtuelle Produkt), 1997

23 Vgl. Eversheim (Organisation in der Produktionstechnik), 1989; Vgl. Eversheim (Organisation in der Produktionstechnik), 1996

24 Vgl. Boos (Methodik zur Gestaltung und Bewertung von modularen Werkzeugen), 2008, S. 32f.

Seriennähe genügen. Hierbei bestimmen im Wesentlichen die Ansprüche an die Genauigkeit und Bauteil-Stückzahlen die verwendbaren Werkzeugmaterialien und damit einhergehend auch die möglichen Fertigungstechnologien für die Werkzeugherstellung.[25] Zum Abschluss der Produktentwicklungsphase kann mit dem zugehörigen Werkzeug die Produktherstellung in der Serienproduktion beginnen. In dieser Phase hat das Werkzeug die Aufgabe, das Produkt möglichst wirtschaftlich ohne Ausfälle herzustellen. Insbesondere Maßnahmen zur Reduktion der Zykluszeit, der Wartungsaufwände und der Ausfallraten, die in der Werkzeugentwicklung vorgesehen werden, wirken sich in dieser Phase aus.[26]

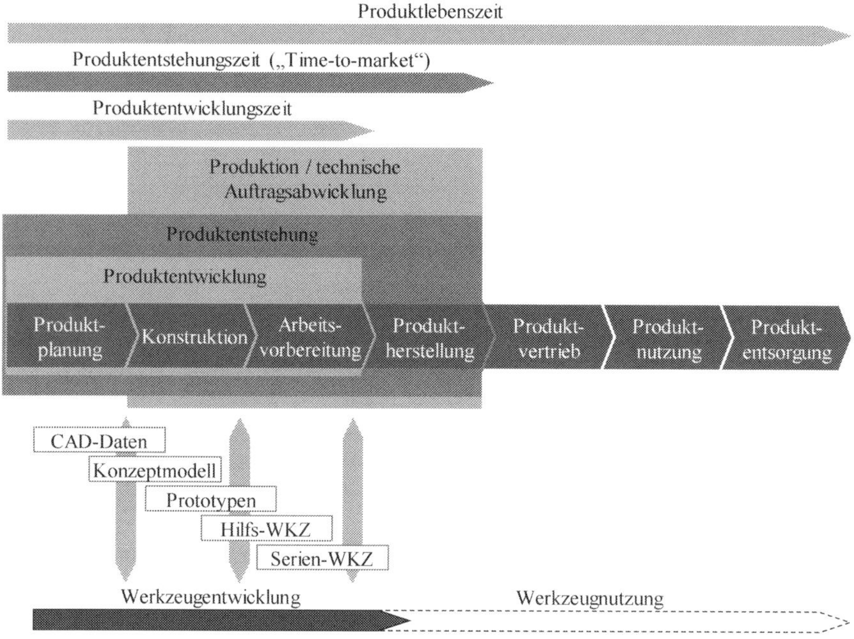

Abbildung 2-3: Die Position des Werkzeugbaus innerhalb der industriellen Wertschöpfungskette eines Produktes[27]

2.2 Betrachtungsgegenstand Spritzgießwerkzeuge

Das Spritzgießverfahren ist gemäß DIN 8580 ein urformendes Fertigungsverfahren zur Herstellung von Kunststoffbauteilen über ein Größenspektrum von 10^{-6} bis 10^{2} kg Formteilgewicht.[28] Aufgrund der

---

[25] Vgl. Eversheim; Klocke (Werkzeugbau mit Zukunft), 1998, S. 145

[26] Vgl. Boos (Methodik zur Gestaltung und Bewertung von modularen Werkzeugen), 2008, S. 32f.

[27] Vgl. Eversheim; Klocke (Werkzeugbau mit Zukunft), 1998, S. 146; Vgl. Fallböhmer (Generieren alternativer Technologieketten), 2000, S. 3

[28] Vgl. Deutsches Institut für Normung e.V. (Fertigungsverfahren), 2003, S. 8; Vgl. Hopmann; Michaeli (Einführung in die Kunststoffverarbeitung), 2015, S. 142

hohen möglichen Automatisierung, Wirtschaftlichkeit und Herstellung komplexer Bauteile auch aus mehreren Materialien innerhalb eines Fertigungsschrittes ist es das bedeutendste Herstellungsverfahren für Kunststoffbauteile, insbesondere für die Herstellung großer Stückzahlen.[29] Neben dem Einsatz zur hochautomatisierten Herstellung von großen Stückzahlen kommt das Spritzgießen in unterschiedlichen Anwendungsfällen zur Herstellung von Bauteilen mit geringen Stückzahlen entlang des Produktlebenszyklus wie in Kapitel 2.1.2 dargestellt zum Einsatz. Im folgenden Kapitel wird zunächst ein kurzer Überblick über den grundlegenden Verfahrensablauf beim Spritzgießen gegeben und anschließend auf verschiedene Werkzeugtypen eingegangen, wobei der Fokus auf den für diese Arbeit relevanten Werkzeugtypen gelegt wird.

2.2.1 Grundlegender Verfahrensablauf beim Spritzgießen

Der grundlegende Verfahrensablauf beim Spritzgießen kann Abbildung 2-4 entnommen werden. Beim Spritzgießen wird Kunststoffgranulat in einer Plastifizierschnecke plastifiziert und unter hohem Druck in den Hohlraum eines formgebenden Werkzeugs eingespritzt, wo es durch Abkühlung innerhalb des Werkzeugs gemäß der Formkontur erstarrt. Die hierfür notwendigen einzelnen Prozessschritte sind in den Phasen 1-7 in Abbildung 2-7Abbildung 2-4 dargestellt und laufen teilweise parallel ab. Zunächst wird das zugeführte Kunststoffgranulat durch den beheizten Zylinder und die durch die Schnecke eingebrachte Scherungsenergie plastifiziert. Nach dem Schließen des Werkzeugs in Phase 1 wird durch Vorfahren des Spritzaggregates in Phase 2 und den in Phase 3 folgenden axialen Vorschub der Schnecke das plastifizierte Granulat unter hohem Druck in das geschlossene Werkzeug eingespritzt. Während der Nachdruckphase wird durch Versorgung der in der Werkzeugkavität befindlichen Schmelze mit Druck und weiterer Granulatmasse sichergestellt, dass das Formteil keine Lunkerbildung und unzureichende Formfüllung aufweist. Nach Abschluss der Nachdruckphase (Phase 4) wird das Spritzaggregat in seine Ursprungsposition zurückverfahren (Phase 5) und schließlich die Schmelze für den nächsten Zyklus durch axiales Verfahren der Plastifizierschnecke dosiert (Phase 6). Sobald der Kunststoff im Werkzeug ausreichend abgekühlt ist, öffnet das Werkzeug und das Bauteil wird automatisiert oder manuell ausgeworfen (Phase 7). Mit dem erneuten Schließen des Werkzeugs beginnt der Fertigungszyklus wieder von neuem.[30] Der Verfahrensablauf beim Spritzgießen soll an dieser Stelle nicht weiter vertieft werden. Stattdessen wird für ein tiefergreifendes Verständnis des Spritzgießprozesses und der Vielzahl an Sonderprozessen auf die einschlägige Literatur verwiesen.[31]

---

29 Vgl. Koltzenburg; Maskos et al. (Polymere), 2014, S. 468; Vgl. Hopmann (Technologie des Spritzgießens), 2017, S. XVIIf.

30 Vgl. Jaroschek (Spritzgießen für Praktiker), 2013, S. 1ff; Vgl. Johannaber; Michaeli (Handbuch Spritzgießen), 2014, S. 300ff; Vgl. Bruder (Kunststofftechnik leicht gemacht), 2016, S. 114; Vgl. Hopmann (Technologie des Spritzgießens), 2017, S. 62ff.

31 Vgl. Deutsches Institut für Normung e.V. (Maschinen zum Verarbeiten von Kunststoffen und Kautschuk), 1987, S. 7ff; Vgl. Olmsted; Davis (Practical injection molding), 2001; Vgl. Stitz; Keller (Spritzgießtechnik), 2004; Vgl. Steinko; Bader (Optimierung von Spritzgießprozessen), 2008; Vgl. Hopmann; Menges et al. (Spritzgießwerkzeuge), 2018, 1ff; 613ff.

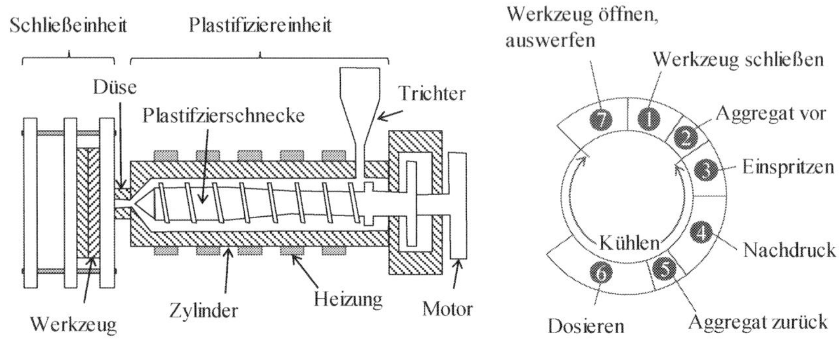

Abbildung 2-4: Schematische Spritzgießmaschine (l.) und Spritzgießzyklus (r.)[32]

2.2.2 Werkzeuggrundtypen im Spritzgießen

Die grundlegenden Aufgaben eines Spritzgießwerkzeugs bestehen darin, die erhitzte Formmasse aufzunehmen, zu verteilen, auszuformen, abzukühlen und damit in einen festen, stabilen Zustand zu überführen, sodass das erstarrte Bauteil aus dem Werkzeug ausgeworfen werden kann. Neben diesen technologisch bedingten Aufgaben müssen zusätzlich Kräfte aufgenommen, Bewegungen übertragen und Werkzeugteile geführt werden.[33] Zur Realisierung dieser Aufgaben stehen unterschiedliche Werkzeuggrundtypen zur Verfügung. Bei der hier gegebenen Übersicht gängiger Werkzeuggrundtypen im Spritzgießen liegt der Fokus der Betrachtung auf dem konventionellen Spritzgießprozess, wie in Kapitel 2.2.1 beschrieben. Etwaige Sonderprozesse und damit verbundene Sonderwerkzeuge für die Umsetzung der prozessseitigen Anforderungen, wie z.B. das Mehrkomponenten-Spritzgießen oder das Spritzprägen, werden nicht detailliert betrachtet.

Spritzgießwerkzeuge lassen sich anhand mehrerer Kriterien einteilen, die die Gesamtheit der Spritzgießwerkzeuge unterschiedlich klar voneinander trennen. In dieser Arbeit wird die Einteilung nach dem Entformungsprinzip in Werkzeuggrundtypen vorgestellt, da hier alle übrigen Kriterien zur weiteren Gliederung komplexerer Werkzeuge in nachfolgenden Gliederungsebenen untergebracht werden können.[34] In Abbildung 2-5 sind die Werkzeuggrundtypen gegliedert nach dem Entformungsprinzip zusammen mit jeweils einer schematischen Darstellung, den wichtigsten Elementen, einer charakteristischen Beschreibung, der herstellbaren Formteile und der Öffnungsrichtung dargestellt. Das Normalwerkzeug stellt hierbei das Basiswerkzeug mit allen grundlegenden Elementen zur Formteilherstellung im Spritzgießen dar. Alle weiteren Werkzeuggrundtypen besitzen zusätzlich zu den Elementen des Normalwerkzeugs weitere, für die Herstellung komplexerer Formteilgeometrien und Features benötigte Elemente und Funktionen. Mit Blick auf die Relevanz für diese Arbeit werden im Folgenden nur der Aufbau und die Funktion der einzelnen Werkzeugbestandteile anhand des Normalwerkzeugs detailliert erläutert. Für tiefergreifende Informationen zu anderen Werkzeuggrundtypen wird auf die einschlägige Literatur verwiesen.[35]

---

32 Vgl. Hopmann (Technologie des Spritzgießens), 2017, S. 62ff.

33 Vgl. Hopmann; Menges et al. (Spritzgießwerkzeuge), 2018, S. 93

34 Vgl. Hopmann; Menges et al. (Spritzgießwerkzeuge), 2018, S. 95ff.

35 Vgl. Pruner; Nesch (Spritzgießwerkzeuge kompakt), 2012; Vgl. Dangel (Spritzgießwerkzeuge für Einsteiger), 2017; Vgl. Hopmann; Menges et al. (Spritzgießwerkzeuge), 2018

	Normal-werkzeug	Abstreif-werkzeug	Schieber-werkzeug	Backen-werkzeug	Abschraub-werkzeug	Abreiß-werkzeug
Schematische Darstellung	SS Tr DS 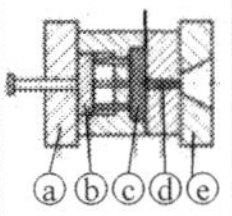	SS Tr DS 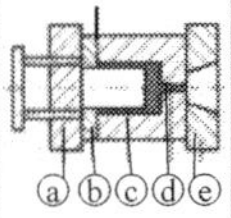	SS Tr DS 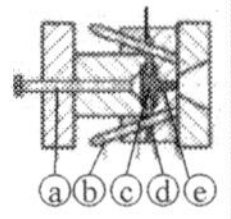	SS Tr DS 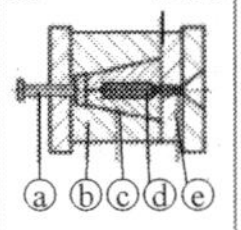	SS Tr DS 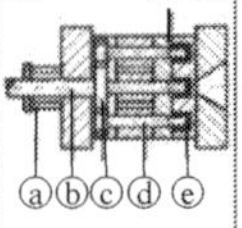	SS Tr_1 Tr_2DS 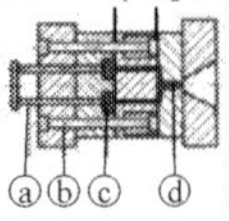
Wichtige Elemente	a. Aufspann-platte SS b Entform-ungssystem c Formnest d Angusskanal e Aufspann-platte DS	a. Aufspann-platte SS b Abstreif-platte c Formnest d Angusskanal e Aufspann-platte DS	a. Entfomungs-system b Steuerfinger c Formnest d Schieber e Angusskanal	a. Entfomungs-system b Backenführ-ungsplatte c Backe d Formnest e Angusskanal	a. Entfomungs-system b Spindel c Zahnrad d Formkern e Formnest	a. Entfomungs-system b Zuganker c Formnest d Angusskanal
Charakte-ristische Beschreibung	Einfachste Bauweise, zwei Werkzeughälften, Entformung durch Schwerkraft	Aufbau ähnlich dem Normalwerkzeug, Entformung durch Abstreifplatte	Aufbau ähnlich dem Normalwerkzeug, zusätzlicher Schieber und Steuerfinger für Seitenbewegung	Aufbau ähnlich dem Normal-werkzeug, zusätzliche Backen für Teile mit Hinter-schneidung oder äußerem Gewinde und zur Kraftaufnahme	Drehbewegung des Gewinde-formkerns durch eingebautes Getriebe mechanisch betätigt	Zwei Trennebenen; Betätigung der Zwischenplatte durch Klinkenzug oder Zuganker; unterteilte Öffnungs-bewegung
Formteile	Formteile aller Art ohne Hinterschneidung	Becherförmige Teil ohne Hinterschneidung	Flache Teile mit Hinterschneidung ohne äußeres Gewinde	Längliche und breite Teile mit Hinterschneidung	Teile mit innerem oder äußerem Gewinde	Teile mit automatischer Anguss-abtrennung
Öffnungs-richtung			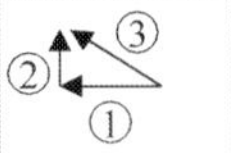	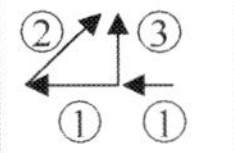	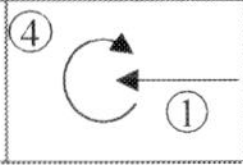	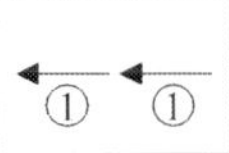

Abbildung 2-5: Übersicht der Spritzgießwerkzeuggrundtypen[36]

Normalwerkzeug

Normalwerkzeuge sind Werkzeuge mit einer Trennebene, bei der die Öffnungsbewegung in einer Richtung erfolgt und eine Entformung hauptsächlich durch Schwerkraft, Auswerferstifte oder Ausdrückhülsen erfolgt.[37] Der schematische Aufbau mit den grundsätzlichen Funktionskomplexen eines Normalwerkzeugs kann Abbildung 2-6 entnommen werden. Ein Normalwerkzeug besteht immer aus zwei Werkzeughälften – der Düsenseite und der Auswerferseite. Die Düsenseite stellt die in der Produktion nicht bewegliche Seite des Werkzeugs dar. In der düsenseitigen Formplatte eines Normalwerkzeugs sind in den meisten Fällen die Formnester eingearbeitet sowie das Temperiersystem. Zur Düsenseite gehören weiterhin die Bauteile des Angusssystems, vor allem die Angussbuchse, auf welche das Aggregat maschinenseitig beim Einspritzvorgang auffährt. Die Formplatte der Düsenseite wird meist über eine Aufspannplatte auf der Maschinenaufspannplatte befestigt. Abhängig von der Werkzeugtemperatur kann zwischen Formplatte und Aufspannplatte noch eine Isolierplatte verbaut werden, um den

---

[36] Vgl. Johannaber; Michaeli (Handbuch Spritzgießen), 2014, S. 1107; Vgl. Hopmann; Menges et al. (Spritzgießwerkzeuge), 2018, S. 97f.

[37] Vgl. Hopmann; Menges et al. (Spritzgießwerkzeuge), 2018, S. 96

Wärmeaustausch mit der Maschine zu verhindern.[38] In der Auswerferseite sind in der Regel die formgebenden Kerne und Einsätze sowie die Auswerferelemente eingebaut. Die Formplatte der Auswerferseite weist ebenfalls ein Temperiersystem auf. Zwischen Formplatte und Auswerfersystem kann eine zusätzliche Zwischenplatte zur Unterstützung der Auswerferstifte eingebracht werden. Maschinenseitig wird hier ebenfalls eine Werkzeugaufspannplatte verwendet.[39]

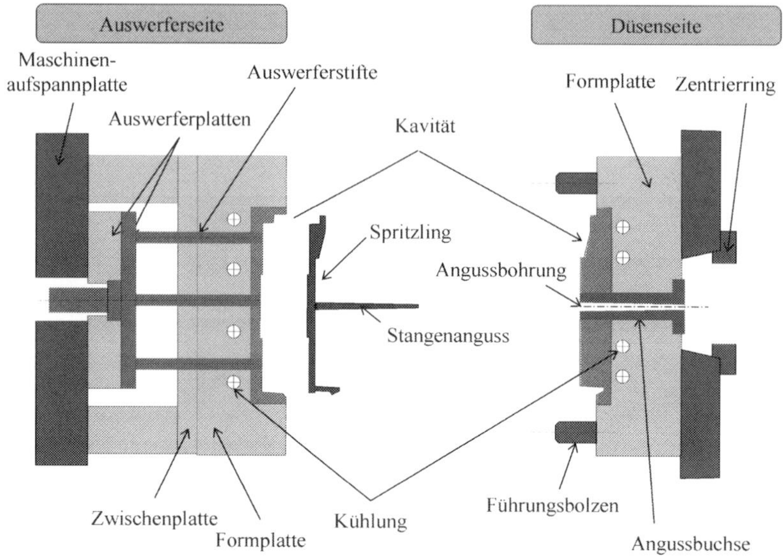

Abbildung 2-6: Schematischer Aufbau eines Normalwerkzeugs für das Spritzgießen[40]

2.2.3 Fertigungstechnologien für die Herstellung von Spritzgießwerkzeugen

Für die Herstellung von Formwerkzeugen werden eine Vielzahl von Fertigungstechnologien je nach Anwendungsfall anforderungsgerecht eingesetzt. Das Spektrum deckt hier alle sechs Hauptgruppen der nach DIN 8580 gegliederten Fertigungsverfahren ab, wobei für die Herstellung von Spritzgießwerkzeugen die umformenden Fertigungsverfahren eine untergeordnete Rolle spielen.[41] Im Bereich der Kunststoffformwerkzeuge kann grundlegend zwischen Werkzeugen für die Herstellung großer Stückzahlen und Werkzeugen für die Herstellung kleiner Stückzahlen unterschieden werden. Während bei Ersterem i.d.R. Stahl als Werkzeugwerkstoff aufgrund der technischen Anforderungen zum Einsatz kommt, gibt es eine breite Vielfalt an Materialien für die Herstellung von Werkzeugen für kleine Stückzahlen. Der

38 Vgl. Pruner; Nesch (Spritzgießwerkzeuge kompakt), 2012, S. 1ff.
39 Vgl. Pruner; Nesch (Spritzgießwerkzeuge kompakt), 2012, S. 9
40 Vgl. Pruner; Nesch (Spritzgießwerkzeuge kompakt), 2012, S. 1
41 Vgl. Hopmann; Menges et al. (Spritzgießwerkzeuge), 2018, S. 859f.

verwendete Werkzeugwerkstoff hat einen erheblichen Einfluss auf die verwendbaren Fertigungstechnologien. In Abbildung 2-7 sind typische Werkzeugmaterialklassen für die Herstellung von Formwerkzeugen in Abhängigkeit der Stückzahl sowie der Anforderungen an die Bauteilqualität aufgetragen. Die Bauteilqualität wird nach EVERSHEIM als Seriennähe der hergestellten Bauteile zu den finalen Komponenten beschrieben.[42] Die Darstellung der Stückzahl stellt die wirtschaftlich abbildbare Stückzahl dar. Während bei großen Stückzahlen und hohen Anforderungen an die Bauteilqualität zunehmend Stahl als Werkzeugwerkstoff benötigt wird, hat man bei der Herstellung von geringen Stückzahlen eine breitere Auswahl an Werkstoffmaterialien. Insbesondere das Feld der direkten polymer-additiven Werkzeugformen (Direct Polymer Additive Tooling – DPAT) hat in den letzten 15 Jahren erhebliche Fortschritte hinsichtlich erzielbarer Stückzahlen und Bauteilqualitäten erzielt.

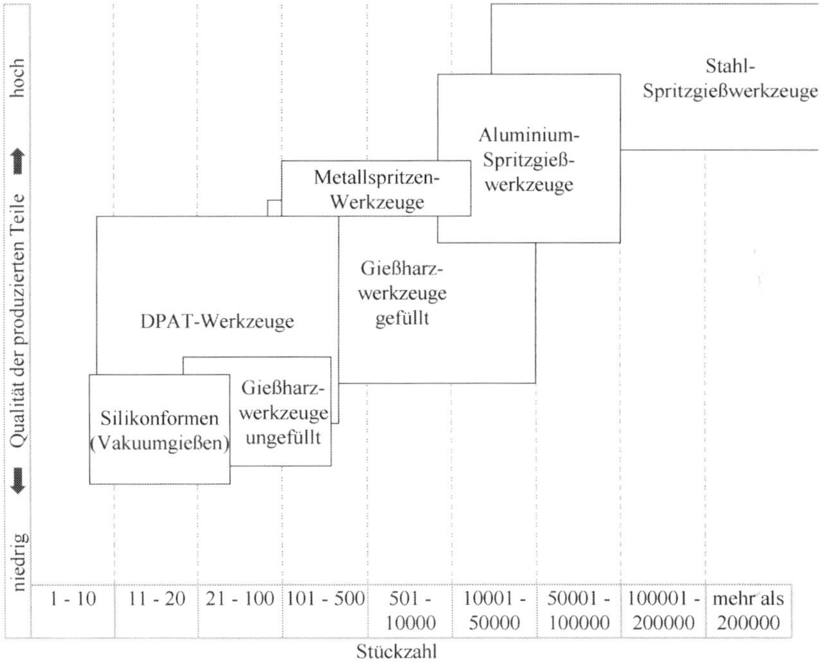

Abbildung 2-7: Werkzeug- und Formmaterialien in Abhängigkeit der Stückzahl und der Qualitätsansprüche[43]

Die nachfolgenden Ausführungen beschränken sich auf Werkzeuge für das Spritzgießverfahren. Zunächst wird ein kurzer Überblick über den Technologieeinsatz zur konventionellen Herstellung von Spritzgießwerkzeugen für große Stückzahlen gegeben. Anschließend wird der aktuelle Stand der Technik und Forschung zur polymer-additiven Spritzgießwerkzeugfertigung als das für diese Arbeit relevanteste Feld für die Herstellung von Spritzgießwerkzeugen für kleine Stückzahlen dargestellt.

---

42 Vgl. Eversheim; Klocke (Werkzeugbau mit Zukunft), 1998, S. 145

43 Vgl. Eversheim; Klocke (Werkzeugbau mit Zukunft), 1998, S. 147

Fertigungsverfahren zur Herstellung von Spritzgießwerkzeugen für große Stückzahlen

Aufgrund der hohen Anforderungen hinsichtlich Standzeit an Spritzgießwerkzeuge in industriellen Anwendungen umfasst das Werkstoffspektrum vor allem Warmarbeitsstähle wie z.B. X38CrMoV5-1 mit hohen Zugfestigkeiten von bis zu 1700 N/mm² und Härtegraden von 55 HRC. Betrachtet man Spritzgießwerkzeuge hinsichtlich der makrogeometrischen Eigenschaften, so zeichnen sich diese durch hohe Aspektverhältnisse, kleine horizontale und vertikale Konturradien sowie scharfkantige Geometrieelemente aus. Bei Schieberwerkzeugen kommen hohe Anforderungen hinsichtlich Form- und Lagetoleranzen der beweglichen Teile hinzu. Bei der Betrachtung der mikrogeometrischen Anforderungen kommen hohe Oberflächengüten insbesondere in den formgebenden Elementen der Werkzeuge, die von erodierten bis hin zu hochglanzpolierten Oberflächen reichen, vor.[44] In Abbildung 2-8 sind die verschiedenen Fertigungstechnologien zur Herstellung von konventionellen Spritzgießwerkzeugen dargestellt. Neben den konventionellen Fertigungstechnologien gewinnt die additive Fertigung zunehmend im Werkzeugbau als Ergänzungstechnologie an Bedeutung. Insbesondere der Einsatz zur Herstellung von spezifischen Werkzeugkomponenten wie z.B. einer konturnahen Kühlung zur Steigerung der Produktionseffizienz nimmt zu. Die Relevanz der additiven Fertigungstechnologien innerhalb der nächsten 10 Jahre wird von diversen Werkzeugbaubetrieben als deutlich steigend angesehen.[45]

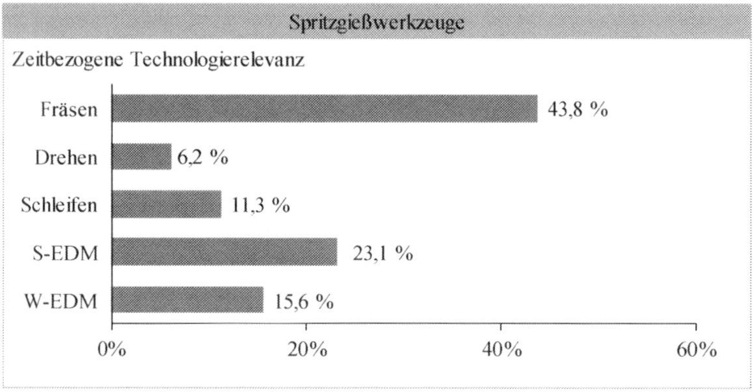

Abbildung 2-8: Technologieeinsatz zur Herstellung von Spritzgießwerkzeugen[46]

Fertigungsverfahren zur Herstellung von Spritzgießwerkzeugen für kleine Stückzahlen

Neben der Herstellung von Spritzgießwerkzeugen für den industriellen Großserieneinsatz gibt es zur Herstellung von Spritzgießwerkzeugen für kleine Stückzahlen einige Sonderverfahren für die Fertigung von anforderungsgerechten Werkzeugen. Die Art der verwendeten Verfahren zur Herstellung der Werkzeuge hängt hierbei vom Anwendungsfall und damit der geforderten Eigenschaften der herzustellenden Bauteile ab. Im Rahmen der Produktentwicklung wird versucht, mit steigendem Produktreifegrad die Bauteile und zugehörigen Werkzeuge möglichst seriennah zu fertigen. Im Folgenden wird ausschließlich der Bereich der direkten Werkzeugherstellung durch eine polymer-additive Fertigungstechnologie

[44] Vgl. Heeschen (Kennzahlenbasierte Auswahl der Fertigungstechnologien und -ressourcen), 2015, S. 24ff.
[45] Vgl. Boos; Arntz et al. (Erfolgreich Fertigungstechnologien Einsetzen), 2017, S. 41f.
[46] Vgl. Heeschen (Kennzahlenbasierte Auswahl der Fertigungstechnologien und -ressourcen), 2015, S. 26

betrachtet. Der betrachtete Bereich umfasst unabhängig vom angewandten End-Bauteilherstellungsverfahren die direkte Herstellung von Werkzeugen aus kunststoffbasierten additiven Fertigungsverfahren. In der industriellen Praxis existieren hierfür unterschiedliche Bezeichnungen, meist bedingt dadurch, dass ein Marketing-Effekt für die bewerbende Firma erhofft wird. So werden beim *ACES Injection Molding Prozess (AIM)*, auch *ACES Tooling* genannt, und beim *3D printed injection molding – 3D-IM* jeweils Spritzgießwerkzeugeinsätze additiv gefertigt.[47] Der einzige Unterschied zwischen den beiden beworbenen Prozessen ist die verwendete additive Fertigungstechnologie zur Herstellung des Werkzeugeinsatzes. Daher können beide Verfahren dem Bereich der polymer-additiven Spritzgießformen zugeordnet werden. Die in der Literatur vorliegenden Arbeiten zur Untersuchung dieses Bereiches gliedern sich in drei wesentliche Hauptaspekte:

1. Vergleichende Untersuchung der resultierenden mechanischen und morphologischen Bauteileigenschaften
2. Vergleichende Untersuchung von Use-Case Bauteilen mit Schwerpunkt auf einer technischen Betrachtung durch Vergleich der Maßhaltigkeit der Bauteile und Werkzeuge, der Prozessparameter und der Werkzeugversagensarten
3. Vergleichende Untersuchung von Use-Case Bauteilen mit Schwerpunkt auf einer wirtschaftlichen Betrachtung durch Vergleich der Kosten und Lieferzeiten

Vergleichende Untersuchungen der mechanischen und morphologischen Spritzgießbauteileigenschaften aus additiv gefertigten Polymerwerkzeugen haben gezeigt, dass es Unterschiede vor allem im mechanischen Verhalten, in der Kristallinität, in der Morphologie und in der Schrumpfung von hergestellten Spritzgießbauteilen im Vergleich zu Bauteilen aus konventionellen Werkzeugen aus Aluminium oder Stahl gibt. Allgemein kann festgehalten werden, dass durch die abweichende thermische Historie der Bauteile während des Herstellungsprozesses keine ausgeprägte Randschicht, größere Sphärolite, eine höhere Kristallinität und durch die verlängerten Kühlzeiten ein erhöhtes Schrumpfungsverhalten vorliegen. Zusammen mit der meist schlechteren Oberflächenrauigkeit der Bauteile sorgt dies für erhöhte Festigkeitswerte bei gleichzeitig verringerten Bruchzähigkeitswerten, sodass von einer Versprödung der Bauteile gesprochen werden kann. Dieser Effekt ist bei Semi-Kristallinen Kunststoffen deutlich ausgeprägter als bei amorphen Kunststoffen und kann teilweise durch Nukliierungsmittel kompensiert werden.[48]

Vergleichende Untersuchungen von Use-Case Bauteilen haben gezeigt, dass es abhängig vom Anwendungsfall aus technischer Sicht möglich ist, Bauteile in der geforderten Qualität in unterschiedlichen Materialien herzustellen. Hierbei muss erwähnt werden, dass komplexe Geometrien bisher nur mit vergleichsweise einfachen Materialien wie PLA, PP, ABS o.Ä. erzeugt werden konnten. Anspruchsvollere

---

47 Vgl. Gebhardt (Additive Fertigungsverfahren), 2016, S. 439ff.

48 Vgl. Michaeli; Lindner (Influence of Mould Materials on the Morphological and Mechanical Properties of Injection-Moulded Prototypes), 2001; Vgl. Harris; Hague et al. (Crystallinity control in parts), 2003; Vgl. Harris; Newlyn et al. (Part shrinkage anomilies from stereolithography injection mould tooling), 2003; Vgl. Harris; Hague et al. (Thermal conditions in stereolithography injection mould tooling), 2004; Vgl. Harris; Hague et al. (The structure of parts produced by stereolithography injection mould tools), 2004; Vgl. Gonçalves Martinho; Jorge Bártolo et al. (Hybrid moulds), 2009; Vgl. Pouzada (Hybrid moulds), 2009; Vgl. Fernandes; Souza et al. (Mechanical and dimensional characterisation of polypropylene injection moulded parts), 2016; Vgl. Tábi; Kovács et al. (Thermal, mechanical and thermomechanical properties of poly(lactic acid) injection-molded), 2016; Vgl. Kampker; Triebs et al. (Direct Polymer Additive Tooling), 2018

Materialien wie PEEK konnten bisher nur in sehr einfachen Geometrien verarbeitet werden. Die wesentlichen Gesichtspunkte der Untersuchungen sind hierbei häufig die Entformungskraft, die abbildbaren Feature-Details und Oberflächengüten, eine allgemeine Maßhaltigkeit der Bauteile sowie Unterschiede in den Prozessparametern, insbesondere die Kühlzeit. Allgemein kann festgehalten werden, dass die Entformungskräfte bei nicht nachbehandelten AM-Werkzeugen durch den schichtweisen Aufbau höher sind im Vergleich zu konventionellen Werkzeugen. Abbildbare geometrische Feature-Details sind stark abhängig von dem verwendeten Material, sodass eine allgemeine Aussage nur in der Form möglich ist, dass stärkere Einschränkungen bei den minimalen Features als bei konventionellen Werkzeugen bestehen. Weiterhin sind die derzeit herstellbaren Bauteile in der Größe auf kleine Geometrien beschränkt, um die Belastungen auf die Werkzeuge gering zu halten. Kühlzeiten sind i.d.R. deutlich höher und resultieren in erhöhten Zykluszeiten. Häufiger Versagensmechnismus ist das Ausbrechen eines Werkzeugfeatures durch thermo-mechanische Überlastung. Einfache Füllsimulationen bestätigen die Versagensstellen der Werkzeuge als höchst-belastete Stellen im Werkzeug, können aber mangels valider Materialmodelle für AM nicht zur Lebensdauerberechnung verwendet werden.[49]

Vergleichende Untersuchungen von Use-Case Bauteilen haben ebenfalls gezeigt, dass eine wirtschaftliche Anwendung von additiv gefertigten Polymerwerkzeugen für ausgewählte Anwendungsfälle bereits wirtschaftlich sein kann. Betrachtet werden hierbei meist die Werkzeugherstellungskosten, die Produktionskosten im Spritzgießen und eventuell anfallende Nacharbeiten. Hierbei werden übergreifend enorme Einsparpotenziale in der Werkzeugherstellung festgestellt, wohingegen Einbußen im Bereich der Produktionskosten beim Spritzgießen bedingt durch die längeren Zykluszeiten in Kauf genommen werden müssen. Dadurch wird der ideale Anwendungsfall dieser Technologie deutlich, denn je geringer die geforderte Bauteilstückzahl, desto größer das Einsparpotenzial des Gesamtauftrags. Neueste Veröffentlichungen betrachten nun auch den erweiterten Betrachtungsbereich durch den Wechsel eines Werkzeugs zur Herstellung der geforderten Stückzahl. [50]

2.2.4 Einsatzgrenzen polymer-additiv gefertigter Spritzgießwerkzeuge

Wie in Kapitel 2.2.3 beschrieben wird der Einsatz polymer-additiv gefertigter Spritzgießwerkzeuge kontinuierlich weiterentwickelt und untersucht. Trotzdem ergeben sich hinsichtlich der Einsatzzwecke Einschränkungen für herstellbare Bauteile. Diese sind auf die derzeit zur Verfügung stehenden Werkstoffe für die polymer-additive Fertigung von Spritzgießwerkzeugen zurückzuführen. Die während der

---

[49] Vgl. Janczyk; McLaughlin et al. (Stereolithography for rapid tooling for injection molding), 1997; Vgl. Hopkinson; Dickens (A comparison between stereolithography and aluminium injection moulding tooling), 2000; Vgl. Harris; Newlyn et al. (Selection of mould design variables in direct stereolithography injection mould tooling), 2005; Vgl. Martinho; Bártolo et al. (Hybrid moulds), 2005; Vgl. Do; Wright et al. (Latest-generation SLA resins enable Direct Tooling), 2006; Vgl. Rahmati; Dickens (Rapid tooling analysis of Stereolithography injection mould tooling), 2007; Vgl. Oroszlany; Nagy et al. (Injection molding of degradable interference screws into polymeric mold), 2010; Vgl. Mendible; Rulander et al. (Comparative study of rapid and conventional tooling), 2017; Vgl. Zhang; Pedersen et al. (A Soft Tooling process chain employing Additive Manufacturing), 2017

[50] Vgl. Charalambis; Kerbache et al. (Economic trade-offs of additive manufacturing integration in injection moulding process chain), 2017; Vgl. Charalambis; Kerbache et al. (Economic analysis of additive manufacturing integration in injection molding process chain), 2017; Vgl. Kampker; Triebs et al. (Direct Polymer Additive Tooling), 2018; Vgl. Kampker; Triebs et al. (Potential analysis of additive manufacturing technologies for fabrication of polymer tools for injection moulding), 2018; Vgl. Tosello; Charalambis et al. (Value chain and production cost optimization), 2019; Vgl. Kampker; Ayvaz et al. (Direct Polymer Additive Tooling), 2020

Bauteilherstellung wirkenden thermo-mechanischen Belastungen sind der Grund für Werkzeugversagen. Der Versagensmechanismus kann hierbei unterschieden werden in spontanes, sofortiges Versagen durch Überschreitung eines relevanten Wertes oder in ein Ermüdungsversagen durch die wiederkehrende Belastung während der Bauteilherstellung. Aus Bauteilsicht können diese Einschränkungen grundlegend in die drei Klassen Geometrie, Material und Qualität gegliedert werden. In der Klasse Material ist die Einspritztemperatur eines Werkstoffes entscheidend für die Verarbeitung mit einem polymer-additiv gefertigten Werkzeug. Überschreitet diese die maximal zulässige Temperatur, kann das Bauteil nicht mit einem polymer-additiv gefertigten Werkzeug gefertigt werden. Aufseiten der Bauteilqualität sind die gewünschte Oberflächengüte sowie die Toleranzklasse entscheidend. Liegen die geforderten Qualitätskriterien oberhalb der erfüllbaren, können die Bauteile nicht gefertigt werden. Wichtig ist hierbei anzumerken, dass die Bauteile ggfs. grundlegend hergestellt werden können, jedoch nicht in der geforderten Qualität. Hinsichtlich Geometrie stellen sowohl das Volumen als auch die Features die für die Ermittlung der Machbarkeit relevanten Ausprägungen dar. Features werden hierbei durch die geometrische Beschreibung und Gliederung beschrieben. Liegen die sich ergebenden Werte außerhalb des erprobten Bereichs, können die angefragten Bauteile nicht erzeugt werden. Die konkreten Grenzwerte innerhalb der jeweiligen Klasse hängen dabei maßgeblich von dem verwendeten Werkzeugwerkstoff ab. Mit fortschreitender Entwicklung leistungsfähiger Werkstoffe werden diese Grenzwerte verschoben. Die in Tabelle 2-1 aufgeführten Grenzwerte für die drei Werkzeugwerkstoffe Rigur, Digital ABS und Perform werden in verschiedenen Studien ermittelt.[51] Es ist wichtig anzumerken, dass die dargestellten Grenzwerte aus den im Rahmen dieser Arbeit durchgeführten Versuchen ermittelt werden. Durch weitere Versuchsreihen können zum einen weitere Werkstoffe für die polymer-additive Fertigung von Werkzeugen erprobt werden und zum anderen die Grenzwerte erweitert werden.

Tabelle 2-1: Grenzwerte für den Einsatz ausgewählter polymer-additiver Werkzeugmaterialien

Merkmal	Einheit	Rigur	Digital ABS	Perform
Max. Einspritztemperatur	[°C]	300	310	350
Höchste Oberflächengüte	[µm]	400	500	300
Höchste Toleranzklasse	[-]	TG6	TG6	TG5
Max. Bauteilvolumen	[mm³]	26262	26262	26262
Dünnster Steg	[mm]	3,00	3,00	2,50

51 Vgl. Kampker; Ayvaz et al. (Direct Polymer Additive Tooling), 2020; Vgl. Kampker; Triebs et al. (Direct polymer additive tooling), 2019; Vgl. Kampker; Triebs et al. (Potential analysis of additive manufacturing technologies for fabrication of polymer tools for injection moulding), 2018; Vgl. Kampker; Triebs et al. (Direct Polymer Additive Tooling), 2018

Max. Aspekt-verhältnis Steg	[-]	2,60	2,60	3,00
Dünnster Pin	[mm]	2,50	2,50	2,50
Max. Aspekt-verhältnis Pin	[-]	2,40	2,40	3,00

2.3 Auftragsabwicklung und Angebotserstellung im Werkzeugbau

In der Literatur gibt es verschiedene Prozessketten, die den Auftragsabwicklungsprozess im Werkzeugbau beschreiben. Diese unterscheiden sich jedoch nur unwesentlich in der Benennung der jeweiligen Prozessschritte.[52] Für diese Arbeit wird die generische Prozesskette nach EVERSHEIM[53], KLOCKE ET. AL.[54] und FRICK[55] wie in Abbildung 2-9 dargestellt verwendet. Der gesamte Prozess der Werkzeugherstellung gliedert sich in die vier Hauptphasen Auftragsakquise, Werkzeugentwicklung, Arbeitsplanung und Werkzeugproduktion. Dieser findet für die Erst-Erstellung eines Werkzeugs im Rahmen der Produktentwicklung statt und läuft zeitweise parallel dazu ab.[56] Wenngleich die Prozesskette des Werkzeugbaus zwischen Produktentwicklung und Serienfertigung angeordnet ist, sind die aufgeführten Prozessschritte auch zu anderen Zeitpunkten des Produktlebenszyklus zu durchlaufen und können sich je nach Zeitpunkt von der hier beschriebenen Werkzeug Erst-Erstellung in deren relativer Ausprägung unterscheiden.

52 Vgl. Westekemper (Methodik zur Angebotspreisbildung), 2002, S. 9; Vgl. Ittner (Quantitative Bewertung von Kernkompetenzen in der Automobilzulieferindustrie), 2004, S. 43; Vgl. Klotzbach (Gestaltungsmodell für den industriellen Werkzeugbau), 2007, S. 49

53 Vgl. Eversheim; Klocke (Werkzeugbau mit Zukunft), 1998, S. 21

54 Vgl. Klocke; Schuh et al. (Zukunftsstudie im Werkzeug- und Formenbau), 2005, S. 50

55 Vgl. Frick (Erfolgreiche Geschäftsmodelle im Werkzeugbau), S. 27

56 Vgl. Frick (Erfolgreiche Geschäftsmodelle im Werkzeugbau), S. 27

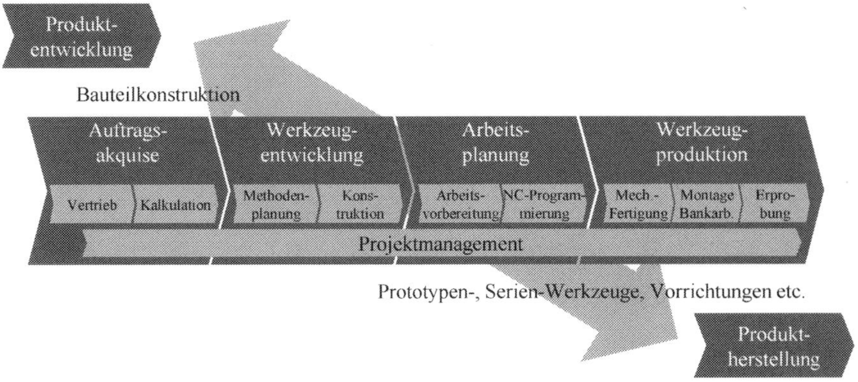

Abbildung 2-9: Generische Prozesskette der Werkzeugherstellung[57]

Die Werkzeugvergabe findet parallel zur Produktentwicklung statt, sodass der erste Schritt der Werkzeugherstellung zunächst die **Auftragsakquise** ist, im Rahmen derer bereits eine erste Kalkulation der Werkzeuge durchgeführt werden muss. Die zu diesem Zeitpunkt erstellten Kalkulationen unterliegen aufgrund der frühen Phase erheblichen Schwankungen und können bei gleichen Werkzeugen um bis zu 100 % zwischen verschiedenen Werkzeugbaubetrieben abweichen.[58] Selbst zwischen den geschätzten Kosten zu den tatsächlichen Kosten kann es zu Abweichungen von bis zu 70 % kommen.[59] Grundlage für die Abgabe eines Angebots ist die technische Machbarkeit der Anfrage. Hierzu wird üblicherweise die Konstruktionsabteilung des Werkzeugbaus hinzugezogen, die über eine Abschätzung der zu erwartenden Komplexität die Machbarkeit bewertet. Die abgeschätzte Komplexität lässt einen Rückschluss auf die voraussichtlichen Kosten zu.[60] Um eine fundierte Aussage über die Herstellkosten treffen zu können, ist die technische Ausarbeitung der Lösung unerlässlich. Diese findet aber erst in der Methodenplanung der Werkzeugentwicklung statt, sodass zum Zeitpunkt der Angebotsstellung nur unzureichende Informationen zur Verfügung stehen. Die hohen Ungenauigkeiten bei der Angebotsstellung sind auf diesen Sachverhalt zurückzuführen. Die einzelnen Kalkulationsmethoden werden in Kapitel 3.2 erläutert.

Mit der **Werkzeugentwicklung** beginnt die Methodenplanung, in der das Werkzeugkonzept auf Basis der bekannten Produktinformationen erstellt wird. Nachdem das Konzept festgelegt ist, beginnt in der Konstruktion die Ausgestaltung des Werkzeugs und es werden CAD-Modelle, Zeichnungen und Stücklisten erstellt.

Auf Basis der erzeugten Stücklisten und Zeichnungen können dann in der **Arbeitsplanung** die Tätigkeiten der Arbeitsvorbereitung und die Erstellung von NC-Programmen gestartet werden. Neben der Planung der einzelnen Arbeitsschritte und dem Zukauf von Werkzeugnormalien zählen vor allem die

---

57 Vgl. Eversheim; Klocke (Werkzeugbau mit Zukunft), 1998, S. 101; Vgl. Frick (Erfolgreiche Geschäftsmodelle im Werkzeugbau), S. 27; Vgl. Klotzbach (Gestaltungsmodell für den industriellen Werkzeugbau), 2007, S. 49

58 Vgl. Boos (Methodik zur Gestaltung und Bewertung von modularen Werkzeugen), 2008, S. 42

59 Vgl. Eversheim; Klocke (Werkzeugbau mit Zukunft), 1998, S. 45

60 Vgl. Döring (Konfliktmanagement in der technischen Auftragsabwicklung), 2010, S. 38

Erstellung von Arbeitsdokumenten und die Einlastung der Fertigungsaufträge zu den wesentlichen Aufgaben innerhalb der Arbeitsvorbereitung. Für tiefergreifende Informationen zur Arbeitsvorbereitung sei an dieser Stelle auf die einschlägige Literatur verwiesen.[61]

Nach der Arbeitsplanung beginnt die **Werkzeugproduktion**, die die eigentliche Herstellung des Werkzeugs beinhaltet. Innerhalb der mechanischen Fertigung werden etwaige mechanische Bearbeitungsschritte, zumeist auf Werkzeugmaschinen, in verschiedenen Prozessschritten durchgeführt. Sind alle mechanischen Bearbeitungsschritte abgeschlossen, werden die einzeln gefertigten Teile zusammen mit den Werkzeugnormalien in der Montage zu einem funktionierenden Werkzeug zusammengebaut. Dies umschließt ebenfalls manuelle Anpassungen in der Montage, sofern diese notwendig sein sollten. Im Try-Out wird das Werkzeug im Technikum auf Versuchsanlagen erprobt und so lange in einem iterativen Prozess angepasst, bis ein Bauteil, das alle Anforderungen an die Maß- und Formhaltigkeit erfüllt, hergestellt werden kann.[62]

Im Gegensatz zur Werkzeugherstellung für die Großserienfertigung werden im Prototypenbereich i.d.R. Bauteile und nicht das Werkzeug selber verkauft. Dem Kunden gehört zwar in der Regel auch das Werkzeug, dieses wird aber normalerweise nicht ausgeliefert, sondern verbleibt beim Werkzeugbauer, sodass nach dem Try-Out i.d.R. die Produktion der benötigten Teile in der geforderten Stückzahl noch beim Werkzeugbaubetrieb erfolgt.

2.3.1 Angebotserstellungsprozess

Der in dieser Arbeit verwendete Begriff der Angebotserstellung beschreibt den Prozess von der Kundenanfrage bis zur Angebotsabgabe. Ein Angebot kann nach KRATZ definiert werden als[63]

„... *eine verbindliche, bis zu einem bestimmten Zeitpunkt gültige Erklärung des anbietenden Unternehmens über Leistungen (Sach- und Dienstleistungen) und Bedingungen, bei deren Bestätigung der Anbieter bereit ist, einen Auftrag zur Erbringung der Leistungen anzunehmen.*"

Ein Angebot kann generell in die vier Bestandteile Angebotsanschreiben, technischer, kaufmännischer und Management-Teil gegliedert werden und beinhaltet grundsätzlich Angaben zu Kosten und zu Vertragsbedingungen sowie die Beschreibung der Leistung.[64] Die Angebotserstellung kann nach GRABOWSKI UND KAMBARTEL wie folgt definiert werden:

„... *die auf den Produktabsatz ausgerichtete Erarbeitung kundenspezifischer Problemlösungen in Form verbindlicher Angebote, die als unentgeltliche Vorableistungen zum erwarteten Auftrag im Angebotsstadium notwendig und unter Berücksichtigung der Wirtschaftlichkeit des Unternehmens vertretbar sind.*"[65]

Der Angebotserstellungsprozess wird in der Literatur weitestgehend einheitlich dargestellt. LAMPKEMEYER und BRUNKHORST beschreiben einen Angebotsplanungsprozess beginnend bei der Kundenanfrage bis zur Abgabe des Angebots. Dabei findet in den Schritten Bewertung, Klärung und Vollständigkeitsprüfung eine Sichtung der Kundenanfrage statt, bevor anschließend die technische Lösung entwickelt, die Herstellkosten ermittelt und Liefertermin sowie Preis bestimmt werden. Nach der

---

61 Vgl. Boos (Methodik zur Gestaltung und Bewertung von modularen Werkzeugen), 2008, S. 42ff.

62 Vgl. Boos (Methodik zur Gestaltung und Bewertung von modularen Werkzeugen), 2008, S. 42ff.

63 Vgl. Kratz (Der Interaktionsprozess beim Kauf von einzeln gefertigten Investitionsgütern), 1975

64 Vgl. Winter (Leitfaden zur Angebotserstellung), 2001

65 Vgl. Grabowski; Kambartel (Rationelle Angebotsbearbeitung), 1978, S. 16

Festlegung der rechtlichen Konditionen werden die Angebotsdokumente erstellt und an den Kunden übergeben.[66]

Ein Akquisitions- und Angebotsprozess gegliedert in acht Prozessschritte wird von WINTER vorgestellt. Beginnend mit einer aktiven Bearbeitung des Marktes schließen sich die Vorklärung, Vorbereitung, Ausarbeitung, Freigabe und Verfolgung des Angebots an. Auf die Vertragsverhandlungen folgt noch eine Nachbereitung des Angebots.[67]

Nach LUX kann die Angebotserstellung in die vier Kernprozesse Anfrageerfassung, technische Lösungsfindung, Lieferbedingungen/Kalkulation/Finanzierung und die Erstellung der Angebotsunterlagen gegliedert werden. Die technische Lösungsfindung erfolgt in diesem Modell oft mehrstufig durch einen iterativen Prozess.[68]

BISPING beschreibt einen Ablauf der Angebotsplanung basierend auf HEIOB, der mit der Prüfung der Kundenanfrage beginnt. Danach findet die technische Problemlösung statt, an die sich Angebotskalkulation, Preis- und Lieferterminbestimmung anschließen. Auf die Festlegung von Liefer-, Zahlungs- und Gewährleistungsbedingungen folgen die Übergabe der Angebotsunterlagen an den Kunden sowie die Erstellung der unternehmensinternen Projektunterlagen.[69]

SCHÜRMEYER integriert schließlich die von BRUNKHORST, WINTER und LUX beschriebenen Ansätze und gliedert diese in Anlehnung an KLEINALTENKAMP in die drei Phasen Vorbereitungs-, Haupt- und Abschlussphase. Die Schritte Erfassung, Bewertung und Klärung des Angebots bilden die Vorbereitungsphase. Unmittelbar darauf folgt die technische Lösungsfindung als Grundlage der Herstellkostenermittlung, an die sich die Preis- und Lieferterminbestimmung sowie die juristische Abklärung und die Erstellung der Dokumente anschließen. Eine Angebotsnachverfolgung, die Analyse der Akquise sowie die Archivierung der Dokumente stellen die Abschlussphase dar.[70] Die Darstellung in Anlehnung an SCHÜRMEYER in Abbildung 2-10 wird zur Einordnung und Beschreibung des Angebotserstellungsprozesses verwendet, da sie die Ansätze der zuvor genannten Autoren integriert und in einem ganzheitlichen Ansatz aufnimmt.

In der Vorbereitungsphase werden die eingehenden Kundenanfragen erfasst und hinsichtlich technischer und kaufmännischer Kriterien bewertet.[71] Zunächst wird hierzu die technische Machbarkeit beurteilt und anschließend mit Blick auf die aktuelle Kapazitätsauslastung und Auftragslage sowie die Kun-

---

66 Vgl. Lampkemeyer (Objektschemata und Methoden für ein rechnerintegriertes Angebotsplanungssystem), 1992, S. 8ff; Vgl. Brunkhorst (Integrierte Angebots- und Auftragsplanung im Werkzeug- und Formenbau), 1995, S. 9ff.

67 Vgl. Winter (Leitfaden zur Angebotserstellung), 2001

68 Vgl. Lux (Entwicklung rechnerunterstützter Angebotssysteme), 2001, S. 28

69 Vgl. Heiob (Einsatz dialogorientierter Entscheidungstabellentechnik), 1982, S. 24ff; Vgl. Bisping (Integrierte Produktstrukturen für den Werkzeugbau), 2003

70 Vgl. Kleinaltenkamp; Plinke et al. (Auftrags- und Projektmanagement), 2013, S. 98ff; Vgl. Schürmeyer (Interdependenzorientierte Angebotskalkulation), 2011, S. 25ff.

71 Vgl. Brunkhorst (Integrierte Angebots- und Auftragsplanung im Werkzeug- und Formenbau), 1995, S. 9ff.

denbedeutung und Auftragswahrscheinlichkeit entschieden, ob ein konkretes Angebot abgegeben werden soll.[72] Hierbei werden auch rechnerunterstützte Bewertungsverfahren implementiert und eingesetzt.[73] Aufbauend auf der Vorbereitungsphase beginnt die Hauptphase mit der technischen Lösungsfindung für die vorliegende Anfrage. Die technische Lösungsfindung stellt den wichtigsten Schritt der Hauptphase dar, da sie die Basis für die Herstellkostenermittlung legt. Die technische Lösung stellt die Umsetzung der Kundenanforderungen in Form von konkreten Produktspezifikationen dar und erfolgt in enger Abstimmung mit dem Kunden. Hierbei können durchaus mehrere Iterationen durchlaufen werden, bis die optimale technische und wirtschaftliche Lösung gefunden ist.[74] Auf Basis der technischen Lösungsfindung folgt mit der Herstellkostenermittlung einer der herausforderndsten Schritte des Angebotserstellungsprozesses. Für die hier zu ermittelnden Kosten kommen unterschiedliche Methoden zum Einsatz, die in Kapitel 3.2 detailliert erläutert werden. Nachdem der Kunde das Angebot erhalten hat, beginnt die Abschlussphase des Angebotserstellungsprozesses. Auf eine Angebotsnachverfolgung und Reflexion und Analyse der gesamten Akquisition folgt abschließend die Archivierung der erstellten Dokumente für die interne Verwendung. In dieser Phase erfolgen überwiegend kaufmännische Tätigkeiten.

72 Vgl. Knoblach (Beitrag zur rechnerunterstützten verursachungsgerechten Angebotskalkulation), 1999, S. 13f.

73 Vgl. Lampkemeyer (Objektschemata und Methoden für ein rechnerintegriertes Angebotsplanungssystem), 1992, S. 8ff.

74 Vgl. Knoblach (Beitrag zur rechnerunterstützten verursachungsgerechten Angebotskalkulation), 1999, S. 13ff.

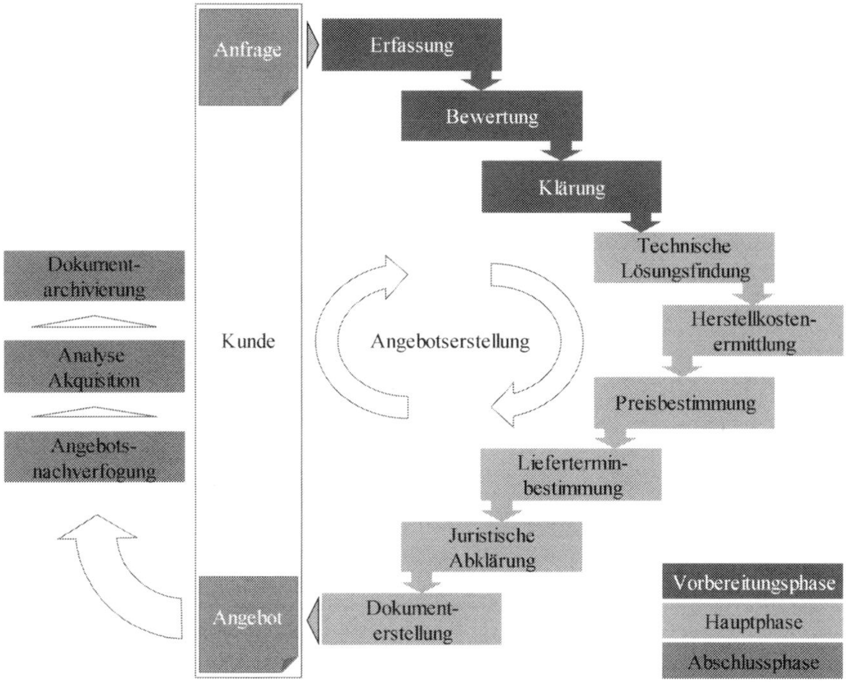

Abbildung 2-10: *Ablauf des Angebotserstellungsprozesses*[75]

2.3.2 Abgrenzung der Angebotskalkulation

Je nach Zeitpunkt im Werkzeugerstellungsprozess können Kalkulationen in verschiedene Kalkulationsarten unterschieden werden. BRONNER und HAUSCHILD sowie das Deutsche Institut für Normung e.V. (DIN) unterscheiden zwischen Vorkalkulation, mitlaufender Zwischenkalkulation und Nachkalkulation.[76] SCHÜRMEYER greift diese Unterteilung auf und detailliert die Vorkalkulation gemäß KNOBLACH zusätzlich in Angebotskalkulation, entwicklungsbegleitende Kalkulation und Vorkalkulation, um dadurch den besonderen Anforderungen an die Angebotskalkulation Rechnung zu tragen.[77] Damit können insgesamt fünf Kalkulationsarten unterschieden werden, die entlang der generischen Prozesskette des Werkzeugbaus, wie in Abbildung 2-11 dargestellt, eingeordnet werden können. Im Rah-

---

75 Vgl. Brunkhorst (Integrierte Angebots- und Auftragsplanung im Werkzeug- und Formenbau), 1995, S. 9ff; Vgl. Lux (Entwicklung rechnerunterstützter Angebotssysteme), 2001, S. 26ff; Vgl. Winter (Leitfaden zur Angebotserstellung), 2001; Vgl. Schürmeyer (Interdependenzorientierte Angebotskalkulation), 2011, S. 25ff.

76 Vgl. Deutsches Institut für Normung e.V. (Berechnungsgrundlagen Kalkulationsarten und -verfahren), 1989; Vgl. Hauschild (Entwicklung eines Verfahrens zur dynamischen Angebotskalkulation), 1994, S. 7ff; Vgl. Bronner (Angebots- und Projektkalkulation), 2008, S. 21ff.

77 Vgl. Knoblach (Beitrag zur rechnerunterstützten verursachungsgerechten Angebotskalkulation), 1999, S. 15f; Vgl. Schürmeyer (Interdependenzorientierte Angebotskalkulation), 2011, S. 3ff.

men der Planungsphase werden die Angebots-, entwicklungsbegleitende und Vorkalkulation durchgeführt. Während der Werkzeugrealisierung erfolgt die mitlaufende Zwischenkalkulation. Im Nachgang der Realisierung erfolgt die Nachkalkulation:

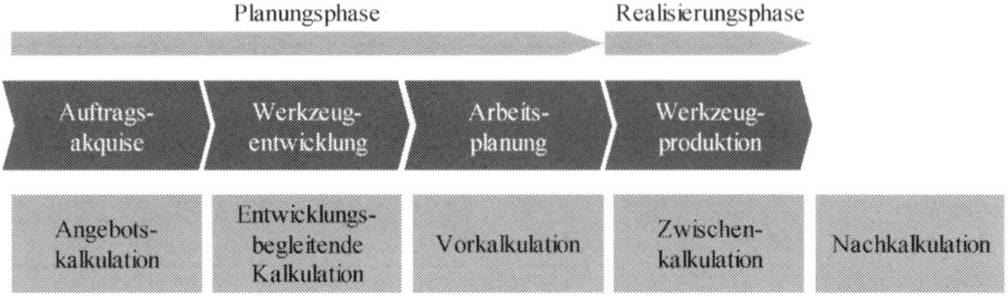

Abbildung 2-11: *Einordnung der Kalkulationsarten entlang des generischen Werkzeugherstellungsprozesses*

Angebotskalkulation

Ziel der Angebotskalkulation ist es, den Angebotspreis zu ermitteln. Zeitlich liegt die Angebotskalkulation dabei vor Beginn der Leistungserstellung und dient der Entscheidungsfindung.[78] Die große Herausforderung hierbei besteht darin, mit einer sehr geringen Informationsverfügbarkeit eine möglichst genaue Kostenprognose zu erstellen.[79] Etwaige Mengengerüste wie Materialarten oder -mengen sowie Fertigungszeiten sind zu diesem Zeitpunkt weitestgehend unbekannt und müssen beispielsweise aus Vergleichsunterlagen vorheriger ähnlicher Aufträge oder durch Kurzkalkulationen ermittelt werden.[80]

Entwicklungsbegleitende Kalkulation

Absicht der entwicklungsbegleitenden Kalkulation ist es, den Konstrukteuren ein erhöhtes Bewusstsein für ihre Verantwortung bei der Kostenverursachung zu geben.[81] Auf Basis der zugrundeliegenden Daten kann durch eine entwicklungsbegleitende Kalkulation zu jedem Zeitpunkt der Entwicklung eine Kalkulation angestoßen werden, um eine aktuelle Kostenschätzung zu erhalten. Während dieser Phase liegen bereits erste CAD-Daten und Stücklisten vor.[82] Nach EHRLENSPIEL ET AL. werden zwei Hauptaufgaben der entwicklungsbegleitenden Kalkulation unterschieden, die Kostenkalkulation des gesamten Produkts sowie die Kalkulation einzelner Baugruppen und Bauteile. Die Hauptschwierigkeit besteht darin, die Kosten so schnell und früh wie möglich zu ermitteln, obwohl noch nicht alle Unterlagen im Detail vorliegen.[83] Generell stehen hier Kurzkalkulationsverfahren oder kommerzielle Software zur Verfügung.[84]

---

78 Vgl. Deutsches Institut für Normung e.V. (Berechnungsgrundlagen Kalkulationsarten und -verfahren), 1989

79 Vgl. Hauschild (Entwicklung eines Verfahrens zur dynamischen Angebotskalkulation), 1994, S. 9

80 Vgl. Knoblach (Beitrag zur rechnerunterstützten verursachungsgerechten Angebotskalkulation), 1999, S. 15

81 Vgl. Schaal (Integrierte Wissensverarbeitung mit CAD), 1992, S. 25f.

82 Vgl. Ort (Entwicklungsbegleitende Kalkulation), 2000, S. 3

83 Vgl. Ehrlenspiel (Integrierte Produktentwicklung), 2009, S. 795ff.

84 Vgl. Dehen (Bayes-Netzwerke für die Kostenprognose), 2012, S. 19ff; Vgl. Deutsches Institut für Normung e.V. (Berechnungsgrundlagen Verfahren der Kurzkalkulation), 1993

Vorkalkulation

Mit Abschluss der Konstruktion werden im Rahmen der Vorkalkulation die Kosten auf Basis weitestgehend vollständiger Konstruktionsunterlagen über Stücklisten und Arbeitspläne ermittelt.[85] Zusätzlich stehen Daten aus der Arbeitsplanung und -vorbereitung als weitere ergänzende Informationen zur Verfügung.[86] Heutzutage enthalten bereits viele PPS-Systeme Vorkalkulationsfunktionalitäten.[87]

Mitlaufende Zwischenkalkulation

Zeitlich parallel mit der Leistungserstellung läuft die mitlaufende Zwischenkalkulation ab. Sie dient dem Abgleich der geplanten Soll-Kosten mit bereits angefallenen Ist-Kosten eines Auftrags und ist somit das Kontrollinstrument der Kostenentwicklung.[88] Bei Abweichungen von tatsächlichen Kosten zu geplanten Kosten kann hiermit noch während der Leistungserstellung eingegriffen werden. Weiterhin wird die Zwischenkalkulation als Grundlage für die Zwischenabrechnung genutzt.[89]

Nachkalkulation

Der betriebswirtschaftliche Erfolg eines Auftrags wird mit der Nachkalkulation ermittelt.[90] Grundlage sind die tatsächlich realisierten Kosten für den betrachteten Auftrag. Trotz des Aufwandes stellt die Nachkalkulation einen unabdingbaren Schritt für Kostenprognosen für zukünftige Aufträge dar.[91] Die im Rahmen der Nachkalkulation ermittelten Kosten werden den ursprünglich geplanten Kosten gegenübergestellt und sind damit die Grundlage für zukünftige Kalkulationen bzw. für die Ermittlung von Kostenkennzahlen.[92]

2.3.3 Besonderheiten im Kleinserienwerkzeugbau

Im Kleinserien- bzw. Prototypenwerkzeugbau werden im Gegensatz zur Serienfertigung meist die Bauteile und nicht das Werkzeug selbst als Liefergegenstand betrachtet. Dementsprechend verschiebt sich die Produktherstellung aus der generischen Prozesskette der Werkzeugherstellung gemäß Abbildung 2-9 in die Prozesskette des Kleinserien- und Prototypenwerkzeugbaus, wie in Abbildung 2-12 dargestellt.

---

85 Vgl. Ehrlenspiel (Integrierte Produktentwicklung), 2009, S. 795ff.

86 Vgl. Eversheim; Minolla et al. (Angebotskalkulation mit Kostenfunktionen), 1977, S. 11

87 Vgl. Petzold (Verbesserung der Datenqualität in der Vorkalkulation), 2008, S. 11ff.

88 Vgl. Dehen (Bayes-Netzwerke für die Kostenprognose), 2012, S. 16f.

89 Vgl. Knoblach (Beitrag zur rechnerunterstützten verursachungsgerechten Angebotskalkulation), 1999, S. 15

90 Vgl. Knoblach (Beitrag zur rechnerunterstützten verursachungsgerechten Angebotskalkulation), 1999, S. 15

91 Vgl. Ort (Entwicklungsbegleitende Kalkulation), 2000, S. 3f.

92 Vgl. Deutsches Institut für Normung e.V. (Berechnungsgrundlagen Kalkulationsarten und -verfahren), 1989

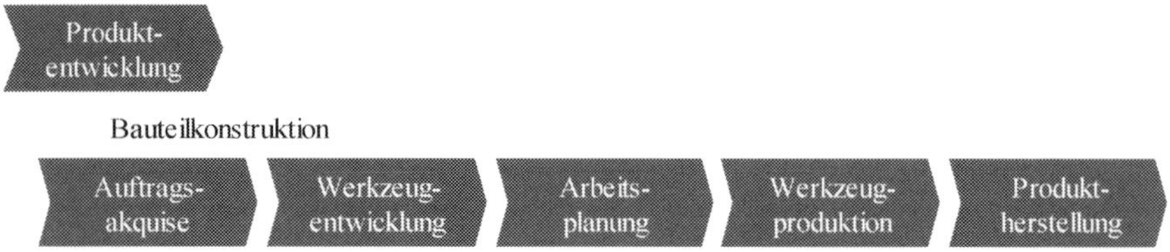

Abbildung 2-12: Angepasste Prozesskette der Werkzeug- und Bauteilherstellung

Zudem werden die gesamte Prozesskette und damit auch die einzelnen Phasen zeitlich deutlich schneller durchlaufen. Typische Durchlaufzeiten liegen bei unter 10 Tagen mit der starken Tendenz zur „on-demand“ Fertigung mit Durchlaufzeiten von drei bis fünf Tagen je nach geforderter Teileanzahl. Maßgeblicher Treiber hierbei ist die Verbreitung von „on-demand“ Fertigungsmöglichkeiten, die in immer weitere Fertigungsverfahren Einzug halten. Im Bereich des Spritzgießens sei hier auf Protolabs verwiesen.[93] Diese stark verkürzten Zeiten in der Prozesskette wirken sich auch auf die durchzuführenden Kalkulationsarten aus. Besonders bei kleinen Aufträgen bleibt nach der Angebotskalkulation meist keine Zeit mehr, eine entwicklungsbegleitende Kalkulation, Vorkalkulation oder mitlaufende Zwischenkalkulation durchzuführen. Aufgrund des geringen Auftragsumfangs und der generell geforderten schnellen Bearbeitung machen alle zusätzlichen Kalkulationen aus betriebswirtschaftlicher Sicht keinen Sinn, da sie im Vergleich des erzielten Mehrwerts einen zu hohen Aufwand mit sich bringen. Zudem ist die mögliche Einflussnahme während der Entwicklung bzw. Fertigung aufgrund der kürzeren Durchlaufzeiten sehr gering und es wird viel eher mit Standards hinsichtlich Werkzeugkonstruktionen gearbeitet. Hierdurch kommt der Angebotskalkulation ein erhöhter Stellenwert zu. Als einziger Indikator über die anfallenden Kosten muss diese umso genauer ausfallen, da i.d.R. bei den Aufträgen wenig Spielraum besteht, Fehlkalkulationen auszugleichen. Darüber hinaus muss aufgrund des geänderten Betrachtungshorizonts des Prototypenwerkzeugbauers, der i.d.R. Bauteile und nicht das Werkzeug liefert, nicht nur eine Werkzeugherstellungskostenbetrachtung erfolgen, sondern vielmehr muss der Gesamtauftrag, inkl. Herstellung der Bauteile als eine Gesamtkostenbetrachtung für die Angebotskalkulation herangezogen werden. Eine schematische Darstellung der resultierenden Bauteilkosten und Auftragsfertigungszeit ist in Abbildung 2-13 dargestellt. Wie in Kapitel 2.2.3 dargestellt, finden für die Herstellung von Werkzeugen für geringe Stückzahlen unterschiedliche Werkzeugfertigungstechnologien Anwendung. Ein Prototypenwerkzeugbauer steht immer vor der Entscheidung der optimalen Technologie für eine gegebene Auftragsanfrage. Die Entscheidung hängt neben der technologischen Eignung einer gegebenen Werkzeugtechnologie maßgeblich von der wirtschaftlichen Betrachtung ab, die in Abbildung 2-13 dargestellt ist. Entscheidender Unterschied bei der Verwendung von alternativen Fertigungstechnologien für die Werkzeugherstellung ist die zwingend notwendige Kenntnis und Betrachtung der Werkzeugstandzeit als ausschlaggebender Faktor für die wirtschaftliche Gesamtbetrachtung. Diese ist besonders bei Fertigungstechnologien mit allgemein geringerer resultierender Werkzeugstandzeit entscheidend für eine verlässliche wirtschaftliche Prognose des Gesamtauftrags.

Eine Nachkalkulation im Nachgang an einen Auftrag dient in vielen Unternehmen der Wissensakquisition und Verbesserung der Kostenprognosen im Rahmen der Angebotsstellung zukünftiger Aufträge. Die ermittelten Daten fließen idealerweise direkt wieder zurück in die entsprechenden Kosten-

93 Vgl. Protolabs (Manufacturing accelerated), 2020

und Zeitkurven zur Verbesserung der Technologieauswahl bei Folgeaufträgen. Dieses erzeugte Expertenwissen muss in geeigneter Form in Unternehmen aufbereitet und zur Verfügung gestellt werden, damit ein ganzheitlicher Vorteil entlang der Fertigungsprozesskette erzielt werden kann.

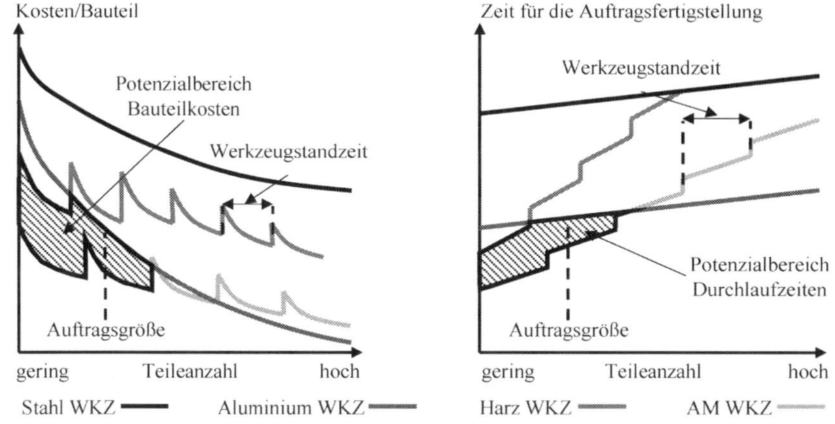

Abbildung 2-13: Erweiterte Kosten- und Durchlaufzeitkurven für die Verwendung von AM-Werkzeugeinsätzen[94]

2.4 Resultierende Problemstellung und Handlungsbedarfe aus der Praxis

Durch die starke Integration des Werkzeugbaus in die Prozesskette der Kunden und die aktuelle Wettbewerbssituation werden die Unternehmen in der Branche dazu gezwungen, Verbesserungspotenziale zu erschließen. Hierbei müssen rein technologische Differenzierungen im Rahmen der Fertigung gemeinsam mit Potenzialen in vor- und nachgelagerten Prozessen gehoben werden. Dabei besteht insbesondere die Herausforderung, mögliche Potenziale durch technologische Fortschritte bei eingesetzten Fertigungsverfahren so in den vor- und nachgelagerten Prozessschritten (vgl. Abbildung 2-12) zu spiegeln, dass entlang der gesamten Prozesskette Potenziale entstehen. Dazu ist es notwendig, neu erworbenes Prozesswissen durch den Einsatz neuer Fertigungstechnologien hinsichtlich der für die vor- und nachgelagerten Bereiche relevanten Informationen systematisch in Wissenssystemen aufzubereiten und zur Verfügung zu stellen.

Die der Werkzeugproduktion vorgelagerten Prozesse Auftragsakquise, Auftragsplanung, Werkzeugentwicklung und Arbeitsplanung können durch die Unterstützung von IT-Systemen größtenteils automatisiert werden. Ziel ist hierbei, die Durchlaufzeiten einzelner Werkzeugaufträge zu verkürzen und die Qualität auf einem reproduzierbar hohen Niveau zu halten. Dies soll Lieferzeiten verkürzen und die

94 Vgl. Kampker; Ayvaz et al. (Direct Polymer Additive Tooling), 2020

Termintreue erhöhen.[95] Insbesondere in der frühen Phase der Auftragsakquise müssen verlässliche Angebote für Kundenanfragen gestellt werden können. Diese werden am besten „on-demand" in Echtzeit und automatisch auf Basis der Kundenanfrage gestellt. Die in Kapitel 1 dargestellte Ausgangssituation der zunehmenden Individualisierung und des Trends zur „on-demand" Lösung hat zu neuen Online-Fertigungsmarktplätzen geführt, bei denen Kunden ihre teilweise selber konstruierten Bauteile in einfacher Form als CAD-Modell hochladen können. Mittels Konfiguratoren werden für die Fertigung notwendige Eigenschaften festgelegt und darauf aufbauend automatisch ein Angebot in Echtzeit erstellt. Solch eine Angebotsstellung ist jedoch nur möglich, wenn der zugrundeliegende Fertigungsprozess in seinen entscheidenden Merkmalen parametriert und automatisiert werden kann, damit die angefragten Informationen durch einen Algorithmus abgearbeitet werden können. Nur dadurch ist es möglich, valide Angebotspreise in kurzer Zeit zu stellen.

Diese Arbeit befasst sich daher mit der Angebotserstellung im Rahmen der Auftragsakquise mit einem Fokus auf den Kleinserien- und Prototypenwerkzeugbau vor dem Hintergrund neuer verfügbarer technologischer Fertigungsprozessketten zur Werkzeugherstellung im Spritzgießen. Diese neuen Fertigungsprozessketten benötigen nicht nur eine Betrachtung der Werkzeugherstellungskosten, sondern eine Herstellungskostenbetrachtung des Gesamtprozesses, von der Werkzeugherstellung bis zum Ende der Teileproduktion. Die Anforderungen an die Angebotsstellung bleiben hierbei gleich, sodass zum Zeitpunkt der Anfrage eine hohe Änderungswahrscheinlichkeit des Produkts vorliegt. Trotzdem müssen innerhalb kurzer Zeit verlässliche Angebote abgegeben werden, um Kundenaufträge zu erhalten.[96] Dabei stellen Abweichungen zwischen Angebotspreis und später tatsächlich angefallenen Kosten mittelfristig eine Bedrohung für die Existenz der Unternehmen dar. Zu niedrige Angebotspreise führen zu unrentablen Aufträgen, zu hohe Angebotspreise verringern die Beauftragungswahrscheinlichkeit durch den Kunden.[97] Eine weitere Herausforderung besteht in der generell geringen Beauftragungsquote, die im Branchendurchschnitt lediglich bei 5-10 % liegt.[98] Hierdurch werden Unternehmen gezwungen, in immer kürzerer Zeit fundierte Angebote abzugeben, was in einem erhöhten Personalbedarf resultiert.[99] Aufgrund der beschriebenen Situation bestehend aus einer steigenden Wettbewerbssituation durch neue, datengetriebene und automatische „on-demand" Fertigungsplattformen mit neuen Fertigungstechnologien, der branchenspezifischen Wettbewerbssituation im Werkzeugbau sowie der Notwendigkeit, immer kleinere, individuelle Serien von Produkten wirtschaftlich fertigen zu müssen, leitet sich für diese Arbeit folgende Problemstellung ab:

---

95 Vgl. Lampkemeyer (Objektschemata und Methoden für ein rechnerintegriertes Angebotsplanungssystem), 1992; Vgl. Schaal (Integrierte Wissensverarbeitung mit CAD), 1992, S. 16ff; Vgl. Scheer (CIM, Computer Integrated Manufacturing), 1990, S. 2ff; Vgl. Petzold (Verbesserung der Datenqualität in der Vorkalkulation), 2008, S. 5f; Vgl. Rimpau (Wissensbasierte Risikobewertung), 2011, S. 34ff.

96 Vgl. Tönshoff; Reinsch et al. (Sicher zu genauen Kosten), 2005; Vgl. Petzold (Verbesserung der Datenqualität in der Vorkalkulation), 2008, S. 7

97 Vgl. Eilert (Merkmalbasierte Herstellkostenermittlung), 2015, S. 17f.

98 Vgl. Brunkhorst (Integrierte Angebots- und Auftragsplanung im Werkzeug- und Formenbau), 1995, S. 10; Vgl. Tönshoff; Reinsch et al. (Sicher zu genauen Kosten), 2005; Vgl. Petzold (Verbesserung der Datenqualität in der Vorkalkulation), 2008, S. 7; Vgl. Askri; Overmeyer (Funktionsbasierte Strukturen), 2010; Vgl. Schürmeyer (Interdependenzorientierte Angebotskalkulation), 2011, S. 9

99 Vgl. Tönshoff; Reinsch et al. (Sicher zu genauen Kosten), 2005

Werkzeugbauunternehmen im Kleinserien- und Prototypenbereich sind dazu gezwungen, immer schneller fertige Bauteile zu liefern und fundierte Angebote abzugeben. Die Beschleunigung der Werkzeug- und Bauteilherstellung kann durch technologische Neuerungen wie die Verwendung neuer Prozessketten erzielt werden. Für die Abgabe zugehöriger fundierter Angebote ist es notwendig, ein auf die neuen technologischen Prozessketten zugeschnittenes Hilfsmittel zu entwickeln, welches innerhalb kurzer Zeit auf objektiver Basis Informationen für die Angebotserstellung bereitstellt.

Werkzeugbauunternehmen wären damit in der Lage, fundierte Angebote innerhalb kürzester Zeit zu erstellen und können so die Beauftragungswahrscheinlichkeit erhöhen und das Spektrum der wirtschaftlich abbildbaren Kundenanfragen erweitern.

3 Stand der Wissenschaft

Aufgrund des in Kapitel 2 beschriebenen Betrachtungsbereichs dieser Arbeit werden zunächst in Kapitel 3.1 die Begrifflichkeiten Herstellungs- und Gesamtkosten im Kontext der Auftragsabwicklung und Angebotsstellung definiert und voneinander abgegrenzt. Anschließend werden in Kapitel 3.2 die Anforderungen an eine Lösung der Gesamtkostenermittlung bei additiv gefertigten Polymerwerkzeugen für das Spritzgießen aus den in Kapitel 2 aufgezeigten Problemstellungen abgeleitet. In Kapitel 3.3 wird schließlich der aktuelle Stand der Wissenschaft hinsichtlich der im Rahmen der Angebotsstellung verwendeten Kalkulationsmethoden dargestellt. Die Grundlagen und Eigenschaften wissensbasierter Systeme werden als Mittel der Lösung der vorliegenden Problemstellung zusammen mit deren Anwendung und Grenzen in Kapitel 3.4 vorgestellt.

3.1 Herstellungs- und Gesamtkosten im Rahmen der Auftragsabwicklung und Angebotserstellung im formgebenden Werkzeugbau

Im konventionellen Werkzeugbau ist der Werkzeugbauer in den wenigsten Fällen auch der Teilelieferant für die anschließende Serienproduktion. Stattdessen geht das Werkzeug nach Fertigstellung zur Inbetriebnahme an den Endkunden über. Die Inbetriebnahme findet i.d.R. gemeinsam mit dem Werkzeuglieferanten statt und stellt die finale Abnahme dar. Diese erfolgt normalerweise dann, wenn alle technischen Anforderungen aus dem Lastenheft im Betrieb nachgewiesen wurden. Beim Spritzgießen schließt dies vor allem die geforderten Taktzeiten ein. Im Kleinserien- und Prototypenbereich ist der Werkzeugbauer i.d.R. auch der Teilelieferant für den Endkunden. Vielmehr wird statt dem Werkzeug eine spezifizierte Stückzahl an Bauteilen vom Kunden gefordert. Dieser grundlegende Unterschied überträgt sich direkt auf den Horizont der Kostenbetrachtung im Rahmen der Angebotsstellung des jeweiligen Werkzeugbaubetriebs. Bei konventionellen Großserienwerkzeugen werden die Herstellungskosten i.d.R. bis zur Fertigstellung des Werkzeugs betrachtet. Zukünftige anfallende Betriebskosten werden je nach Art des angebotenen Leistungsumfangs mit vom Werkzeugbaubetrieb getragen oder entfallen auf den Kunden und Betreiber des Werkzeuges. Im Kleinserien- und Prototypenbereich müssen dagegen die Gesamtkosten des auszuführenden Auftrags für die Angebotskalkulation betrachtet werden. Dies schließt die Herstellungskosten der Werkzeuge und der Bauteile sowie etwaiger anfallender Rüstkosten, die nicht direkt dem Werkzeug oder der Bauteilherstellung zugeordnet werden können, mit ein. Im Rahmen dieser Arbeit wird daher zwischen den Begrifflichkeiten Werkzeugherstellungskosten, Bauteilherstellungskosten und Gesamtherstellungskosten wie folgt unterschieden:

Werkzeugherstellungskosten

Die Werkzeugherstellungskosten umfassen alle Kosten zur Herstellung des Werkzeugs bzw. der Werkzeuge.

Bauteilherstellungskosten

Die Bauteilherstellungskosten umfassen alle Kosten während der Bauteilherstellung.

Gesamtherstellungskosten

Die Gesamtherstellungskosten des Fertigungsauftrags summieren sich aus Bauteilherstellungskosten und Werkzeugherstellungskosten.

3.2 Anforderungen an ein Verfahren zur Gesamtkostenermittlung für den Werkzeugbau im Kleinserien- und Prototypenbereich

Ausgehend von dem in Kapitel 1 dargestellten Trend der zunehmenden Individualisierung und der in Kapitel 2 beschriebenen Folgen für die Werkzeugbau-Branche im Ablauf der Angebotserstellung sowie der in Kapitel 2.3.3 dargestellten Besonderheiten im Kleinserien- und Prototypenwerkzeugbau werden nachfolgend Anforderungen an ein Verfahren zur Ermittlung der Gesamtkosten für den Kleinserien- und Prototypenwerkzeugbau definiert. Anhand dieser Anforderungen werden in Kapitel 3.2 potenzielle bestehende Lösungsansätze aufgezeigt und bewertet.

Spritzgießwerkzeuge sind hochkomplexe Produkte, die sowohl für Großserien- als auch Kleinserienanwendungen meist in kundenindividueller Einzelfertigung hergestellt werden. Um die Werkzeugherstellungskosten einer Kundenanfrage aufbauend auf einer technischen Lösung fundiert zu bestimmen, ist daher die Verwendung einer objektiven Basis als Bezugspunkt notwendig, um nachvollziehbare und reproduzierbare Ergebnisse erzeugen zu können. Daher ist eine **fachlich fundierte Herstellkostenermittlung von Werkzeug und Bauteil** (Anforderung A1), die eine objektive Basis verwendet, zwingend erforderlich.

Aufgrund der in Kapitel 2.3 beschriebenen Situation der Werkzeugbaubetriebe wird ersichtlich, dass Potenziale in den frühen Phasen der Auftragsabwicklung erschlossen werden müssen. Insbesondere in der Phase der Auftragsakquise sind Unternehmen damit konfrontiert, eine Vielzahl an Anfragen in kurzer Zeit zu bearbeiten. Bei der bestehenden geringen Beauftragungsquote und dem benötigten Aufwand zur Angebotserstellung entsteht hierdurch ein nicht mehr zu vernachlässigender Personalaufwand. Hier besteht der bekannte Zielkonflikt zwischen den Kriterien Zeit, Kosten und Qualität. Die Kunden erwarten auf ihre Anfragen qualitativ hochwertige und technisch fundiert ausgearbeitete Angebote, die zu wettbewerbsfähigen Preisen angeboten werden. Die Werkzeugbaubetriebe sind bemüht, solche Angebote zu erstellen, müssen aber gleichzeitig eine möglichst effiziente Angebotserstellung durchführen, um nicht unüberschaubare Ressourcen in der Angebotserstellung zu binden, die an anderer Stelle fehlen. Erschwerend kommt hinzu, dass die Verwendung und Integration neuer Fertigungstechnologien in der Prozesskette neue Anforderungen an die Angebotsstellung hinsichtlich der Kenntnisse über die Wirkzusammenhänge in der Fertigung erfordern. Dieses Wissen muss in Werkzeugbaubetrieben aufgebaut und strukturiert werden, um einen schnellen Gebrauch gewährleisten zu können. Aus diesen Gründen muss ein Lösungsansatz mit möglichst **geringem Aufwand zur Durchführung der Herstellkostenermittlung von Werkzeug und Bauteil** (Anforderung A2) auskommen.

Zuletzt muss eine Methode zur Herstellkostenermittlung für den Kleinserien- und Prototypenwerkzeugbau im Spritzgießen dem in Kapitel 2.3.3 dargestellten erweiterten Betrachtungsbereich Rechnung tragen und die **Gesamtherstellungskosten eines Auftrags** (Anforderung A3) betrachten, um valide und verwendbare Aussagen treffen zu können.

3.3 Bestehende Kalkulationsmethoden im Werkzeugbau

Zentrale Herausforderung im Angebotsstellungsprozess ist die frühe Vorhersage der Herstellkosten auf Basis der zum Zeitpunkt der Angebotsstellung vorliegenden Informationen. Dabei beschreiben Kalkulationsmethoden die Vorgehensweise und den Aufbau der Kalkulation.[100] Gemäß DIN 32992 Teil 2 werden drei verschiedene Arten der Kurzkalkulation unterschieden. Diese sind Verfahren auf Grundlage von Kostenwachstumsgesetzen, fertigungstechnischen Ähnlichkeiten und statistisch verknüpften Einflussgrößen.[101] Weiterhin ist eine Gliederung nach BRUNKHORST in Kalkulationsmethoden mit heuristischen, statistischen und analytischen Verfahren möglich.[102] Inhaltlich entsprechen beide Ansätze der international üblichen Gliederung in parametrische, analoge und analytische Methoden.[103]

Im Rahmen dieser Arbeit wird die in Abbildung 3-1 dargestellte international übliche Einteilung der Kalkulationsmethoden in Anlehnung an SCHÜRMEYER und EILERT ergänzt um die Expertenschätzung verwendet. Die einzelnen Kalkulationsmethoden unterscheiden sich hinsichtlich erforderlichem Kalkulationsaufwand und erreichbarer Kalkulationsgenauigkeit, wobei i.d.R. der Kalkulationsaufwand mit steigender Genauigkeit wächst.[104] Während bei der Expertenschätzung, den parametrischen Methoden, den analogen Methoden sowie der statistischen Kostenfunktion ein Top-down-Ansatz auf Basis historischer Daten erfolgt, wird bei der geometriebasierten Kostenfunktion ein Bottom-up-Ansatz verfolgt. Damit stellt nur die geometriebasierte Kostenfunktion einen zukunftsorientierten Ansatz dar. Alle anderen Ansätze sind stets vergangenheitsorientiert.[105] In der Praxis finden nahezu alle Kalkulationsmethoden inkl. der Expertenschätzung Anwendung. So werden einer repräsentativen Umfrage aus dem Jahre 2015 zu folge parametrische Methoden von 95 %, die Expertenschätzung von 85 %, analoge Methoden sowie die statistische Kostenfunktion von 60 % und die geometriebasierte Kostenfunktion von 45 % der befragten Werkzeugbauunternehmen angewendet.[106] Eine durchschnittliche Genauigkeit der Kalkulationen im Werkzeugbau ist schwer anzugeben, da sie zwischen den Werkzeugbaubetrieben stark schwankt. Eine nicht repräsentative Umfrage zu Druckgusswerkzeugbau geht bei 22 % der Aufträge von Schwankungen von 10-20 % und bei 14 % der Kalkulationen von Abweichungen von über 20 % aus.[107] Im Spritzgusswerkzeugbau hat eine ähnliche Umfrage die Größenordnung der Abweichungen bestätigt. Hier geht man von einer Abweichung von durchschnittlich 24 % aus.[108]

---

[100] Vgl. Knoblach (Beitrag zur rechnerunterstützten verursachungsgerechten Angebotskalkulation), 1999, S. 15; Vgl. Schürmeyer (Interdependenzorientierte Angebotskalkulation), 2011, S. 9

[101] Vgl. Deutsches Institut für Normung e.V. (Berechnungsgrundlagen Verfahren der Kurzkalkulation), 1993

[102] Vgl. Brunkhorst (Integrierte Angebots- und Auftragsplanung im Werkzeug- und Formenbau), 1995, S. 16

[103] Vgl. Veeramani; Joshi (Methodologies for rapid and effective response to requests for quotation), 1997; Vgl. Farineau; Rabenasolo et al. (Use of parametric models during design phase), 2001; Vgl. Shehab; Abdalla (An intelligent knowledge-based system for product cost modelling), 2002; Vgl. Nagahanumaiah; Mukherjee et al. (An integrated framework for die and mold cost estimation), 2005; Vgl. Bouaziz; Ben Younes et al. (Cost estimation system of dies manufacturing), 2006; Vgl. Denkena; Schürmeyer et al. (CAD-based cost calculation of mould cavities), 2011; Vgl. Denkena; Schürmeyer (Geometriebasierte Angebotskalkulation), 2008; Vgl. Askri; Overmeyer (Funktionsbasierte Strukturen), 2010

[104] Vgl. Bronner (Angebots- und Projektkalkulation), 2008, S. 21ff.

[105] Vgl. Schürmeyer (Interdependenzorientierte Angebotskalkulation), 2011, S. 9f.

[106] Vgl. Boos; Pitsch et al. (Erfolgreich Kalkulieren), 2015, S. 12f.

[107] Vgl. Schürmeyer (Interdependenzorientierte Angebotskalkulation), 2011, S. 46f.

[108] Vgl. Askri; Overmeyer (Funktionsbasierte Strukturen), 2010

In den nachfolgenden Kapiteln werden die einzelnen Kalkulationsmethoden vorgestellt und ausgewählte wissenschaftlich publizierte Ansätze der jeweiligen Methoden beschrieben und anhand der aufgestellten Anforderungen bewertet.

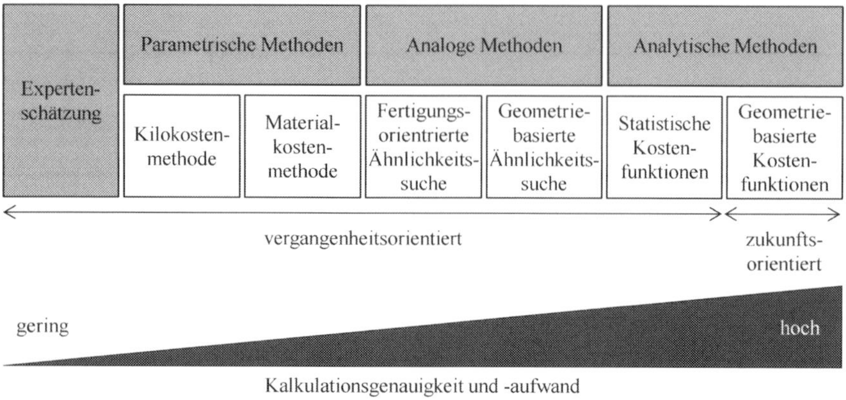

Abbildung 3-1: Einteilung der Kalkulationsmethoden[109]

3.3.1 Expertenschätzung

In vielen Betrieben der Klein- und Mittelserienfertigung stellt die Expertenschätzung ein Standardverfahren für die Angebotskalkulation dar. Hierbei basiert das Kalkulationsergebnis auf den individuellen Erfahrungen des durchführenden Experten, wobei die Güte der Kalkulation maßgeblich von der Erfahrung des jeweiligen Experten abhängt.[110] Aufbauend auf einer Grobauslegung des Werkzeugs wird der Stundenaufwand festgelegt und mit einem gemittelten Kalkulationsstundensatz, der auch die Material- und Gemeinkosten beinhaltet, verrechnet.[111]

Die erzielten Kalkulationsergebnisse der Expertenschätzung können oft stark schwanken und sind häufig nicht reproduzierbar. Die Methode ist sehr stark erfahrungs- und personenabhängig und kann aufgrund einer fehlenden Systematik nicht auf andere Mitarbeiter übertragen werden.[112] Wenngleich Initial- und Kalkulationsaufwand gering sind, genügt die Methode der Expertenschätzung den heutigen Anforderungen von Werkzeugbaubetrieben nicht mehr. Gründe hierfür sind die nur grobe Kostenschätzung, die bei gesunkenem Werkzeugbudget nicht mehr ausreicht, sowie die erhöhten Anforderungen an Werkzeuge, die durch neue Produkte und Fertigungsverfahren kontinuierlich steigen und daher von Experten nur noch sehr schwer einzuschätzen sind.[113]

---

109 Vgl. Schürmeyer (Interdependenzorientierte Angebotskalkulation), 2011, S. 10; Vgl. Eilert (Merkmalbasierte Herstellkostenermittlung), 2015, S. 21

110 Vgl. Knoblach (Beitrag zur rechnerunterstützten verursachungsgerechten Angebotskalkulation), 1999, S. 28; Vgl. Ehrlenspiel (Integrierte Produktentwicklung), 2009, S. 795ff.

111 Vgl. Bisping (Integrierte Produktstrukturen für den Werkzeugbau), 2003

112 Vgl. Bisping (Integrierte Produktstrukturen für den Werkzeugbau), 2003

113 Vgl. Boos; Pitsch et al. (Erfolgreich Kalkulieren), 2015, S. 12

3.3.2 Parametrische Methoden

Parametrische Methoden ermitteln Kostenwerte über einvariable Zusammenhänge zwischen dem Kalkulationsobjekt und seinen technischen Charakteristika (z.B. Gewicht oder Form).[114] Dabei wird ein Transfer von den technischen Charakteristika zu den Kosten eines Produktes vollzogen, ohne dieses komplett zu beschreiben.[115] Beispiele hierfür sind die Gewichts-/Kilokosten- oder die Materialkostenmethode, bei denen ein Zusammenhang zwischen dem Gewicht bzw. den Materialkosten und den gesamten Herstellungskosten des zu kalkulierenden Objekts hergestellt wird.[116] Die ausgewählten technischen Charakteristika dienen als Bezugsgrößen des Kostenwachstums und sollen daher für einen möglichst großen Bereich des Kalkulationsobjektes gültig sein.[117]

Bei der Gewichts-/Kilokostenmethode wird der Bezug zwischen den Herstellkosten eines Kalkulationsobjektes und seinem Gewicht hergestellt. Grundlegende Annahme ist hierbei, dass eine Proportionalität zwischen Gewicht und Herstellungskosten des Werkzeugs vorliegt. Die resultierenden Herstellungskosten des Werkzeugs können damit über einen Proportionalitätsfaktor ermittelt werden. Dieser Proportionalitätsfaktor wird auf Basis von Nachkalkulationen bestehender Werkzeugaufträge ermittelt.[118]

Die Materialkostenmethode geht von einem konstanten Verhältnis von Material-, Lohn-, Fremdleistungs- und Gemeinkosten aus. Dieses Verhältnis kann über Nachkalkulationen bestehender Werkzeugaufträge ermittelt werden. Die Materialkosten können für ein Werkzeug aus Stücklisten und Materialeinkaufspreisen abgeleitet werden. Mithilfe der Materialkosten und dem als konstant angenommenen Verhältnis können nun die gesamten Herstellungskosten des Werkzeugs ermittelt werden.[119]

Aufgrund der eingeschränkten Parameterzahl führen parametrische Methoden nur zu wenig differenzierten, aber schnell zu ermittelnden Aussagen.[120] Damit die Methoden zu akzeptablen Ergebnissen führen, müssen die betrachteten Kalkulationsobjekte sehr ähnlich sein.[121] Da dies auf die i.d.R. komplexen Unikatprodukte im Werkzeugbau nicht zutrifft, sind parametrische Methoden für die Vorhersage der Kosten nur sehr stark eingeschränkt möglich.[122]

3.3.3 Analoge Methoden

Analoge Methoden erlauben die Kalkulation der Herstellkosten eines Produktes über den Vergleich von ähnlichkeitsbasierten Merkmalen zwischen dem zu kalkulierenden Produkt und bereits hergestellten

---

114 Vgl. Bronner (Angebots- und Projektkalkulation), 2008; Vgl. Schürmeyer (Interdependenzorientierte Angebotskalkulation), 2011

115 Vgl. Farineau; Rabenasolo et al. (Use of parametric models during design phase), 2001

116 Vgl. Gröner (Entwicklungsbegleitende Vorkalkulation), 1991; Vgl. Ehrlenspiel (Integrierte Produktentwicklung), 2009

117 Vgl. Deutsches Institut für Normung e.V. (Berechnungsgrundlagen Verfahren der Kurzkalkulation), 1993

118 Vgl. Boos; Pitsch et al. (Erfolgreich Kalkulieren), 2015, S. 12f; Vgl. Eilert (Merkmalbasierte Herstellkostenermittlung), 2015, S. 21f.

119 Vgl. Boos; Pitsch et al. (Erfolgreich Kalkulieren), 2015, S. 12f; Vgl. Eilert (Merkmalbasierte Herstellkostenermittlung), 2015, S. 21f.

120 Vgl. Knoblach (Beitrag zur rechnerunterstützten verursachungsgerechten Angebotskalkulation), 1999, S. 29ff; Vgl. Ort (Entwicklungsbegleitende Kalkulation), 2000, S. 3f.

121 Vgl. Ehrlenspiel (Integrierte Produktentwicklung), 2009, S. 827f.

122 Vgl. Brunkhorst (Integrierte Angebots- und Auftragsplanung im Werkzeug- und Formenbau), 1995; Vgl. Denkena; Schürmeyer (Geometriebasierte Angebotskalkulation), 2008; Vgl. Boos; Pitsch et al. (Erfolgreich Kalkulieren), 2015, S. 12f.

Produkten.[123] Hierzu werden Informationen zu bereits kalkulierten Produkten in einem Merkmalsraum abgelegt, in dem die Ähnlichkeit zweier Produkte als Nähe der Merkmalsausprägungen zueinander ausgedrückt wird. Merkmale können dabei aus fertigungsorientierter oder geometriebasierter Sicht definiert werden.[124] Ähnlichkeit liegt dann vor, wenn die Nähe der Merkmalsausprägungen einen gewissen Schwellenwert nicht überschreitet.[125] Basierend auf der Ähnlichkeit wird auf ähnliche Herstellkosten geschlossen.

LAMPKEMEYER beschreibt ein fertigungsorientiertes Modell, welches auf einem Datenmodell für Erzeugnisinformationen und Informationen zur Auftragsabwicklung basiert. Das rechnerunterstützte System ermittelt mithilfe passender Algorithmen zur Ähnlichkeitssuche Ausführungszeiten für Fertigungsprozesse, um darauf aufbauend die Herstellkosten zu ermitteln.[126]

Das von GRUNDMANN entwickelte System zur Kalkulation von Spritzgießwerkzeugen und -teilen nutzt Ähnlichkeitskennzahlen für den Vergleich von nachkalkulierten Werkzeugen und Formteilen mit neu herzustellenden Werkzeugen und Formteilen. Dabei werden Werkzeuge anhand ihrer Merkmale und Formteile anhand ihrer Gestalt charakterisiert. Die ermittelten Merkmale der Werkzeuge münden in Bauteilen und Arbeitsvorgängen, die um manuelle Positionen erweitert werden können. Nach dem Grundsatz ähnliche Formteile und ähnliche Werkzeuge haben ähnliche Kosten werden so die Herstellkosten ermittelt.[127]

BRUNKHORST stellt ein System zur Angebots- und Auftragsplanung vor, das auf einem integrierten Produktmodell basiert und nutzt dabei eine hierarchische Ähnlichkeitssuche. Die Ähnlichkeit zwischen zwei Spritzgießwerkzeugen wird hierbei aus der metrischen bzw. nominalen Distanz zwischen definierten Produktmerkmalen gebildet. Diese Merkmale werden ähnlich dem Ansatz von GRUNDMANN über die Werkzeugfunktionen zugeordnet.[128]

VEERAMANI ET AL. entwickeln ähnlich dem Ansatz von GRUNDMANN einen ähnlichkeitsbasierten Kalkulationsansatz, wobei der Schwerpunkt auf der Optimierung der Kalkulationsgeschwindigkeit liegt. Die Kostenabschätzung erfolgt durch Zuordnung zuvor definierter und mit Eigenschaften versehener Fertigungsfeatures. Dieser Kalkulationsansatz eignet sich besonders für die Serienfertigung geometrisch nicht komplexer Bauteile.[129]

ORT verknüpft in seinem Ansatz ein Anforderungsmodell mit Teilebibliotheken, die bereits kalkulierte Bauteile enthalten. Das Anforderungsprofil des Kalkulationsobjekts wird hierbei mit Produktcharakteristika verknüpft. Die Produktcharakteristika lassen sich dabei als Merkmalsausprägungen ausdrücken, welche gleichzeitig als Schlüssel zum Auffinden der Teile innerhalb der Bibliotheken dienen. Durch eine Verknüpfung zur Prozesskostenrechnung können so Kosten abgeleitet werden.[130]

---

123 Vgl. Nagahanumaiah; Mukherjee et al. (An integrated framework for die and mold cost estimation), 2005

124 Vgl. Eilert (Merkmalbasierte Herstellkostenermittlung), 2015, S. 10f.

125 Vgl. Deutsches Institut für Normung e.V. (Berechnungsgrundlagen Verfahren der Kurzkalkulation), 1993

126 Vgl. Lampkemeyer (Objektschemata und Methoden für ein rechnerintegriertes Angebotsplanungssystem), 1992

127 Vgl. Grundmann (Entwicklung eines Kalkulationsinstrumentariums auf Basis von Ähnlichkeitsbetrachtungen), 1993

128 Vgl. Brunkhorst (Integrierte Angebots- und Auftragsplanung im Werkzeug- und Formenbau), 1995

129 Vgl. Veeramani; Joshi (Methodologies for rapid and effective response to requests for quotation), 1997

130 Vgl. Ort (Entwicklungsbegleitende Kalkulation), 2000

WANG ET AL. schlagen einen kombinierten Ansatz bestehend aus neuronalen Netzen und einem Cased-Based-Reasoning (CBR) zur Kalkulation im Formenbau vor. Grundlegend hierfür ist eine Parallele der Kostenentwicklung zwischen Gussteil und Form aufgrund des hohen Anteils der Formkosten an den Gussteilkosten. Daraus leitet WANG ab, dass aus der Ähnlichkeit des Gussteils auf die Ähnlichkeit der Formherstellungskosten geschlossen werden kann. Folglich wird die Kalkulation in Ähnlichkeitssuche und Kostenberechnung unterteilt. Zur Ähnlichkeitssuche werden acht Ähnlichkeitsfaktoren des Gussteils (Typ, Größe und Länge, Anzahl interner Hinterschnitte, Anzahl externer Hinterschnitte, Details der Kavitäten, Oberflächenbearbeitung, Toleranzanforderungen, Komplexität der Trennebene) mittels neuronaler Netze verglichen, sodass ein Ähnlichkeitsgrad definiert werden kann. Die anschließende Ermittlung der Herstellungskosten erfolgt auf Basis des ermittelten Ähnlichkeitsgrades.[131]

FONSECA ET AL. kombinieren eine textuelle und grafische Suche. Für die textuelle Suche werden Formattribute (z.B. Name und Gusstechnik) miteinander verglichen. Über ein caligraphisches Interface können ähnliche Gussteile über grobe Geometrien gesucht werden. Anschließend werden Vergangenheitsdaten mit der höchsten textuellen und grafischen Ähnlichkeit sortiert, um einen hohen kombinierten Ähnlichkeitsgrad zu erlangen.[132]

ASKRI entwickelt ähnlich wie BRUNKHORST einen an Werkzeugfunktionen orientierten Ansatz für die Angebotskalkulation. Dabei werden Werkzeuge anhand von Funktionen gegliedert, die durch Merkmale beschrieben werden können. Auf Basis einer Funktionsdatenbank nachkalkulierter Werkzeuge, in denen die Kostenwerte für die entsprechenden Werkzeugfunktionen vorliegen, können die Herstellkosten für ein neues Werkzeug über Distanzmaße zur Ermittlung der Ähnlichkeit bestimmt werden.[133]

Der Vorteil analoger Methoden besteht in der Fähigkeit, schnelle Kalkulationen mit transparenter Kostenzuordnung zu ermöglichen. Diese bedürfen allerdings einer großen Datenbasis, wodurch der initiale Aufwand zur Einführung erhöht wird.[134] Weiterhin erschwert eine hohe Produktkomplexität die eindeutige Definition kostenverursachender Merkmale, nach denen eine Ähnlichkeitssuche durchgeführt werden könnte.[135] Im Werkzeug- und Formenbau kommt erschwerend hinzu, dass funktionale Elemente wie Schieber und Kerne mit der Auslegung der Form variieren und damit erst durch die Konstruktion bestimmt werden.[136]

3.3.4 Analytische Methoden

Analytische Methoden orientieren sich am Erstellungsprozess des Produktes. Auf Basis von Stücklisten, Arbeitsplänen für die Fertigung und Kostensätzen werden durch einen Bottom-up-Ansatz die Herstellkosten mittels Kostenfunktionen ermittelt.[137] Die Kostenfunktionen können dabei mithilfe sta-

---

131 Vgl. Wang; Ruan et al. (Injection mould intelligent cost estimation system), 2003
132 Vgl. Fonseca; Henriques et al. (Assisting mould quotation), 2007
133 Vgl. Askri; Overmeyer (Funktionsbasierte Strukturen), 2010
134 Vgl. Farineau; Rabenasolo et al. (Use of parametric models during design phase), 2001
135 Vgl. Nagahanumaiah; Mukherjee et al. (An integrated framework for die and mold cost estimation), 2005; Vgl. Fonseca; Henriques et al. (Assisting mould quotation), 2007
136 Vgl. Nagahanumaiah; Mukherjee et al. (An integrated framework for die and mold cost estimation), 2005
137 Vgl. Bronner (Angebots- und Projektkalkulation), 2008

tistischer oder geometriebasierter Verfahren bestimmt werden. Nach Ermittlung können mit Kostenfunktionen Material- und Fertigungskosten weitestgehend automatisiert und mit hoher Genauigkeit bestimmt werden.[138]

Statistische Kostenfunktionen

Statistische Kostenfunktionen werden meist mittels Regressionsanalysen von Produktmerkmalen und Kosten bereits hergestellter Produkte ermittelt.[139] Dazu werden zunächst Produkte und zugehörige Kostendaten aus dem Produktspektrum identifiziert und erfasst, bevor alle relevanten Einflussgrößen, die zu Kostenunterschieden zwischen den Produkten geführt haben, ermittelt werden. Anschließend wird mittels Korrelationsanalysen ein statistischer Zusammenhang zwischen Einflussgrößen und Kosten gesucht.[140] Zuletzt kann damit die Kostenfunktion erstellt werden.

EVERSHEIM ET AL. nutzen mehrdimensionale Regressionsrechnungen auf Basis von ausgewerteten Nachkalkulationen von Produkten zur Erstellung von Kostenfunktionen. Die signifikanten, kostenbeschreibenden Einflussgrößen waren hierbei geometrische Größen, die als Parameter in die Kostenfunktion einfließen.[141]

GRÖNER stellt ein entwicklungsbegleitendes Vorkalkulationssystem für die Einzel- und Auftragsfertigung vor, das die Herstellkosten in frühen Konstruktionsphasen durch Kostenfunktionen bestimmt. Ähnlich zu EVERSHEIM ET AL. liegt der Kostenfunktion eine Betrachtung von nachkalkulierten bereits hergestellten Produkten zugrunde. Das System benötigt Schnittstellen zum CAD- und PPS-System sowie zu einem Kostenrechnungssystem, das die Prozesskostenrechnung unterstützt, um auf die dort vorhandenen Daten zurückgreifen zu können.[142]

Im Ansatz von MENGES UND MOHREN zur Kalkulation von Spritzgießwerkzeugen werden Formen und strukturelle Komponenten nach Ähnlichkeitsmerkmalen gruppiert, um Kostenfunktionen zu ermitteln. Dazu werden die Komponenten in die vier Gruppen Kavität, Grundplatte, grundlegende Funktionselemente und spezielle Funktionselemente gegliedert. Zur Berechnung der Kavität und von Elektroden werden aus Beschreibungskriterien wie Oberflächengüte, Trennebene usw. Kostenfunktionen erstellt. Die Grundplatte wird als Standardkomponente angenommen. Grundlegende Funktionselemente wie Anguss- und Kühlsystem werden von Fall zu Fall abgeschätzt und spezielle Funktionselemente werden aus Vergangenheitsdaten ermittelt.[143]

Zur Senkung der Gemeinkosten schlägt HAUSCHILD ein Verfahren zur dynamischen Angebotskalkulation vor, das eine verursachungsgerechte Zuordnung der Kosten in den Mittelpunkt stellt. Ein funktionaler Zusammenhang zwischen identifizierten Einflussfaktoren und Kosten ist dabei Grundlage für die Kostenermittlung, welche es ermöglicht, Kostensätze für zukünftige Angebote abzuleiten.[144]

---

138 Vgl. Fischer (Softwareunterstützte Angebotskalkulation), 2007
139 Vgl. Eversheim; Minolla et al. (Angebotskalkulation mit Kostenfunktionen), 1977
140 Vgl. Eversheim; Minolla et al. (Angebotskalkulation mit Kostenfunktionen), 1977; Vgl. Gröner (Entwicklungsbegleitende Vorkalkulation), 1991; Vgl. Fischer (Softwareunterstützte Angebotskalkulation), 2007
141 Vgl. Eversheim; Minolla et al. (Angebotskalkulation mit Kostenfunktionen), 1977
142 Vgl. Gröner (Entwicklungsbegleitende Vorkalkulation), 1991
143 Vgl. Menges; Michaeli et al. (Procedure for estimating mold costs), 2001
144 Vgl. Hauschild (Entwicklung eines Verfahrens zur dynamischen Angebotskalkulation), 1994

KÜMPER stellt einen Ansatz zur verursachungsgerechten Vorkalkulation auf Basis eines Kostenmodells für die Einzel- und Kleinserienproduktion vor. Das Modell prognostiziert zukünftige, produktabhängige Ressourcenverbräuche und bewertet diese monetär durch Verbrauchs- und Kostenfunktionen, die den Werteverzehr einzelner Herstellungsprozesse in Abhängigkeit von Kosteneinflussgrößen auf Kalkulationsobjekte abbilden.[145]

EITRICH stellt ein Verfahren zur konstruktionsbegleitenden Kalkulation für komplexe Produkte vor, das Ähnlichkeiten zum Ansatz von MENGES UND MOHREN aufweist. Um hierbei Gemeinkosten „verursachungsgerecht" erfassen zu können, werden Zusammenhänge zwischen Ressourcenverbrauch und kostentreibenden Merkmalen eines Konstruktionsobjekts genutzt, um Kostenzusammenhänge mittels multivariater Regressionsanalyse zu ermitteln.[146]

CHIN UND WONG nutzen im Gegensatz dazu Regelzusammenhänge zwischen Formcharakteristika und empirisch ermittelten Zeitanteilen zur Kostenberechnung von Spritzgießwerkzeugen. Formteilcharakteristika sind z.B. Anzahl Kavitäten und Hinterschnitte, Homogenität der Trennebene und Komplexität der Kontur. Hierzu wird ein wissensbasiertes System auf Grundlage von 68 Tabellen und 536 Regeln entwickelt, um erfahrungsbasierte, empirische und technologische Zusammenhänge logisch abzubilden. Damit sollen Fertigungszeiten von grundlegenden Funktionseinheiten wie Formrahmen, Kontureinsatz etc. berechnet werden können.[147]

KRANNICH beschreibt eine Methode zur Herstellkostenprognose von Werkzeugen auf Basis von künstlichen neuronalen Netzen (KNN), mithilfe derer auf Grundlage von nachkalkulierten Werkzeugen Zusammenhänge zwischen Werkzeugmerkmalen und Herstellkosten abgeleitet werden.[148]

FRECH stellt ein hybrides Verfahren bestehend aus analogen und analytischen Methoden zur prozessbegleitenden Vorkalkulation im Rahmen der Konstruktion vor. Zu Beginn des Konstruktionsprozesses erfolgen Kostenschätzungen auf Basis von Kostenstrukturen ähnlicher Produkte. Nimmt im Lauf des Konstruktionsprozesses die Informationsdichte zu, werden Kostenfunktionen für die Ermittlung der Teilefertigungskosten herangezogen. Diese Kostenfunktionen werden mittels Regressionsrechnung auf Basis bestehender nachkalkulierter Produkte erstellt. Materialkosten werden über Teilevolumina und zugehörige Werkstoffkostensätze berechnet.[149]

Auch KNOBLACH stellt eine Methode zur verursachungsgerechten Angebotskalkulation von Blechteilen vor. Mithilfe eines Klassifikationssystems werden kostentreibende Merkmale auf Basis semantischer Netze identifiziert und verfahrensabhängigen Grundeinheiten (z.B. Bearbeitungszeiten oder Stückzahlen) zugeordnet. Die Grundeinheiten werden auf Grundlage von Kostenfunktionen und unter Einfluss von unternehmensspezifischen Stammdaten mit Kosten hinterlegt. Durch KNN, welche technische Merkmale als Eingangsparameter verwenden, werden die Kosten der Werkzeugherstellung vorhergesagt.[150]

FAGADE stellt eine Korrelation zwischen Formattributen und Kosten über eine Komplexitätsmatrix her, um Teilekomplexität von Gussteilen zu bestimmen. Dabei wird die Komplexitätsmatrix durch die

---

145 Vgl. Kümper (Kostenmodell zur verursachungsgerechten Vorkalkulation), 1996
146 Vgl. Eitrich (Prozessorientiertes Kostenmodell), 1996
147 Vgl. Chin; Wong (Knowledge-based injection mould cost estimation system), 1996
148 Vgl. Krannich (Tool cost calculation), 1998
149 Vgl. Frech (Verfahren zur integrierten, prozessbegleitenden Vorkalkulation), 1998
150 Vgl. Knoblach (Beitrag zur rechnerunterstützten verursachungsgerechten Angebotskalkulation), 1999

Anzahl der Attribute zur Beschreibung eines Gussteils bestimmt. Attribute können hierbei z.B. Volumen, Toleranzen, Oberflächenbearbeitung sein. Die Korrelation zwischen den Attributen und durchschnittlichen Hauptzeiten wird durch eine multivariate Regressionsrechnung bestimmt.[151]

FARINEAU ET AL. nutzen lineare und nicht lineare Kostenfunktionen in ihrem Kalkulationsansatz. Hierzu sollen die Zusammenhänge von Referenzwerten der Kosteneinflussfaktoren sowie deren relativer Wichtigkeit durch Analyse von Vergangenheitsdaten statistisch ermittelt werden. Um sog. „unsichtbare" Einflussfaktoren, die nicht über funktionale Zusammenhänge beschrieben werden können, zu berücksichtigen, werden pauschale Komplexitätsfaktoren in den Kostenfunktionen integriert.[152]

WESTEKEMPKER entwickelt ein auf KÜMPER basierendes Kostenmodell zur prozessorientierten Kalkulation der Selbstkosten von Werkzeugen. Hierbei werden über Einflussgrößen, die die Kostentreiber einzelner Prozesse darstellen, Kosten- und Verbauchsfunktionen ermittelt und durch eine nachgelagerte Zuordnung von Ressourcen und Prozessen die Kosten abgeleitet.[153]

BISPING propagiert Produktstrukturen auf Basis eines integrierten Datenmodells, die eine funktionsorientierte Angebots- und eine baugruppenorientierte Auftragsplanung ermöglichen. Zur Erstellung der funktionsorientierten Produktstruktur werden die Werkzeuge dabei in funktionale Einheiten gegliedert. Zur Kalkulation während der Angebotsstellung werden den einzelnen Kalkulationsobjekten beschreibende Attribute und kostenbestimmende Formeln zugeordnet.[154]

CHAN ET AL. stellen eine Methode zur Kombination von Abläufen der Formherstellung, ausgewählten Fertigungsverfahren und Fertigungsparametern vor, um die Fertigungszeiten und Materialkosten bei der Gussformherstellung bestimmen zu können. Dazu werden geometrische, strukturelle und fertigungsbezogene Eingabedaten mit auf Vergangenheitsdaten beruhenden komplexitätsbezogenen und materialbezogenen Zuschlägen kombiniert.[155]

FUH ET AL. nutzen künstliche neuronale Netze (KNN), um statistische Kostenfunktionen für Spritzgießwerkzeuge zu ermitteln. Dazu werden konstruktive Kostentreiber identifiziert und in einem sog. Qualifikationsschema aufbereitet, um mögliche Ausprägungen konstruktiver Kostentreiber abbilden zu können. Basis hierfür sind Vergangenheitsdaten. Durch die Integration von KNN sollen selbstlernende, sich optimierende Kalkulationen möglich sein.[156]

LEIDICH ET AL. setzen die Produktkostenplanung, -kontrolle und -steuerung für den Werkzeugbau in ihrem Ansatz in den Fokus. Unterstützen soll hierbei ein Produktkostenmanagement, das auf einem Regelkreismodell beruht. Dadurch können im Rahmen der Angebotsstellung die Produktkosten auf Basis von Kostenfunktionen für Rohmaterial- und Gussmodellkosten sowie die Werkstoff- und Normteilkosten über Kostentabellen bestimmt werden. Die Methode des Target Costing wird zur Einhaltung von Kostenzielen zusätzlich integriert.[157]

---

151 Vgl. Fagade; Kazmer (Early cost estimation for injection molded components), 2000
152 Vgl. Farineau; Rabenasolo et al. (Use of parametric models during design phase), 2001
153 Vgl. Westekemper (Methodik zur Angebotspreisbildung), 2002
154 Vgl. Bisping (Integrierte Produktstrukturen für den Werkzeugbau), 2003
155 Vgl. Chan; Law et al. (Computerised price quoting system), 2003
156 Vgl. Fuh (Computer-aided injection mold design), 2004
157 Vgl. Leidich; Götze et al. (Produktkostenmanagement im Werkzeug- und Formenbau), 2011

Geometriebasierte Kostenfunktionen

Geometriebasierte Kostenfunktionen verwenden im Gegensatz zu statistischen Kostenfunktionen keine Vergangenheitsdaten, sondern ermitteln die Kosten auf Basis technisch-physikalischer Gesetzmäßigkeiten oder produktionstheoretischer Zusammenhänge.[158] Grundlage für die Kostenermittlung sind grobe Konstruktionsmodelle des Produkts sowie detaillierte Arbeitspläne, aus denen die erforderlichen Fertigungs- und Montageschritte ausreichend genau hervorgehen.[159] Teilegeometrie, verwendete Standardwerkzeuge sowie Parameter des Fertigungsprozesses bilden hierbei die Grundlage der Kalkulation.[160] Nach Berechnung der benötigten Hauptzeit und unter Berücksichtigung entsprechender Rüst- und Nebenzeiten können die Kosten der einzelnen Fertigungsprozesse durch Multiplikation mit den fertigungsprozessspezifischen Stundensätzen ermittelt werden. Kosten für Zukaufteile und externe Bearbeitungsschritte schließen die Herstellkostenermittlung für ein Produkt ab.[161]

TÜMIS unterscheidet in seinem Planungssystem für den Werkzeugbau zwischen Werkzeugaufbau- und Werkzeugkonturteilen. Die Ermittlung der Fertigungszeiten für Werkzeugaufbauteile erfolgt hierbei mittels Kostenfunktionen, die durch Regression ermittelt werden. Werkzeugkonturteile werden durch Aufstellen der Fertigungsvorgangsfolgen, die mit Standardfertigungszeiten vorbelegt sind, bestimmt. Durch geometrische Grundelemente, die den Formraum eines Werkzeugs beschreiben, erfolgt die Verknüpfung zu den Fertigungsvorgängen. Bei dem vorgestellten Planungssystem handelt es sich also um ein hybrides System aus statistischer und geometriebasierter Kostenfunktion.[162]

FRENZEL ET AL. schlagen ein featurebasiertes Kalkulationsverfahren für den Betriebsmittelbau vor. Das System basiert auf der Beschreibung eines Produkt- und Prozessmodells durch anpassbare Konstruktions- und Fertigungsfeatures, denen Bearbeitungsschritte sowie Maschinen zugeordnet werden. Über für jeden Feature-Typ hinterlegte Berechnungsformeln erfolgt die Berechnung der Bearbeitungszeit. Durch Multiplikation der Bearbeitungszeiten mit den Maschinenstundensätzen wird die monetäre Bewertung durchgeführt. Kosten werden anschließend auf Feature-, Bauteil- und Produktebene aggregiert.[163]

NAGAHANUMAIAH ET AL. beschreiben einen Ansatz zur Kostenermittlung von Druck- und Spritzgießformen, der auf Kostentreibern und Kostenwandlern beruht. Kostentreiber sind hierbei geometrische Parameter der Form und Kostenwandler sind Werkzeugparameter (z.B. Kerne, Oberflächenbeschaffenheit oder Auswerfersystem) mit einem Einfluss auf die Komplexität der Werkzeugform. Die Kostentreiber werden mit Fertigungs- und Maschinenparametern verknüpft, um Fertigungskosten für einzelne Prozessschritte und die gesamte Werkzeugform zu erhalten. Mithilfe der Kostenwandler werden anschließend auf die Basis-Werkzeugkosten prozentuale Aufschläge addiert, die zusammen die gesamten Werkzeugkosten darstellen.[164]

BOUAZIZ ET AL. stellen einen analytischen Ansatz zur Kostenermittlung vor, der zunächst die Form in ähnliche zu bearbeitende Geometrieelemente zerlegt und anschließend mit Bearbeitungsprozessen

---

158 Vgl. Fischer (Softwareunterstützte Angebotskalkulation), 2007

159 Vgl. Schaal (Integrierte Wissensverarbeitung mit CAD), 1992

160 Vgl. Schürmeyer (Interdependenzorientierte Angebotskalkulation), 2011

161 Vgl. Lux (Entwicklung rechnerunterstützter Angebotssysteme), 2001; Vgl. Bouaziz; Ben Younes et al. (Cost estimation system of dies manufacturing), 2006

162 Vgl. Tümis (Entwicklung eines kostenorientierten Planungssystems), 1988

163 Vgl. Frenzel; Frank et al. (Lösungsansatz für Feature- und Web-basierte Kostenkalkulation), 2001

164 Vgl. Nagahanumaiah; Mukherjee et al. (An integrated framework for die and mold cost estimation), 2005

und Maschinenparametern verknüpft. Hierbei werden die Bearbeitungszeiten analog zu NAGAHANUMAIAH ET AL. für jeden einzelnen Fertigungsprozess über hinterlegte funktionale Zusammenhänge ermittelt und zu Gesamtbearbeitungszeiten aufsummiert, die durch Multiplikation mit entsprechenden Stundensätzen die Gesamtkosten ergeben.[165]

MASUR hat ein kennzahlenbasiertes Verfahren zur bahnorientierten Bearbeitungszeitermittlung beim Laserschneiden von Blechen zur Beschleunigung der Angebotsstellung entwickelt. Grundlage bilden Konturcharakteristika wie z.B. Winkel und Radien, die über Strecken verbunden als Formelemente in jeden beliebigen Schneidpfad eines Werkstücks eingehen. Die Formelemente werden zu Formelementketten verknüpft sodass mit dem zugehörigen kinematischen Maschinenverhalten der Schneidaufwand für beliebige Schneidpfade ermittelt werden kann. Damit können die Kosten für einen beliebigen Schneidauftrag vorhergesagt werden.[166]

SCHÜRMEYER stellt eine Methode zur interdependenzorientierten Angebotskalkulation bei Druckgussformen vor, bei der auf Grundlage der CAD-Geometrie des Gussteils ein virtuelles Formmodell sowie zugehörige Stücklisten und Arbeitspläne abgeleitet werden. Dadurch können Zeiten und Kosten für Fertigungsprozesse bestimmt werden. Für konturgebende Formelemente wird zusätzlich eine Zugänglichkeitsanalyse für die spanende Bearbeitung entwickelt und durchgeführt. Durch Zuschlagkalkulation werden schließlich die Selbstkosten der Form ermittelt.[167]

EILERT hat in Anlehnung an SCHÜRMEYER einen kombinierten Ansatz zur Herstellkostenermittlung innerhalb der Angebotsstellung für Stanzwerkzeuge entwickelt. Kerngrundlage bildet die digitale Repräsentation des zu betrachtenden Werkzeugs, welches durch ein Regelwerk aus Konstruktionsrichtlinien automatisiert als CAD-Modell erzeugt wird. Die anschließende Herstellkostenermittlung erfolgt zum einen, indem die Kosten für die mechanische Bearbeitung mittels analytischen Verfahrens auf Basis des erzeugten CAD-Modells berechnet werden. Zum anderen werden die Herstellungsprozesskosten mithilfe eines Data Mining-basierten Verfahrens ermittelt, in dem Merkmale aus dem CAD-Modell abgeleitet werden und als Eingangsparameter für Prognosemodelle dienen.[168]

Analytische Methoden haben einen sehr hohen initialen Aufwand zum Aufsetzen des Systems zur Ermittlung der Herstellkosten.[169] Besonders bei geometriebasierten Kostenfunktionen ist dieser Aufwand aufgrund des hohen Detaillierungsgrades sehr hoch. Durch den Einsatz von statistischen Kostenfunktionen kann der Aufwand etwas reduziert werden, jedoch ist durch die komplexen Zusammenhänge im Werkzeugbau eine Nachvollziehbarkeit der Ergebnisse nicht immer gegeben.[170] Zudem benötigen analytische Kostenfunktionen kontinuierliche Pflege und Aktualisierung.[171] Bisher werden aufgrund der

---

165 Vgl. Bouaziz; Ben Younes et al. (Cost estimation system of dies manufacturing), 2006
166 Vgl. Masur (Kennzahlenbasiertes Verfahren zur bahnorientierten Bearbeitungszeitberechnung), 2008
167 Vgl. Schürmeyer (Interdependenzorientierte Angebotskalkulation), 2011
168 Vgl. Eilert (Merkmalbasierte Herstellkostenermittlung), 2015
169 Vgl. Schaal (Integrierte Wissensverarbeitung mit CAD), 1992; Vgl. Boos; Pitsch et al. (Erfolgreich Kalkulieren), 2015
170 Vgl. Nagahanumaiah; Mukherjee et al. (An integrated framework for die and mold cost estimation), 2005
171 Vgl. Boos; Pitsch et al. (Erfolgreich Kalkulieren), 2015, S. 13

komplexen Unikatprodukte und begrenzten Planungskapazitäten im Werkzeugbau analytische Methoden als ausschließliche Systeme selten eingesetzt. Vielmehr ist eine Kombination mehrerer Methoden ratsam.[172]

3.3.5 Zwischenfazit

Wie die qualitative Bewertung der vorgestellten Kalkulationsansätze in Abbildung 3-2 zeigt, ist der Aufwand zur Durchführung der Herstellkostenermittlung beim überwiegenden Teil der Ansätze als hoch zu bewerten. Insbesondere die analytischen Methoden benötigen häufig einen erhöhten Aufwand zur Durchführung. Im Vergleich zu parametrischen bzw. analogen Methoden werden hierbei aber auch zuverlässigere und genauere Herstellkostenermittlungen erwartet. Hinsichtlich der fundierten Basis zur Herstellkostenermittlung gibt es einige Ansätze, die bereits eine fundierte Datenbasis für die Ermittlung der Herstellkosten verwenden und damit auch personenunabhängig und damit reproduzierbar Ergebnisse ermittelt werden können. Allen Ansätzen ist jedoch gemein, dass ausschließlich die Herstellkosten des Werkzeugs betrachtet werden. Keiner der vorgestellten Ansätze umfasst eine Betrachtung der herzustellenden Bauteile, wie sie für die Verwendung im Kleinserien- & Prototypenwerkzeugbau benötigt wird (vgl. Kapitel 2.3.3).

[172] Vgl. Boos; Pitsch et al. (Erfolgreich Kalkulieren), 2015, S. 13; Vgl. Eilert (Merkmalbasierte Herstellkostenermittlung), 2015, S. 27

Ansatz			A.1: Fachlich fundierte Herstellkosten-ermittlung	A.2: Geringer Aufwand zur Durchführung	A.3: Betrachtung von Werkzeug & Bauteil
Expertenschätzung			◔	◕	◔
Parametrische Methoden		Gewichtskostenmethode	◔	◕	◔
		Materialkostenmethode	◔	◕	◔
Analoge Methoden		Lampkemeyer	◔	◑	◔
		Grundmann	◔	◑	◔
		Brunkhorst	◔	◑	◔
		Veeramani	◔	◑	◔
		Ort	◑	◑	◔
		Wang	◑	◑	◔
		Fonseca	◔	◔	◔
		Askri	◔	◑	◔
Analytische Methoden	Statistische Kostenfunktion	Eversheim	◔	◔	◔
		Gröner	◑	◔	◔
		Menges und Mohren	◑	◔	◔
		Hauschild	◔	◔	◔
		Kümper	◑	◔	◔
		Eitrich	◑	◔	◔
		Chin und Wong	◑	◔	◔
		Krannich	◑	◔	◔
		Frech	◔	◑	◔
		Knoblach	◔	◔	◔
		Fagade	◕	◔	◔
		Farineau	◕	◔	◔
		Westekemper	◑	◔	◔
		Bisping	◔	◔	◔
		Chan	◔	◑	◔
		Fuh	◔	◑	◔
		Leidich	◔	◔	◔
	Geometrische Kostenfunktion	Tümis	◑	◔	◔
		Frenzel	◔	◑	◔
		Nagahanumaiah	◑	◔	◔
		Bouaziz	◔	◔	◔
		Masur	◑	◔	◔
		Schürmeyer	◕	◔	◔
		Eilert	◕	◑	◔

Anforderungserfüllung: gering ◔ mittel ◑ hoch ◕

Abbildung 3-2: Qualitative Bewertung der Anforderungserfüllung der Kalkulationsansätze

3.4 Wissensbasierte Systeme

Wissensbasierte Systeme stellen eine vielversprechende Lösung dar, die den in Kapitel 3.2 gestellten Anforderungen an eine Lösung für die Gesamtkostenermittlungen im Werkzeugbau für Prototypen und Kleinserien gerecht werden kann. Sie bieten eine Möglichkeit, das notwendige Expertenwissen abzubilden und zur Verfügung zu stellen. Aus diesem Grund wird dieses Themengebiet im Folgenden kurz erläutert.

3.4.1 Grundlagen wissensbasierter Systeme

Als Teilgebiet der künstlichen Intelligenz werden wissensbasierte Systeme häufig für Aufgaben eingesetzt, bei denen der Mensch üblicherweise seine Intelligenz benötigt. Zur Erreichung des allgemeinen

Ziels, menschliche Kognitionsprozesse in Software abzubilden, müssen im Wesentlichen folgende zwei Herausforderungen überwunden werden:[173]

„Das Verständnis der menschlichen Intelligenz, d.h. die Fähigkeit, die Umwelt zu verstehen und daraus Wissen zu generieren, das für komplexe Problemlösungen wiederverwendet werden kann, sowie die technische Realisierung komplexer Computersysteme, die dieses Wissen repräsentieren und zur Aufgabenbewältigung einsetzen."

Der wichtigste Aspekt eines wissensbasierten Systems ist die Trennung zwischen der Darstellung des Wissens über den Problembereich (Wissensbasis) und der Verarbeitung des Wissens (Wissensverarbeitung). Die Wissensbasis ist hierbei das spezifische Wissen über den Anwendungsbereich und die Wissensverarbeitung eine anwendungsunabhängige Problemlösungskomponente.[174] Ein Expertensystem ist ein wissensbasiertes System, bei dem das Wissen letztendlich von Experten stammt. In der Literatur existieren Definitionen für den Begriff „Expertensystem". Die meisten laufen dabei im Wesentlichen auf die folgende Definition hinaus:

„Ein Expertensystem ist ein Computersystem (Hardware und Software), das in einem gegebenen Spezialisierungsbereich menschliche Experten in Bezug auf ihr Wissen und ihre Schlussfolgerungen nachbildet."[175]

In Abbildung 3-3 ist der schematische Aufbau eines Expertensystems dargestellt. Die Wissensbasis beinhaltet als zentraler Bestandteil des Systems sowohl (permanentes) regelhaftes als auch (temporäres) fallspezifisches Wissen von Experten. Die Wissensverarbeitungskomponente wertet das in der Wissensbasis enthaltene Wissen aus, um entsprechende Schlussfolgerungen zu ziehen. Die Erklärungskomponente zeigt, wie die Schlussfolgerungen des Systems zustande gekommen sind und soll so die Vorgehensweise des Expertensystems transparent machen. Für den Aufbau des Wissens steht eine Wissenserwerbskomponente zur Verfügung. Die Kommunikation mit dem System erfolgt durch die Dialogkomponente, die zwischen der Benutzer- und der Expertenschnittstelle unterscheidet.

---

173 Vgl. Bodendorf (Daten- und Wissensmanagement), 2006

174 Vgl. Beierle; Kern-Isberner (Methoden wissensbasierter Systeme), 2014, S. 11

175 Vgl. Beierle; Kern-Isberner (Methoden wissensbasierter Systeme), 2014, S. 12

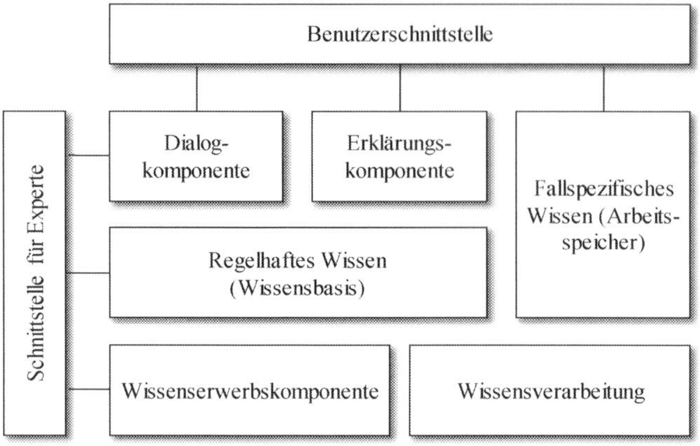

Abbildung 3-3: *Schematischer Aufbau eines Expertensystems*[176]

Eine Unterscheidung der Expertensysteme erfolgt grundsätzlich in fall- und regelbasierte Expertensysteme.[177] Bei einem fallbasierten System wird versucht, Erfahrungswissen über einen Anwendungsbereich in Form von konkreten Beispielen abzulegen. Grundannahme hierbei ist, dass ähnliche Probleme auch ähnliche Lösungen aufweisen. Regelbasierte Systeme hingegen versuchen einen Anwendungsbereich durch eine Menge von Regeln zu beschreiben, die definierte Objekte zueinander in Beziehung setzen. Mithilfe von sogenannten WENN-DANN-Regeln versuchen sie, Lösungswege mithilfe des logischen Schließens aus den Regeln abzuleiten.[178] Für fallbasierte Expertensysteme muss eine umfangreiche Menge an Beispielen für die Wissensbasis zur Verfügung stehen, um eine anwendbare Lösung für eine Problemstellung zu erhalten. Diese Beispiele müssen zunächst gesammelt werden. Regelbasierte Expertensysteme benötigen dagegen eine nahezu vollständige Modellierung des Problembereichs in Form von Regeln. Ein wesentlicher Vorteil regelbasierter Systeme ist jedoch, dass diese tatsächlich echte Lösungen bieten, wohingegen fallbasierte Systeme immer nur ähnliche Lösungen vorschlagen, die auf die konkrete Problemstellung angepasst werden müssen.[179]

3.4.2 Wissensakquisition und Wissensrepräsentation

Die Wissensakquisition und die Wissensrepräsentation stellen die zwingende Voraussetzung für die Entwicklung, den Betrieb und die Anwendung von Expertensystemen dar und werden daher im Folgenden kurz erläutert.

Wissensakquisition

Der Prozess der Wissensakquisition bezeichnet den notwendigen Erwerb des für den Problembereich relevanten Wissens. Das Wissen kann hierbei aus unterschiedlichen Quellen stammen wie z.B. Büchern oder Experteninterviews. Aufgabe der Wissensakquisition ist es, Wissen zu finden, einzugrenzen, zu

---

176 Vgl. Beierle; Kern-Isberner (Methoden wissensbasierter Systeme), 2014, S. 18
177 Vgl. Beierle; Kern-Isberner (Methoden wissensbasierter Systeme), 2014, S. 17
178 Vgl. Bodendorf (Daten- und Wissensmanagement), 2006
179 Vgl. Ullmann (Expertensystem zur Bereitstellung von Produktionssytem-Wissen), 2010

erfassen und zu formalisieren. Die Wissensakquisition kann dabei auf unterschiedliche Art und Weise passieren:[180]

Bei der **indirekten Wissensakquisition** formalisiert ein Wissensingenieur das Wissen eines Experten manuell über eine Entwicklerschnittstelle im System. Obwohl sich dieses Vorgehen in vielen Projekten bewährt hat, besitzt es zwei wesentliche Nachteile. Zum einen sind zwei hoch bezahlte, gut ausgebildete Fachleute zur Bedienung des Systems notwendig. Zum anderen sind die Experten oft nicht motiviert, ihr Wissen zu kommunizieren, da sie nur indirekt involviert sind. Bei der **direkten Wissensakquisition** kommuniziert der Experte direkt mit der Expertenschnittstelle mit dem System. Dadurch werden die beiden Nachteile der indirekten Wissensakquisition zum großen Teil umgangen. Allerdings ist nun eine einfach zu bedienende und leicht verständliche Schnittstelle zur Wissenserwerbskomponente notwendig. Zudem muss der Experte die Form der Wissensrepräsentation verstehen.[181] Bei der **automatischen Wissensakquisition** lernt ein System automatisiert mit unterstützender Anwendungssoftware, oder das System lernt aus Problemstellungen und zugehörigen Lösungen automatisiert. Der Ansatz der automatischen Wissensakquisition wurde noch bei keinem im täglichen Gebrauch befindlichen System vollständig automatisiert umgesetzt.[182]

Wissensrepräsentation

Die Wissensrepräsentation dient der strukturierten Abbildung von problemspezifischem Wissen in der Wissensbasis, damit dieses erhalten, genutzt und erweitert werden kann. Es umfasst die Aufgaben der sprachlichen Rekonstruktion von Wissen und die zugehörige Implementierung zur rechnergestützten Nutzung. Die Wissensrepräsentation erfolgt dabei je nach Art des Wissens unterschiedlich. Bei der Art des Wissens wird anhand seiner Natur nach deklarativem und prozeduralem Wissen unterschieden.[183] Weiterhin kann zwischen regelbasiertem (abstraktem) und fallspezifischem (konkretem) Wissen unterschieden werden.[184]

Deklaratives Wissen beschreibt Wissen über tatsächliche Sachverhalte, Vorgänge, Objekte und ihre Eigenschaften sowie Relationen untereinander. Deklaratives Wissen wird in einer Sammlung statischer Elemente hierarchisch oder netzwerkartig strukturiert. Dabei können Elemente der Wissensrepräsentation einfach ergänzt, geändert oder entfernt werden. Chronologische Verknüpfungen können bspw. nur begrenzt dargestellt werden. Im Vordergrund von **prozeduralem Wissen** steht der Gebrauch von Wissen. Prozedurales Wissen beschreibt also Handlungswissen in Form von Wissen über Strategien, Vorgehensweisen und Prozesse, die zur Lösung von Problemen und Verarbeitung von Informationen dienen.[185] Eine weitere Unterscheidung von Wissen kann in abstraktem Wissen und konkretem Wissen getroffen werden. Eine Einteilung der Wissensarten einer Wissensbasis ist in Abbildung 3-4 dargestellt.[186]

---

180 Vgl. Puppe; Gappa (Towards knowledge acquisition by experts), 1992; Vgl. Dittmann (OntoFMEA), 2007

181 Vgl. Puppe; Gappa (Towards knowledge acquisition by experts), 1992, S. 546f.

182 Vgl. Puppe; Gappa (Towards knowledge acquisition by experts), 1992, S. 546f; Vgl. Kaiser (Konstruieren im Verbund), 1995; Vgl. Ertel (Grundkurs Künstliche Intelligenz), 2016, S. 299f.

183 Vgl. Dittmann (OntoFMEA), 2007; Vgl. Wrede (Das Gold in den Köpfen der Mitarbeiter), 2007

184 Vgl. Beierle; Kern-Isberner (Methoden wissensbasierter Systeme), 2014

185 Vgl. Dittmann (OntoFMEA), 2007; Vgl. Wrede (Das Gold in den Köpfen der Mitarbeiter), 2007

186 Vgl. Ullmann (Expertensystem zur Bereitstellung von Produktionssytem-Wissen), 2010

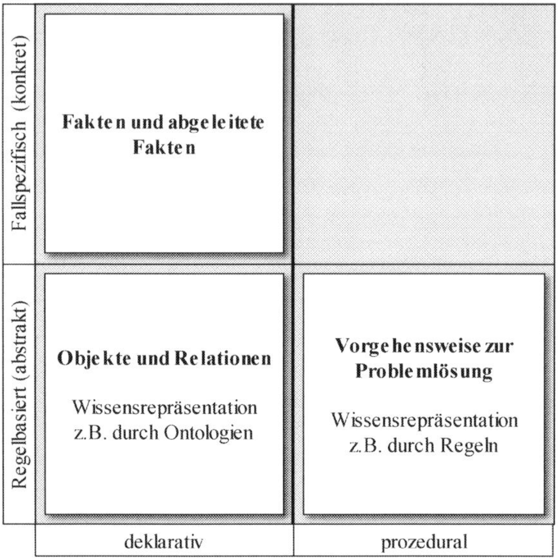

Abbildung 3-4: Wissensarten der Wissensbasis[187]

3.4.3 Data Mining

Wie in dem vorangegangenen Kapitel beschrieben, lassen sich für Wissensakquisition und -repräsentation automatisierte Verfahren anwenden. Im Rahmen dieser Arbeit sollen Data Mining-Verfahren (DM) genutzt werden, um Wissen hinsichtlich der Werkzeugstandzeitwahrscheinlichkeit von polymer-additiv gefertigten Werkzeugen zu akquirieren und zu formalisieren. DM-Verfahren sind grundsätzlich dazu geeignet, Wissen aus Daten zu ermitteln und bspw. in Form von Regeln abzubilden. Daher werden zunächst kurz die Vorgehensweise, Aufgabengebiete, Methoden und Anwendungen des DM dargestellt.

Das DM ist ein Teilgebiet der KI (künstliche Intelligenz) und kann somit dem Maschinellen Lernen zugeordnet werden.[188] FRAWLEY UND PIATETSKY-SHAPIRO definieren DM als[189]

„... die Extraktion und Entdeckung von implizitem, bisher nicht bekanntem und potenziell nützlichem Wissen aus Daten."

WITTEN UND FRANK stellen ergänzend hierzu eine sehr praxisbezogene Definition vor:[190]

„Data mining is defined as the process of discovering patterns in data. [..] It is about techniques for finding and describing structural patterns in data."

---

187 Vgl. Ullmann (Expertensystem zur Bereitstellung von Produktionssytem-Wissen), 2010

188 Vgl. Beierle; Kern-Isberner (Methoden wissensbasierter Systeme), 2014, S. 3

189 Vgl. Frawley; Piatetsky-Shapiro et al. (Knowledge Discovery in Databases), 1992, S. 58

190 Vgl. Witten; Frank et al. (Data mining), 2011, S. 5

Vorgehensweise beim Data Mining

Data Mining ist der Hauptbestandteil der sog. Wissensentdeckung in Datenbanken (engl.: knowledge discovery in data bases, KDD).[191] DM bezeichnet hierbei den eigentlichen Prozess der Datenanalyse, während KDD den gesamten Prozess der Wissensentdeckung beschreibt.[192] Abbildung 3-5 stellt den KDD-Prozess mit seinen aufeinanderfolgenden Teilschritten dar. Der Prozess ist als iterativer und interaktiver Prozess zu verstehen, bei dessen Durchführung zahlreiche Entscheidungen auf Basis subjektiv bewerteter Informationen vom Anwender getroffen werden müssen.[193] Ein vollständig autonomes System zur eigenständigen Suche in Datenbanken gibt es bisher nicht.[194] Der KDD-Prozess beginnt mit der Definition der **Aufgabenstellung** und Festlegung der Ziele, auf welche die **Selektion** der zu verwendenden Daten aus allen zur Verfügung stehenden Daten folgt. Nach der Datenauswahl werden im Rahmen der **Vorverarbeitung** offensichtliche Messfehler in den Rohdaten korrigiert und Ausreißer entfernt. Die anschließende **Transformation** der Rohdaten passt diese an die spezifischen Anforderungen des verwendeten Algorithmus an. Im eigentlichen **Data Mining** wird zunächst die DM-Aufgabe festgelegt, bevor die konkrete DM-Methode durch Eingrenzung der geeigneten DM-Algorithmen ausgewählt wird. Die Eingrenzung erfolgt durch Identifikation statistischer oder mathematischer Muster in den Daten, die z.B. den Zusammenhang zwischen unabhängigen Attributen und einer abhängigen Zielgröße beschreiben. Zuletzt werden die erzeugten Ergebnisse interpretiert, und es erfolgt eine **Bewertung** der eingangs festgelegten Ziele. Dadurch, dass die erzeugten Modelle in anderen Systemen oder Anwendungen genutzt werden, kann das erzeugte Wissen weiterverwendet werden. Es ist wichtig anzumerken, dass die Phasen der Vorverarbeitung und Transformation ca. 60-80 % des Aufwandes des gesamten KDD-Prozesses einnehmen. Der vorgestellte Prozess wird üblicherweise in mehreren Iterationen durchlaufen, um für den vorliegenden Anwendungsfall die bestmöglichen Ergebnisse zu erzielen.[195]

---

191 Vgl. Petersohn (Data Mining), 2009; Vgl. Ullmann (Expertensystem zur Bereitstellung von Produktionssytem-Wissen), 2010

192 Vgl. Petersohn (Data Mining), 2009; Vgl. Beierle; Kern-Isberner (Methoden wissensbasierter Systeme), 2014, S. 143

193 Vgl. Dreyer (Leistungs- und wirtschaftlichkeitsorientierte Anlagenkonfiguration), 2010

194 Vgl. Petersohn (Data Mining), 2009; Vgl. Ertel (Grundkurs Künstliche Intelligenz), 2016, S. 299f.

195 Vgl. Fayyad (Advances in knowledge discovery and data mining), 1996

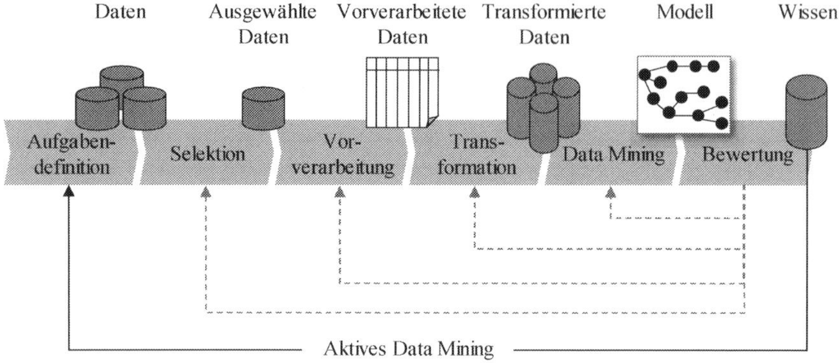

Abbildung 3-5: Prozess des „knowledge discovery in databasis"[196]

Aufgabengebiete

Die genaue zu lösende Aufgabe im Rahmen des Data Mining wird durch den Anwendungsfall und die damit verbundene Zielsetzung festgelegt. Weit verbreitete Aufgaben des DM sind die Klassifikation, die Klassenbildung, die Regression und die Assoziation. In der Literatur wird das DM entsprechend diesen Aufgabengebieten gegliedert.[197] In der **Klassifikation** wird ein Objekt einer oder mehreren vordefinierten Klassen zugeordnet. Dazu wird ein funktionaler Zusammenhang bestimmt, der eine möglichst genaue Zuordnung auf Basis von Objektmerkmalen erlaubt. In der **Klassenbildung (Clustering)** wird ein Objekt einer oder mehrerer Klassen zugeschrieben. Im Gegensatz zur Klassifikation sind die Klassen hierbei nicht von vorneherein vorgegeben, sondern müssen aus der Datenmenge so bestimmt werden, dass Objekte innerhalb einer Klasse möglichst homogen und Objekte in unterschiedlichen Klassen möglichst heterogen sind. Bei der **Regression/Zeitreihenanalyse** wird eine Funktion auf Basis unabhängiger Variablen ermittelt, die einen konkreten Wert für die abhängige Variable approximiert. Schließlich werden bei der **Assoziation** Zusammenhänge und Regelmäßigkeiten zwischen mehreren Merkmalen identifiziert und durch Assoziationsregeln abgebildet.

Methoden

Unterschiedliche Methoden des DM werden eingesetzt, um die o.g. Aufgaben zu erfüllen. Die Auswahl der passenden Methode erfolgt in Abhängigkeit der Ausgangsdaten und der verfolgten Zielsetzung und stammt meist aus dem Bereich der KI oder der Statistik.[198] Nachfolgend werden die Methoden, die im späteren Verlauf dieser Arbeit angewendet werden, als geeignete Repräsentation der verfügbaren Methoden vorgestellt.

Eine der am weitesten verbreiteten Methoden ist die **Lineare Regression**. Unterschieden wird grundlegend zwischen der einfachen linearen Regression, bei der der Zusammenhang einer abhängigen Zielvariablen und einer unabhängigeren Quellvariablen gesucht wird, und der multiplen linearen Regression, bei der mehr als eine unabhängige Quellvariable existiert. Es wird ein linearer Zusammenhang

196 Vgl. Beierle; Kern-Isberner (Methoden wissensbasierter Systeme), 2014, S. 145f.
197 Vgl. Beierle; Kern-Isberner (Methoden wissensbasierter Systeme), 2014, S. 146f.
198 Vgl. Ertel (Grundkurs Künstliche Intelligenz), 2016, S. 191ff.

zwischen den unabhängigen Quellvariablen und der Zielvariablen angenommen und darauf aufbauend die unbekannten Parameter der linearen Funktion zur Beschreibung des Zusammenhangs aus den Daten ermittelt. Die Ermittlung der unbekannten Parameter erfolgt durch eine iterative Minimierung eines Distanzmaßes zwischen der prognostizierten Geraden und den vorliegenden Datenpunkten. Das Distanzmaß ist in den meisten Fällen die Methode der kleinsten Quadrate.[199]

Ein **Decision Tree** (DT) besteht aus Knoten und Kanten, wobei die inneren Knoten des Baums die Merkmale (Attribute) und die Kanten die zugehörigen Attributwerte repräsentieren. An den Blattknoten (äußere Knoten bzw. unterste Ebene des Baumes) ist jeweils ein Klassenwert angegeben.[200] Anhand eines Entscheidungsbaumes können neue Beispiele den Klassen (Blattknoten) zugeordnet werden. Entscheidungsbäume sind ein mächtiges und gleichzeitig einfaches sowie effizientes Verfahren. Die Ergebnisse können anschaulich durch einen Entscheidungsbaum visualisiert und interpretiert werden. Typischerweise werden Entscheidungsbäume für eine Klassifikationsaufgabe eingesetzt, für numerische Vorhersagen können Regressions- oder Modellbäume zum Einsatz kommen.[201]

Ein **Random Forest** (RF) ist ein Klassifikations- oder Regressionsverfahren, das aus mehreren nicht-korrelierten Entscheidungsbäumen besteht, die alle unter einer bestimmten Art der Randomisierung gewachsen sind. Das Ergebnis der finalen Klassifikation durch einen Random Forest basiert auf dem Prinzip, dass jeder Entscheidungsbaum eine Klassifizierung vornimmt und die Klasse mit den meisten Klassifizierungen durch die Entscheidungsbäume gewinnt. Die wesentlichen Unterschiede bei dem Training von Random Forests sind die Art der verwendeten Entscheidungsbäume sowie die Entscheidung, ob eine maximale Tiefe der Bäume vorgegeben werden soll.[202]

Artificial Neural Net (ANN) sind Netzmodelle zur Informationsverarbeitung bestehend aus Knoten (Neuronen), die über gerichtete Kanten miteinander verbunden sind. Den gerichteten Kanten können dabei Gewichte zugeordnet werden. ANN sind dem natürlichen Vorbild von Nervenzellen in Gehirnen nachempfunden. Ein ANN ist üblicherweise in drei Schichten aufgebaut: die Eingabeschicht, die Ausgabeschicht und die verdeckten Schichten. Die konkrete Anzahl der verdeckten Schichten kann dabei variieren.[203] Innerhalb dieser Schichten sind die Knoten angeordnet. Die Verbindung zwischen den verschiedenen Schichten erfolgt ebenfalls über die Kanten des neuronalen Netzes. Es existieren unterschiedliche Netztypen, bspw. Backpropagation-Netze oder das Perzeptron.[204] ANN können für die Klassifikation und die Regression eingesetzt werden.

Support Vector Machines (SVM) kombinieren die Vorteile von linearen und nicht-linearen Verfahren. Für die Anwendung als Klassifikationsverfahren werden SVM dazu genutzt, eine Menge von Objekten in Klassen einzuteilen. Dabei erfolgt die Abgrenzung der Klassen durch Hyperebenen, die zu den einzelnen Klassen einen möglichst großen minimalen Abstand aufweisen. Die Hyperebenen werden

---

199 Vgl. Yan; Su (Linear regression analysis), 2009; Vgl. Toutenburg; Schomaker et al. (Deskriptive und induktive Statistik), 2009, S. 95ff.

200 Vgl. Ertel (Grundkurs Künstliche Intelligenz), 2016, S. 217ff.

201 Vgl. Ertel (Grundkurs Künstliche Intelligenz), 2016, S. 231f.

202 Vgl. Ho (Random decision forests), 1995; Vgl. Ho (Random subspace method for constructing decision forests), 1998; Vgl. Breiman (Random forests), 2001

203 Vgl. Ertel (Grundkurs Künstliche Intelligenz), 2016, S. 265ff.

204 Vgl. Ertel (Grundkurs Künstliche Intelligenz), 2016, S. 308f.

durch Punkte der Supportvektoren im Grenzbereich der Ebene definiert. Hierbei weisen alle Supportvektoren den gleichen Abstand zur Hyperebene auf. Die Supportvektoren werden durch effiziente Optimierungsalgorithmen bestimmt.[205]

K-nearest neighbour (k-NN) Algorithmen sind nicht-parametrische Methoden, die sowohl für die Klassifikation als auch die Regression genutzt werden können. Der Algorithmus findet die Menge an k Objekten in einem Trainingsdatensatz, die dem Testobjekt am nächsten ist und ordnet diesem die dominierende Klasse der Menge zu. Die für diese Zuordnung relevanten drei Parameter sind die Menge an bereits zugeordneten Objekten, ein Distanz- oder Ähnlichkeitsmaß zur Berechnung der Distanz zwischen den Objekten sowie der Wert k für die Anzahl der nächsten Nachbarn. Die Wahl dieser Parameter muss an die jeweilige Aufgabe angepasst werden und bestimmt damit maßgeblich die Güte der Ergebnisse.[206]

Der **Gauß-Prozess** (GP) ist ein stochastischer Prozess, bei dem jede endliche Teilmenge von Zufallsvariablen mehrdimensional normalverteilt ist. Gauß-Prozesse können im Rahmen von überwachtem maschinellen Lernen zur abstrakten Modellierung von Trainingsdaten eingesetzt werden. Hierbei ist kein iteratives Training notwendig, vielmehr werden die Zusammenhänge zwischen den Daten durch lineare Algebra aus statistischen Größen der Trainingsdaten modelliert. Für detaillierte Informationen wird an dieser Stelle auf die einschlägige Literatur verwiesen.[207]

Um die DM-Methoden anwenden zu können, müssen sie in Algorithmen umgesetzt werden. Zur Unterstützung dieser Umsetzung existieren verschiedene freie und kommerziell erhältliche Software-Produkte, die über teilweise umfangreiche Bibliotheken mit bereits implementierten Methoden verfügen. Zu den kommerziellen Produkten zählen hierzu „SPSS“, „SAS“ oder „Statistica“. Leistungsfähige Produkte gibt es ebenfalls unter den frei verfügbaren Systemen wie bspw. „R“, „KNIME“ oder „RapidMiner“. Für weiterführende Informationen hierzu wird auf die einschlägige Literatur verwiesen.[208]

Anwendung

Durch die zunehmende Neu- und Weiterentwicklung von DM- und Statistik-Software in den letzten Jahrzehnten werden DM-Methoden deutlich vermehrt verwendet.[209] Grundsätzlich findet DM in verschiedenen Bereichen wie z.B. Medizin, Technik, Handel, Banken oder Verwaltung Anwendung. In der industriellen Branche stellen der Maschinenbau, die Grundstoffindustrie und die Energiewirtschaft die häufigsten Branchen, bei denen DM-Methoden zum Einsatz kommen, dar. In einer Unterscheidung nach Funktionsbereichen finden die meisten Anwendungen im Marketing, der Produktion sowie der Logistik statt. In einer Betrachtung von FOCKEL lässt sich feststellen, dass sich betriebswirtschaftliche Fragestellungen häufig auf unternehmensexterne Daten konzentrieren und unternehmensinterne Daten oft in technischen Bereichen Verwendung finden.[210]

---

205 Vgl. Ertel (Grundkurs Künstliche Intelligenz), 2016, S. 298f.
206 Vgl. Wu; Kumar et al. (Top 10 algorithms in data mining), 2008, S. 22
207 Vgl. Rasmussen; Williams (Gaussian processes for machine learning), 2008
208 Vgl. Ertel (Grundkurs Künstliche Intelligenz), 2016, S. 253ff.
209 Vgl. Fockel; Nüsser (Methoden des Data Mining), 2009
210 Vgl. Fockel; Nüsser (Methoden des Data Mining), 2009

3.4.4 Grenzen wissensbasierter Systeme

Die Erwartungen, die an wissensbasierte Systeme und Expertensysteme zu Beginn der Entwicklung gestellt wurden, waren sehr hoch. Die damit verbundenen wesentlichen Ziele des Einsatzes von Expertensystemen sind nachfolgend wie folgt zusammengefasst:

- Experten können durch die Entlastung von Routineaufgaben mehr Zeit für innovative und kreative Tätigkeiten aufwenden.
- Es erfolgt eine Systematisierung des Wissens über ein spezielles Wissensgebiet dadurch, dass Fachleute gezwungen werden, die Wissensinhalte beim Aufbau eines Expertensystems zu durchdenken.
- Durch den immer gleichen Problemlösungsmechanismus eines Expertensystems weisen die Ergebnisse eine hohe Konsistenz und Reproduzierbarkeit auf.
- Das Wissen von Experten kann jederzeit auch ohne den jeweiligen Experten verfügbar gemacht werden. Hierdurch wird speziell die Einarbeitung von neuen Mitarbeitern erleichtert.
- Durch ein Expertensystem kann eine Konservierung des Wissens innerhalb des Unternehmens erfolgen.

Diese Erwartungen zu Beginn einer Entwicklung werden heutzutage nur teilweise erfüllt. Die anfängliche Befürchtung, Expertensysteme könnten Experten gänzlich ersetzen, ist mit der Zeit in den Hintergrund getreten, da Expertensysteme stattdessen als sinnvolle Unterstützung angesehen werden.[211] Die Grenzen wissensbasierter Systeme lassen sich anhand der in der Literatur angeführten Kritikpunkte darstellen:[212]

- Ergebnisse aus Expertensystemen finden teilweise nur Akzeptanz unter Vorbehalt, da Wissen und Regeln teilweise unscharf formuliert sind und Lösungswege nicht immer vollständig nachvollzogen werden können.
- Eine Erweiterung des Wissensgebiets eines Expertensystems ist nicht einfach möglich. Weiterhin können Expertensysteme ihre Kompetenz innerhalb eines Bereiches nicht selbstständig einschätzen.
- Expertensysteme können keine menschlichen Experten ersetzen. Daher muss bei der Anwendung von Expertensystemen stets Vorsicht geboten sein. In einigen Fällen können Expertensysteme sogar das Nachwachsen neuer Experten verhindern, da Expertentum gerade durch die Abarbeitung von Routineaufgaben entsteht.
- Das Wissen über ein bestimmtes Problem entwickelt sich unter Umständen nicht weiter, da sich kein Experte dauerhaft mit einer Lösung beschäftigen muss.
- Kausale Zusammenhänge sind in Expertensystemen oft nicht vorhanden oder nur unzureichend umgesetzt.

3.5 Forschungslücke und Handlungsbedarfe aus der Theorie

Die dargestellte aktuelle Situation der Angebotserstellung bestätigt die Forderung nach einer aufwandsarmen Kostenermittlung, da insbesondere Werkzeugbauunternehmen unter dem Druck stehen, eine Vielzahl an Angeboten in kurzer Zeit abgeben zu müssen (vgl. Anforderung A2). Dabei sollten die

211 Vgl. Beierle; Kern-Isberner (Methoden wissensbasierter Systeme), 2014
212 Vgl. Kaiser (Konstruieren im Verbund), 1995

abgegebenen Angebote möglichst auf einer fundierten Basis zur Herstellkostenermittlung basieren, um eine reproduzierbare Kostenermittlung zu ermöglichen (vgl. Anforderung A1). Zuletzt ist die Betrachtung des Gesamtprozesses bis zur End-Bauteilherstellung und damit eine Gesamtherstellkostenbetrachtung eines Fertigungsauftrags von entscheidender Bedeutung für Werkzeugbaubetriebe im Kleinserien- und Prototypenbereich (vgl. Anforderung A3). Hier werden i.d.R. Bauteile und nicht nur Werkzeuge angefragt. Keiner der aufgezeigten Ansätze deckt den geforderten Betrachtungsbereich der Gesamtkosten ab. Stattdessen fokussieren sich die vorgestellten Verfahren auf die Herstellkostenermittlung des Werkzeugs. Des Weiteren wird meist ein hoher Aufwand zur Kostenermittlung benötigt. Insbesondere die analytischen Ansätze, die im Vergleich zu den analogen und parametrischen Verfahren eine zuverlässigere und genauere Herstellkostenermittlung erwarten lassen, bedürfen häufig eines hohen Durchführungsaufwands. Zuletzt müssen bei analogen und analytischen Methoden auf Basis statistischer Kostenfunktion häufig Annahmen getroffen werden, die auf Erfahrungswissen basieren und so die Reproduzierbarkeit der Ergebnisse einschränken.

Die zuvor aufgeführten Ausführungen zeigen, dass wissensbasierte Systeme grundsätzlich in der Lage sind, komplexe Sachverhalte, wie sie bspw. im Rahmen der Kalkulation von Werkzeugen auftreten, abzubilden. Für diese Bereiche ist heutzutage ein hohes Maß an Fach- und Erfahrungswissen notwendig, welches entweder mangels Erfahrung nicht oder aber ausschließlich in den Köpfen der Fachleute und Spezialisten existiert. Hier bietet ein Expertensystem das Potenzial, dieses Wissen der Experten abzubilden und bspw. im Rahmen der Angebotsstellung nutzbar zu machen. DM-Methoden, als ein Mittel der automatisierten Wissensakquisition, sind grundsätzlich dazu geeignet, bisher nicht bekannte funktionale Zusammenhänge zwischen Eingangs- und Zielgrößen zu ermitteln. Die Grenzen der Anwendung liegen hier bei der praktischen Umsetzung in der Rechenleistung. Bei sehr großen Datenmengen oder komplexen DM-Algorithmen benötigt die Erstellung der Prognosemodelle einen nicht unerheblichen Zeitaufwand von mitunter einigen Tagen. In solchen Fällen kann eine intelligente Datenvorverarbeitung hilfreich sein. Es bleibt wichtig anzumerken, dass DM-Methoden zunächst nur für die betrachteten Daten eine Aussage liefern können. Dabei können keine allgemeingültigen, statistisch validen Ergebnisse abgeleitet werden. Durch die Verwendung von geeigneten Bewertungsverfahren können für die vorliegenden Daten statistisch valide Aussagen abgeleitet werden. Das ist allerdings nicht damit gleichzusetzen, dass DM-Methoden bei der Anwendung auf neue unbekannte Daten die gleichen Ergebnisse liefern können. Bei der Beurteilung der Ergebnisse ist es daher immer die Aufgabenstellung des Anwenders, die Ergebnisse in den richtigen Kontext zu setzen und fachmännisch zu beurteilen.

4 Aufgabenstellung und Vorgehensweise

Aus der Betrachtung der aktuellen Situation der Werkzeugbaubranche geht hervor, dass die Unternehmen aufgrund der vorherrschenden Wettbewerbssituation dazu gezwungen sind, Verbesserungspotenziale im Rahmen der Angebotsstellung zu erschließen. Insbesondere im Rahmen des Produktentstehungsprozesses werden immer häufiger kürzere Iterationszyklen, die gleichzeitig mit der Herstellung von Prototypen und Kleinserien der Produkte in verschiedenen Reifegraden einhergehen, durchlaufen. Um dieser Herausforderung zu begegnen, können neue Fertigungstechnologieketten, wie z.B. die polymer-additive Fertigung von Werkzeugeinsätzen für die Herstellung von Prototypen und Kleinserien eingesetzt werden. Um diese Potenziale heben zu können, müssen bereits während der Auftragsakquise die entstehenden Kosten möglichst präzise und mit geringem Aufwand vorherbestimmt werden können. Die Kostenbetrachtung im Kleinserien- und Prototypenwerkzeugbau muss aufgrund des erweiterten Betrachtungsbereichs über die konventionelle Werkzeugherstellungskostenbetrachtung hinaus die Herstellung der Bauteile mit einschließen.

Der aktuelle Stand der Wissenschaft hat jedoch gezeigt, dass es derzeit keinen geeigneten Lösungsansatz gibt, der entsprechend den gestellten Anforderungen eine Betrachtung des Gesamtherstellungsprozesses (Anforderung A3) bestehend aus Werkzeug und Bauteil mit geringem Aufwand und in kurzer Zeit (Anforderung A2) unter Verwendung einer fachlich fundierten Basis für die Herstellkostenermittlung (Anforderung A1) ermöglicht.

Vor diesem Hintergrund ist Zielsetzung der vorliegenden Arbeit, eine Methode zur Gesamtkostenermittlung von Spritzgießbauteilen aus polymer-additiv hergestellten Werkzeugeinsätzen zu entwickeln, durch die Werkzeugbaubetriebe speziell im Kleinserien- und Prototypenbereich bei der Auftragsakquise durch eine präzise und aufwandsarme Kostenvorhersage in der Angebotsstellung unterstützt werden.

Zum einen soll die Methode ein Beschreibungsmodell zum objektiven Vergleich von Bauteilanfragen auf Basis von Bauteilanfragemerkmalen ermöglichen. Dazu ist es notwendig, die für die Standzeitvorhersage relevanten Bauteilmerkmale systematisch zu ermitteln und zu klassifizieren. Zum anderen soll die Methode es ermöglichen, die Bauteilherstellung als kostenbestimmenden Faktor über die Werkzeugherstellung hinaus mit zu betrachten. Dazu ist ein Regelwerk notwendig, welches die Besonderheiten in der Konstruktion und anschließender Prozessführung während des Spritzgießens mit polymer-additiv gefertigten Spritzgießwerkzeugen beschreibt und formalisiert. Aus dieser Zielsetzung lässt sich die zentrale wissenschaftliche Fragestellung der vorliegenden Arbeit ableiten:

> Inwieweit lässt sich eine Data Mining-basierte Methode entwickeln, mit der auf Basis von extrahierten Bauteilanfragemerkmalen die Standzeit von polymer-additiv gefertigten Spritzgießwerkzeugeinsätzen vorhergesagt werden kann, um die Gesamtherstellungskosten eines Fertigungsauftrags zu bestimmen?

Zur Beantwortung dieser Fragestellung müssen die folgenden Teilziele erreicht werden:

- **Teilziel 1:** Entwicklung eines Beschreibungsmodells zum objektiven Vergleich von Bauteilanfragen

- **Teilziel 2:** Entwicklung eines Regelwerks zur Konstruktion und Prozessführung von polymer-additiv gefertigten Spritzgießwerkzeugeinsätzen
- **Teilziel 3:** Entwicklung eines Verfahrens zur Data Mining-basierten Standzeitvorhersage polymer-additiv gefertigter Werkzeugeinsätze
- **Teilziel 4:** Integration in ein Modell zur Gesamtherstellungskostenvorhersage und Evaluation anhand von Praxisbeispiele

5 Detaillierung des Lösungsansatzes

Das Vorgehen bei der Methodenentwicklung zur Erreichung der in Kapitel 4 definierten Zielsetzung orientiert sich an den vier Ebenen des Forschungsdesigns nach TÖPFER.[213] Die gewählte Forschungsvorgehensweise hat einen handlungsorientierten Schwerpunkt, welcher im Gegensatz zu einem erkenntnisorientierten Schwerpunkt nicht das Aufstellen von Theorien als Ziel hat, sondern das Erstellen eines theoretischen Konzeptes, durch das Gestaltungs- und Handlungsempfehlungen abgeleitet werden können. Dieses Konzept passt besser zur Aufgabenstellung, die es erfordert, ein Vorgehen zu beschreiben, unter dessen Anwendung Unternehmen eine aufwandsarme Kostenkalkulation von Spritzgießaufträgen mittels polymer-additiv gefertigter Werkzeuge für den Vergleich mit konventionellen Werkzeugen durchführen können. Abbildung 5-1 zeigt das Vorgehen der Methodenentwicklung sowie die Zuordnung der Kapitel dieser Arbeit zu den Ebenen des Forschungsdesigns. Auf der *Einflussebene* werden der Untersuchungsgegenstand Spritzgießwerkzeuge und die identifizierten Anforderungen der Angebotsstellung des Werkzeugbaus betrachtet. Weiterhin werden die bestehenden Ansätze zur Kostenkalkulation und die Möglichkeiten und Grenzen wissensbasierter Systeme als Lösungsansatz dargestellt. Ergebnis ist eine Beschreibung des Untersuchungsgegenstandes sowie dessen Rahmenbedingungen. Auf der *Strategieebene* werden die wesentlichen inhaltlichen Bausteine des Untersuchungsgegenstandes ermittelt und festgelegt. Im vorliegenden Fall sind dies vor allem die Beschreibungslogik zur Anfrageanalyse, das Regelwerk zur Werkzeuggestaltung und Prozessführung, der Data Mining-basierte Ansatz zur Werkzeugstandzeitermittlung sowie die anschließende analytische Kostenkalkulation. Eine Umsetzung wird auf der *Gestaltungsebene* beschrieben. Hier wird die Umsetzung der Methode zur Gesamtherstellungskostenermittlung und die anschließende Zusammenführung in einem Expertensystem beschrieben. Die zu berücksichtigenden Auswirkungen werden in der *Auswirkungsebene* betrachtet und im Rahmen der Anwendung der Methode berücksichtigt.

Ausgehend von der wissenschaftstheoretischen Grundlage erfolgt die Methodenentwicklung, die in den nachfolgenden Kapiteln beschrieben wird. Eine Übersicht über den Gesamtablauf ist Abbildung 5-2 zu entnehmen. Zu Beginn der Methode werden die Anfragedaten des Kunden in Form von Bauteil-CAD Daten sowie weiteren Angaben zu geforderter Stückzahl, Bauteilqualität, Material usw. aufgenommen. Die relevanten Merkmale der Bauteilanfrage werden mithilfe von beschreibenden Kennzahlen erfasst und in eine Beschreibungslogik überführt. Es erfolgt eine prinzipielle Machbarkeitsprüfung auf Basis dieser Beschreibungslogik. Im zweiten Schritt erfolgt die regelbasierte Konstruktion des Werkzeugeinsatzes sowie der vorläufigen Spritzgießprozessauslegung auf Basis von gesammeltem und formalisiertem Expertenwissen zur Verwendung von polymer-additiv gefertigten Werkzeugeinsätzen für das Spritzgießen. Aufbauend auf der kennzahlenbasierten Repräsentation der Bauteilanfrage sowie der Spritzgießprozessauslegung wird über ein Data Mining-basiertes Verfahren die Werkzeugstandzeitwahrscheinlichkeit auf Basis historischer Daten prognostiziert, um die benötigte Anzahl an Werkzeugeinsätzen zur Erfüllung der Bauteilanfrage bestimmen zu können. Im darauffolgenden Schritt wird der Gesamtaufwand in Form von Gesamtkosten und Gesamtfertigstellungszeit des Fertigungsauftrags analytisch bestimmt. Die Gesamtkosten setzen sich aus den Herstellungskosten des Werkzeugs und den Herstellungskosten des Spritzgießbauteils zusammen. Die ermittelten Gesamtkosten und die Gesamtzeit

[213] Vgl. Töpfer (Erfolgreich Forschen), 2012

des Fertigungsauftrags können damit für den Vergleich zu konventionellen Werkzeugen für die Angebotsstellung verwendet werden.

Ebenen des Forschungsdesigns nach TÖPFER	Zuordnung der Kapitel dieser Arbeit	
Einflussebene Wesentliche Einflussfaktoren und Rahmenbedingungen für den Untersuchungsgegenstand	Kapitel 2:	• Spritzgießwerkzeuge • Werkzeugfertigungstechnologien • Auftragsabwicklung & Angebotsstellung
	Kapitel 3:	• Bestehende Kalkulationsmethoden • Wissensbasierte Systeme
	Kapitel 4:	• Ableitung der Forschungsfrage • Definition des Lösungsvorgehens
Strategieebene Wesentliche inhaltliche Bausteine, Beeinflussung des Untersuchungsgegenstands, zu erreichende Ziele	Kapitel 5.1:	• Entwicklung einer Beschreibungslogik zur einheitlichen Anfrageanalyse
	Kapitel 5.2:	• Regelbasierte Werkzeugerstellung und Spritzgießprozessauslegung
	Kapitel 5.3:	• Data Mining-basierter Ansatz zur Werkzeugstandzeitvorhersage
	Kapitel 5.4:	• Analytische Gesamtkostenermittlung
Gestaltungsebene Zielerreichung, detaillierte Umsetzung	Kapitel 5.5:	• Zusammenfassung des Gesamtmodells und Umsetzung in einem Demonstrator
Auswirkungsebene Zu berücksichtigende Auswirkungen	Kapitel 6:	• Anwendung und kritische Reflexion

Abbildung 5-1: Vorgehen bei der Methodenentwicklung(i.A.a. TÖPFER)[214]

[214] Vgl. Töpfer (Erfolgreich Forschen), 2012

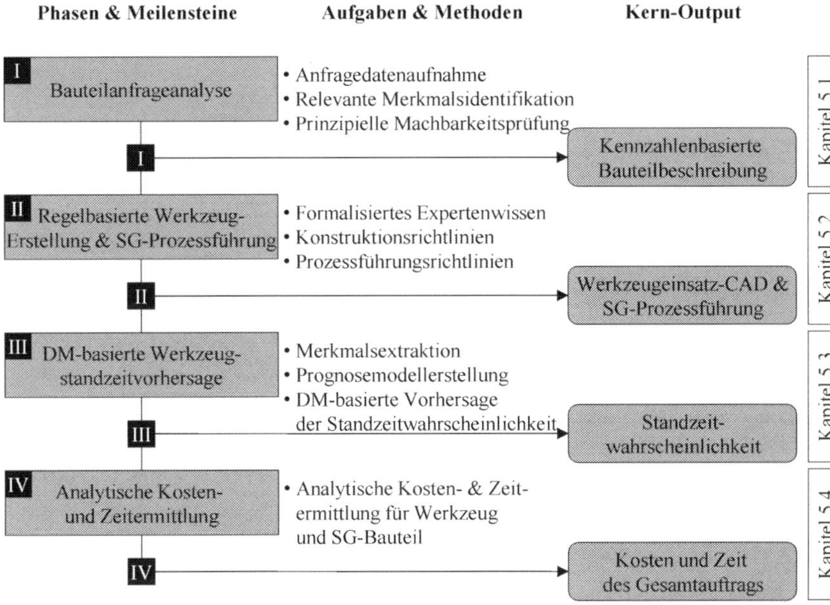

Abbildung 5-2: Methodenablauf

5.1 Bauteilanfrageanalyse

Wie in Abbildung 5-2 verdeutlicht, besteht der Methodenablauf aus den Phasen I-IV. In Phase I erfolgt dabei die Analyse und Aufbereitung der Bauteilanfrage. Der wesentliche Output von Phase I ist die kennzahlenbasierte Anfragebeschreibung bestehend aus der aufbereiteten Bauteilgeometriebeschreibung sowie den weiteren zugehörigen aufbereiteten Kennzahlen aus der Bauteilanfrage. Die wesentlichen Inputgrößen stellen hierbei die Bauteil-CAD Daten, Bauteilmaterial- und Bauteilqualitätsanforderungen sowie die geforderte Stückzahl und Anforderungen an den Liefertermin dar.

Im Zuge der Bauteilgeometrieanalyse werden aus der CAD-Datei Basis-Kennzahlen zur Beschreibung der geometrischen Beschaffenheit extrahiert. Diese Kennzahlengesamtheit wird aufgeteilt. Ein Teil dient nach einer Datenaufbereitung gemeinsam mit den Bauteilqualitätsanforderungen als Input für die Machbarkeitsprüfung. Innerhalb der Machbarkeitsprüfung wird durch eine Werkzeugmaterialdatenbank die prinzipielle Erfüllbarkeit des Auftrags anhand von wenigen kritischen Merkmalen bestimmt. Das Ergebnis dieser ersten Prüfung fließt gemeinsam mit den Anforderungen an den Liefertermin sowie die geforderte Stückzahl in die Datenaufbereitung für die Standzeitvorhersage in Phase III. Bei positivem Ergebnis der Machbarkeitsprüfung erfolgt eine Aufbereitung der Daten zu einer kennzahlenbasierten Bauteilanfragebeschreibung. Bei negativem Ergebnis kann die Bauteilanfrage nicht mit einem polymer-additiven Werkzeugeinsatz erfüllt werden.

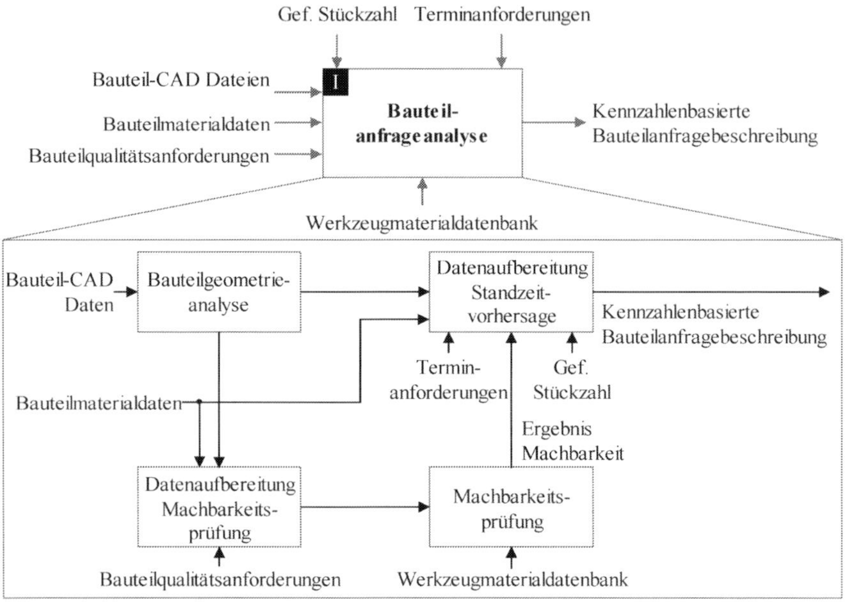

Abbildung 5-3: Phase I des Methodenablaufs

5.1.1 Definition der Bauteilanfrage

Die generische Struktur einer Auftragsanfrage für die Fertigung eines Spritzgießbauteils ist in Abbildung 5-4 dargestellt. Grundsätzlich lassen sich die Auftragsdaten einer Bauteilanfrage in allgemeine und das Spritzgießbauteil betreffende Anforderungen unterteilen. Zu den allgemeinen Anforderungen zählen der geforderte Liefertermin sowie die geforderten Kosten und die geforderte Stückzahl eines Auftrags. Diese Anforderungen werden im Rahmen von Phase I durch die Datenaufbereitung für die Standzeitvorhersage aufgenommen und finden Verwendung zum Ende des Methodenablaufs in Phase IV nach erfolgter Gesamtkosten- und -zeitkalkulation des Fertigungsauftrags.

Die das Spritzgießbauteil betreffenden Auftragsdaten lassen sich allgemein in die Kategorien Geometrie, Qualität, Material, Beanspruchung und Formteileigenschaften gliedern. Hierbei ist es wichtig anzumerken, dass nicht bei jeder Anfrage Anforderungen bzw. Daten zu allen Kategorien vorliegen. Insbesondere Anforderungen an die spätere Beanspruchung des Bauteils bzw. die gewünschten Formteileigenschaften liegen im Bereich der Prototypen- und Kleinserienfertigung nicht in einer einheitlich beschreibbaren Form vor. Häufig ergeben sich diese aus Diskussionen während der Anfrage und können daher für den weiteren Verlauf der Methode nicht betrachtet werden. Sowohl Geometrie- als auch Materialanforderungen werden zum einen in der Machbarkeitsprüfung und zum anderen in der Standzeitvorhersage verwendet. Qualitätsanforderungen werden ausschließlich in der Machbarkeitsprüfung verwendet, da diese als einfache Abfragewerte überprüft werden können (vgl. Kapitel 5.1.3).

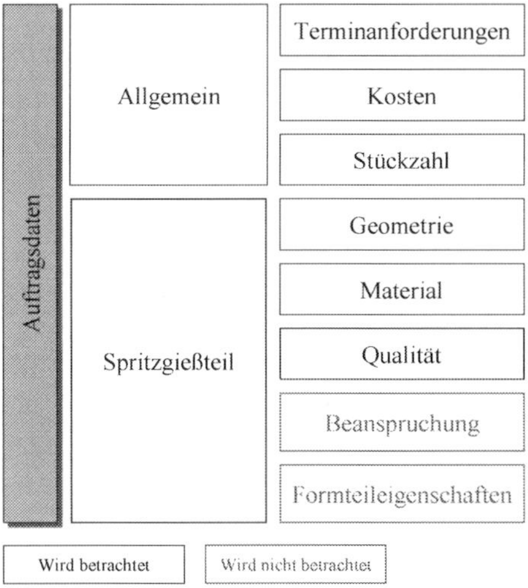

Abbildung 5-4: Generische Auftragsdatenstruktur eines Spritzgießfertigungsauftrags[215]

Für die Datenaufbereitung hinsichtlich Geometrie, Material und Qualität müssen Merkmale definiert werden, die es erlauben, eine differenziertere Betrachtung der Kategorien durchzuführen und einen quantitativen Abgleich mit historisch ermittelten Werten zu ermöglichen. Die Auswahl der die Werkzeugstandzeit beeinflussenden Merkmale wird in dieser Arbeit gemäß dem in Abbildung 3-5 dargestellten KDD-Prozess durch ein zweistufiges Verfahren ermittelt. Zum einen erfolgt zunächst eine Vorauswahl der Attribute gemäß FISCHER nach sachlogischer Beurteilung durch die Aufgabendefinition.[216] Diese sachlogische Beurteilung erfolgt einerseits auf Basis bekannter in der Literatur vorhandener Beschreibungen der Zusammenhänge im Spritzgießprozess. Andererseits werden diese bekannten Zusammenhänge durch während der Arbeit durchgeführte Vorversuche ergänzt bzw. reduziert. Dadurch werden aus der Grundgesamtheit aller zur Verfügung stehenden Daten, die für den betrachteten Anwendungsfall relevanten Daten ausgewählt. Dieses Vorgehen ist in Abbildung 5-5 dargestellt. Die erste Stufe der Merkmalauswahl wird durch die in Phase I zu erstellende kennzahlenbasierte Bauteilanfragebeschreibung realisiert. Diese kennzahlenbasierte Beschreibung wird auf der einen Seite in Teilen zur Durchführung der Machbarkeitsprüfung verwendet und auf der anderen Seite im Rahmen der kennzahlenbasierten Bauteilanfragebeschreibung in Phase III zur Prognosemodellerstellung sowie in Phase IV zur Kalkulation und Auftragsbewertung eingehen. Die Vorauswahl der Merkmale erfolgt dabei immer unter der Berücksichtigung der folgenden beiden Randbedingungen:

- Die Merkmale müssen einen relevanten Einfluss auf den Betrachtungsgegenstand haben.
- Die Merkmale können mit einem vertretbaren Aufwand bestimmt werden.

Der Betrachtungsgegenstand im vorliegenden Fall ist die Werkzeugstandzeitvorhersage von polymer-additiv gefertigten Werkzeugeinsätzen. Hierzu sind alle Merkmale mit einem Einfluss auf die Belastungen auf das Werkzeug während der Bauteilherstellung als relevant einzustufen. Die Belastungen

215 Vgl. Hopmann; Menges et al. (Spritzgießwerkzeuge), 2018, S. 99
216 Vgl. Fischer (Softwareunterstützte Angebotskalkulation), 2007

auf ein Werkzeug, die während des Spritzgießprozesses wirken, gliedern sich in thermische und mechanische Belastungen. Die thermische Belastung wird durch die Temperatur der eintretenden Schmelze des jeweiligen Kunststoffes bestimmt. Die mechanische Belastung wird zum einen durch die eintretende Schmelze und den damit verbundenen mechanischen Abrieb sowie den aus der Bauteilgeometrie resultierenden Einspritzdruck und die Auftriebskraft bestimmt. Zum anderen wirkt die Schließkraft über das Werkzeug der resultierenden Auftriebskraft entgegen und stellt damit die zweite Komponente der mechanischen Belastung auf das Werkzeug dar. Die Auswahl der Merkmale erfolgt in dieser ersten Stufe daher immer unter Berücksichtigung der Zuordnung entweder der thermischen oder der mechanischen Belastung auf das Werkzeug. Die Ausnahme stellen hierbei die Genauigkeitsanforderungen dar, die keine Aussage über die Belastungen auf das Werkzeug treffen, jedoch entscheidend für die Beurteilung der Machbarkeit einer Bauteilanfrage sind. Eine zweite, nachgelagerte Auswahlstufe erfolgt gemäß dem KDD-Prozess während der Datenvorverarbeitung innerhalb von Phase III und wird in Kapitel 5.3 ausführlich erläutert. Im nachfolgenden Abschnitt werden durch die Gliederung von Produktmerkmalen die relevanten Merkmale für die Machbarkeitsprüfung sowie die nachgelagerte Prognosemodellerstellung aufgeführt.

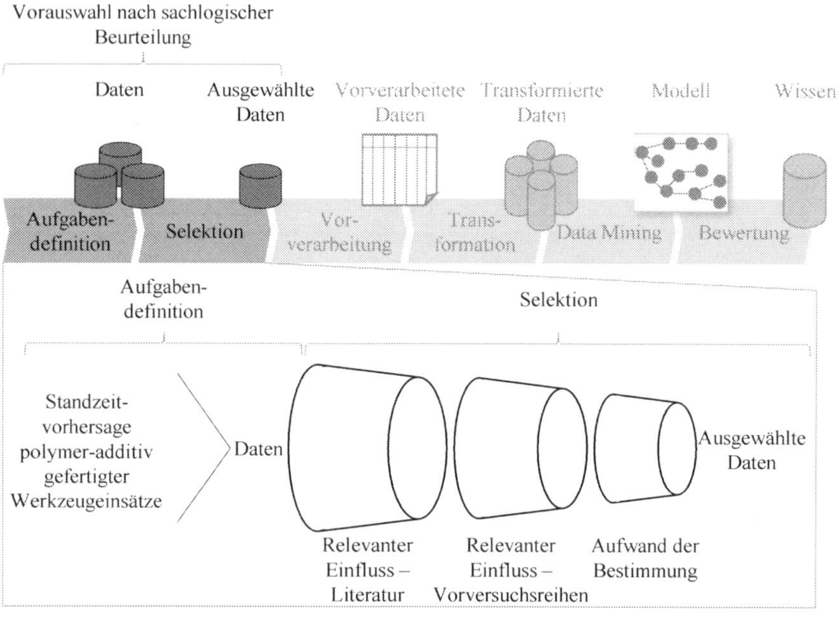

Abbildung 5-5: Einordnung der Vorauswahl nach sachlogischer Beurteilung in den KDD-Prozess

5.1.2 Gliederung von Produktmerkmalen

Für die Gliederung von Produktmerkmalen existieren in der Literatur verschiedene Ansätze mit unterschiedlichen Fokuspunkten. BOUAZIZ ET AL. verwenden für Werkzeuge eine Gliederung in geometrische Informationen, technologische Informationen und Informationen bezüglich des Werkstoffes.[217] FISCHER gliedert kostenbestimmende Ähnlichkeitsmerkmale in geometrische, fertigungstechnische, funktionale und physikalische Merkmale.[218] EHRLENSPIEL verfolgt einen Ansatz der Gliederung von Produktmerkmalen in Beschaffenheits-, Funktions- und Relationsmerkmale. Dabei beschreiben Beschaffenheitsmerkmale die Produkteigenschaften wie die Geometrie oder den Werkstoff. Funktionsmerkmale beschreiben den Produktzweck und die verfügbaren Funktionalitäten, während Relationsmerkmale die Eigenschaften eines Produktes im Zusammenhang mit anderen Systemen abbilden.[219]

Für die vorliegende Arbeit wird die Gliederung nach EHRLENSPIEL verwendet, da sich alle anderen Gliederungen in diese integrieren lassen. Hierzu muss die Gliederung allerdings erweitert werden. Da im betrachteten Anwendungsfall des Werkzeugbaus die Produkte (Werkzeuge) wiederum Betriebsmittel sind, mit denen Bauteile hergestellt werden, müssen die Beschaffenheitsmerkmale weiter in Beschaffenheitsmerkmale des Bauteiles und Beschaffenheitsmerkmale des Werkzeugs aufgeteilt werden. Bauteil und Werkzeug stehen in unmittelbarer Wechselwirkung und müssen für die Betrachtung der Werkzeugstandzeit beide als zu ermittelnde Größe betrachtet werden. Damit ergeben sich insgesamt vier übergeordnete Gruppen von Merkmalen, die für die Machbarkeitsprüfung sowie die Erstellung der Prognosemodelle als Eingangsgrößen zu berücksichtigen sind:

- Beschaffenheitsmerkmale des Bauteils
- Beschaffenheitsmerkmale des Werkzeugs
- Funktionalitätsmerkmale
- Relationsmerkmale

Die aufgeführten vier übergeordneten Gruppen an Produktmerkmalen in dieser Arbeit müssen aus den relevanten Auftragsdatenklassen, Geometrie, Material und Qualität, entlang der Phasen I und II abgeleitet werden. Dazu ist eine Definition der relevanten Merkmale innerhalb der Merkmalsklassen notwendig. In Abbildung 5-6 ist eine schematische Darstellung der Merkmalsextraktion für die Machbarkeitsprüfung und die Prognosemodellerstellung dargestellt. Die Definition der relevanten Merkmale innerhalb der Merkmalsklassen erfolgt in den nachfolgenden Kapiteln.

---

217 Vgl. Bouaziz; Ben Younes et al. (Cost estimation system of dies manufacturing), 2006

218 Vgl. Fischer (Kostenbewusstes Konstruieren), 2008

219 Vgl. Ehrlenspiel (Integrierte Produktentwicklung), 2009

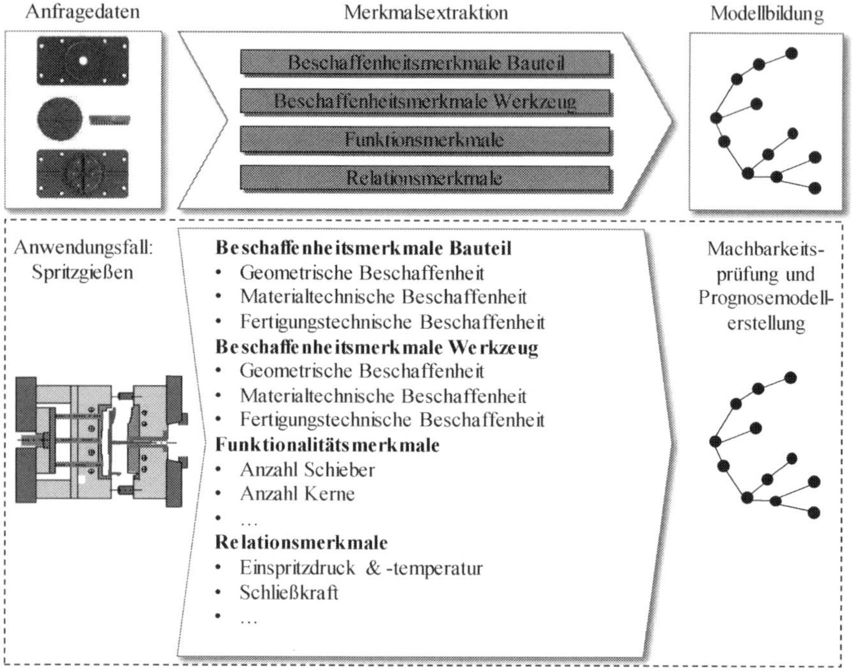

Abbildung 5-6: Schematische Darstellung der Merkmalsextraktion zur Charakterisierung des Betrachtungsgegenstandes Spritzgießen

5.1.2.1 Beschaffenheitsmerkmale des Bauteils

Zur weiteren Beschreibung der Beschaffenheitsmerkmale des Bauteils ist es zweckmäßig, diese in geometrische, materialtechnische und fertigungstechnische Beschaffenheitsmerkmale, wie in Abbildung 5-7 dargestellt, zu gliedern. Die im Rahmen dieser Arbeit durchgeführten Untersuchungen haben gezeigt, dass neben der materialtechnischen Beschaffenheit vor allem die geometrische Beschaffenheit von Bauteilen einen erheblichen Einfluss auf die Werkzeugstandzeit hat. Die materialtechnischen Beschaffenheitsmerkmale beeinflussen vor allem durch die resultierenden geforderten Prozessparameter die Werkzeugstandzeit. Die materialtechnischen Beschaffenheitsmerkmale werden sowohl in der Machbarkeitsprüfung als auch in der Prognosemodellerstellung verwendet. Die fertigungstechnische Beschaffenheit umfasst ausschließlich Fertigungsgenauigkeiten und Toleranzen. Diese haben jedoch keinen aktiven Einfluss auf die Werkzeugstandzeit, sondern ergeben sich aus der erzielbaren Genauigkeit aus polymer-additiv gefertigten Werkzeugen und werden daher ausschließlich für die Machbarkeitsprüfung verwendet. Eine Kernherausforderung bei der Beschreibung und dem anschließenden Vergleich der geometrischen Beschaffenheit von Bauteilen besteht in der Ermittlung einer geeigneten Beschreibungslogik. In der Literatur gibt es verschiedene Ansätze, die ursprünglich jeweils für unterschiedliche Zwecke, in den meisten Fällen für die Vorhersage von Werkzeugkosten, nicht jedoch für die Prognose der

Werkzeugstandzeit verwendet werden.[220] Ziel ist es jeweils die für die Ermittlung der Werkzeugherstellungskosten relevante Komplexität in einer Kennzahl oder einem System von Kennzahlen wiederzugeben. Hierfür werden Kennzahlen verschiedener Klassen verwendet, wie in Kapitel 3.2 beschrieben. Zur differenzierten Beschreibung der geometrischen Beschaffenheit eines Bauteils wird diese weiter in quantitative, feature-basierte und prozessspezifische Merkmale gegliedert. Die in Abbildung 5-7 aufgeführte Gliederung und Auswahl geometrischer Kennzahlen stellt die aggregierte Darstellung der verwendeten Kennzahlen zur Beschreibung der Bauteilgeometrie dar und wird im Folgenden für die weitere Beschreibung verwendet. Da eine wesentliche Anforderung an die zu entwickelnde Methode die aufwandsarme Durchführung und Anwendung ist, werden für die weitere Betrachtung vornehmlich quantitative und fertigungsprozess-spezifische Kennzahlen für die Prognosemodellerstellung betrachtet. Die Betrachtung feature-basierter Kennzahlen wird sich in dieser Arbeit auf die Features Pins und Stege als allgemeine Repräsentation der gängigsten Featureformen beschränken und findet ausschließlich in der Machbarkeitsprüfung Anwendung.

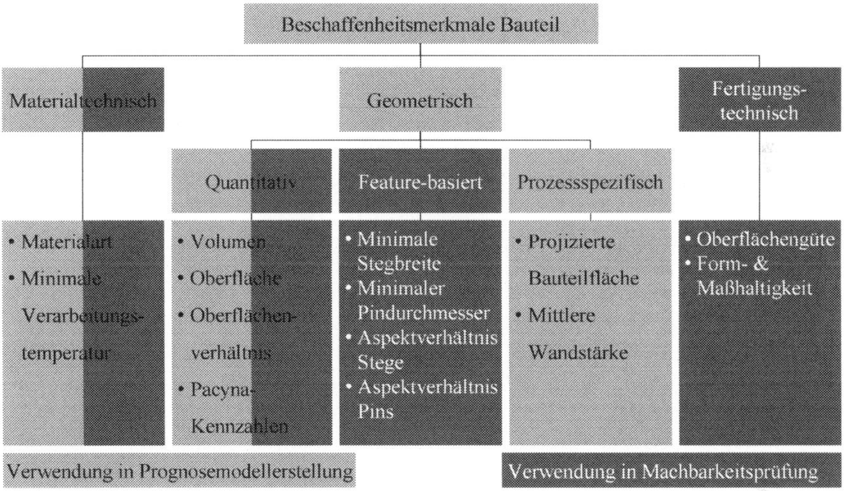

Abbildung 5-7: Gliederung und Auswahl der Beschaffenheitsmerkmale des Bauteils

Geometrische Beschaffenheitsmerkmale des Bauteils

Quantitative Kennzahlen beschreiben die geometrische Beschaffenheit eines Bauteils durch eine einzige Kennzahl. Diese Kennzahlen stellen damit eine aggregierte Beschreibung der Bauteilgeometrie dar und besitzen folglich den geringsten Grad der Detaillierung. Sie ermöglichen dadurch den schnellen und einfachen Vergleich von verschiedenen Bauteilen. Zudem werden durch quantitative Kennzahlen Bauteile zunächst unabhängig von dem gewählten Fertigungsprozess beschrieben. Gleichzeitig muss die Aussagekraft dieser Kennzahlen immer vor dem Hintergrund des Anwendungszwecks betrachtet und

---

[220] Vgl. Chougule; Ravi (Casting cost estimation), 2006; Vgl. Joshi; Ravi (Quantifying the shape complexity), 2010; Vgl. Sortino; Motyl et al. (Preventive evaluation of mould production cost), 2014; Vgl. Almaghariz; Conner et al. (Quantifying the role of part design complexity), 2016

fachmännisch bewertet werden. Quantitative Kennzahlen werden in dieser Arbeit sowohl zur Machbarkeitsprüfung als auch zur Prognosemodellerstellung in Kapitel 5.3 verwendet.

Ein bestehendes, auf quantitativen Kennzahlen basierendes System zur geometrischen Werkstückbeschreibung wird von PACYNA ursprünglich für die Klassifizierung von Gussbauteilen beschrieben. Hierbei werden drei dimensionslose Kennzahlen vorgeschlagen, die eine ganzheitliche Beschreibung des Werkstücks möglich machen. Bei den drei Kennzahlen handelt es sich jeweils um relative Maßstäbe, bei denen ein Würfel gleichen Volumens jeweils als Vergleichskörper dient.[221] Die einzelnen Kennzahlen sind dabei die Gestrecktheit G_x, die Dünnwandigkeit G_y und die Verpackungssperrigkeit G_z. Abbildung 5-8 veranschaulicht die einzelnen Kennzahlen.

Die Gestrecktheit G_x (1) gibt das Verhältnis der größten Abmessungen des Werkstücks zu den größten Abmessungen des Vergleichswürfels an. Als Maß hierfür wird die Raumdiagonale d_R der kleinstmöglichen rechteckigen Verpackung des Werkstücks verwendet.

$$G_x = \log \frac{d_R}{d_{RW}} = \log \left(\frac{\sqrt[2]{a^2 + b^2 + c^2}}{1{,}7321 * \sqrt[3]{V_{SG}}} \right) \tag{1}$$

d_R = *Raumdiagonale der kleinstmöglichen rechteckigen Verpackung des Werkstücks*

d_{RW} = *Raumdiagonale des Vergleichswürfels*

V_{SG} = *Volumen des Spritzgießbauteils bzw. Vergleichswürfels*

a, b, c = *Bauteilabmessungen*

Die Dünnwandigkeit G_y (2) wird durch Division der Kantenlänge a_W des Vergleichswürfels mit der mittleren Wanddicke des Werkstücks ermittelt. Die mittlere Wanddicke wird dabei über die Gewichtung der einzelnen Wanddicken d_i nach ihren zugehörigen Flächenanteilen berechnet.

$$G_y = \log \frac{a_W}{d_m} = \log \left(\frac{\sqrt[3]{V_{SG}}}{d_m} \right) \tag{2}$$

a_W = *Kantenlänge des Vergleichswürfels*

Die Verpackungssperrigkeit G_z (3) ist das Verhältnis aus Umhüllungsvolumen V_U zum Werkstückvolumen V_{SG}, welches definitionsgemäß für Werkstück und Vergleichswürfel übereinstimmt.

$$G_z = \log \frac{V_U}{V_{SG}} = \log \left(\frac{a * b * c}{V_{SG}} \right) \tag{3}$$

V_U = *Umhüllungsvolumen des Werkstücks*

221 Vgl. Pacyna (Klassifikation von Gußstücken), 1972

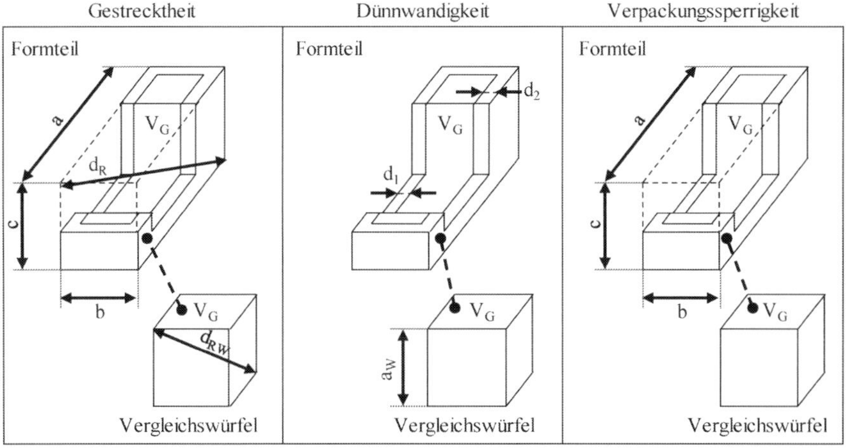

Abbildung 5-8: Pacyna-Kennzahlen

Mit den aufgeführten drei Pacyna-Kennzahlen ist eine ganzheitliche geometrische Beschreibung der Gestalt von Spritzgießbauteilen möglich. Das Kennzahlensystem besitzt allerdings einige Schwachpunkte. So werden z.B. maßstäblich identischen Bauteilen unabhängig von deren Größe die gleichen Pacyna-Kennzahlen zugeordnet. Damit wären diese Bauteile durch eine Beschreibung lediglich der drei aufgeführten Kennzahlen komplett identisch. Größere Bauteile wirken allerdings eine größere Belastung auf die Werkzeuge aus, da i.d.R. die benötigten Einspritzdrücke höher sind. Dieser Einfluss fände ohne die Einführung zusätzlicher Kennzahlen keine Berücksichtigung in dem Beschreibungssystem. Daher sollen sowohl das Bauteilvolumen als auch die Bauteiloberfläche zur Erfassung der Bauteilgröße als eigenständige Kennzahlen mit in das Bewertungssystem aufgenommen werden. Da sich Dimensionen der Volumina und Oberflächen verschiedener Spritzgießbauteile über hohe Größenordnungen erstrecken können, wird zur besseren Abbildung dieser Unterschiede auf kleine Zahlenbereiche sowie aus Gründen der Rechengenauigkeit das logarithmische Volumen bzw. die logarithmische Oberfläche verwendet. Das Bauteilvolumen geht darüber hinaus als Kenngröße in die Machbarkeitsprüfung ein.

Als letzte weitere zusätzliche eigenständige Kennzahl zur Beschreibung der Gestalt eines Spritzgießbauteils wird das Oberflächenverhältnis G_w definiert. Das Oberflächenverhältnis berechnet sich aus dem Verhältnis der Oberfläche des Spritzgießbauteils und der Oberfläche einer Sphäre gleichen Volumens. Die Sphäre hat die geringste volumenbezogene Oberfläche aller geometrischen Körper und stellt damit einen geeigneten Referenzpunkt dar. Um auch hier wieder große Zahlenbereiche abdecken zu können, wird ebenfalls die logarithmische Darstellung gewählt. Höhere Zahlenwerte stellen hierbei Bauteile mit zerklüfteteren Oberflächen dar, welche damit einen höheren Beitrag zur Bauteilkomplexität und damit auf die Werkzeugbelastung während der Bauteilherstellung leisten. Die Berechnungsgrundlage für das Oberflächenverhältnis ist in Formel (4) dargestellt.

$$G_w = \log \frac{A_{SG}}{A_S} = \log \left(\frac{A_{SG}}{(4\pi)^{1/3} * (3V_{SG})^{2/3}} \right) \qquad (4)$$

A_{SG} $= Oberfläche\ des\ Spritzgießbauteils$

A_S $= Oberfläche\ einer\ volumengleichen\ Sphäre$

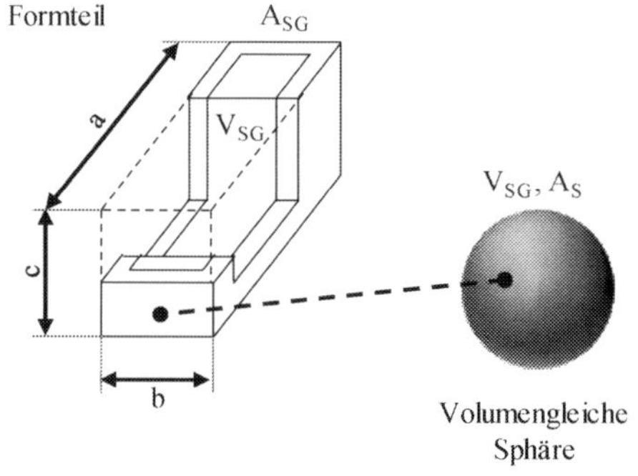

Abbildung 5-9: Oberflächenverhältnis mit einer Vergleichssphäre

Feature-basierte Kennzahlen beschreiben ein Bauteil anhand seiner geometrischen Features. Hierbei wird der Begriff in der Literatur unterschiedlich je nach Anwendungsfall verwendet. Für die vorliegende Arbeit soll die folgende Definition des Begriffs nach ELINSON ET AL. verwendet werden[222]:

„[...] *lokale geometrische Konfigurationen an einem gefertigten Teil, die während der Lebensdauer des Teils eine gewisse technische Bedeutung haben.*"

Beispiele für solche Features sind im Spritzgießbereich typischerweise Pins und Stege, aber auch Schnapphaken-Verbindungen oder Clipverbindungen, die in vielen gängigen Spritzgießbauteilen technische Funktionen übernehmen, sind Beispiele für Features in Spritzgießbauteilen. Für eine ausführliche Betrachtung von Features wird an dieser Stelle auf die einschlägige Literatur verwiesen.[223]

Feature-basierte Kennzahlen stellen hinsichtlich des Detaillierungsgrads eine detailliertere Beschreibung der Geometrie eines Bauteils dar. Aufgrund dieser Eigenschaft sind diese allerdings auch aufwendiger zu bestimmen. Die eindeutige Bestimmung von Features von Bauteilen aus CAD-Modellen stellt auch heute noch eine entscheidende Herausforderung dar.[224] Auch Feature-basierte Kennzahlen ermöglichen zunächst eine Beschreibung des Bauteils unabhängig vom gewählten Fertigungsprozess für die Herstellung. Für die im Spritzgießen relevantesten Bauteilfeatures konnten im Rahmen dieser Arbeit bereits, abhängig der Materialkombination von Bauteil und Werkzeug, Extremwerte für die Herstellbarkeit der Bauteilfeatures ermittelt werden. Diese Features lassen sich in die beiden Hauptklassen Pins und Stege gliedern. Für die Beschreibung und Bewertung der Pins wird zum einen das Aspektverhältnis und zum anderen der Durchmesser herangezogen. Das Aspektverhältnis ist das Verhältnis aus der Höhe des Pins zu seinem Durchmesser, wie in Abbildung 5-10 dargestellt. Je höher dieses Verhältnis, desto unwahrscheinlicher ist die Herstellbarkeit eines Bauteils, da aufgrund der fragilen Struktur des Features die Wahrscheinlichkeit für Werkzeugversagen an dieser Stelle steigt. Um ein Maß für die

222 Vgl. Elinson; Nau et al. (Feature-based similarity assessment), 1997
223 Vgl. Bonten (Kunststofftechnik), 2014, S. 359ff.
224 Vgl. Cardone; Gupta et al. (Survey of shape similarity assessment algorithms), 2003

absolute Größe des Pins zu erhalten, ist zusätzlich der Durchmesser des Pins mit zu betrachten. Für die Bewertung der Herstellbarkeit ist das maximale Aspektverhältnis entscheidend. Da hier die Wertebereiche als klein einzustufen sind, ist eine logarithmische Darstellung der Kennzahlen nicht notwendig. Features werden im Rahmen dieser Arbeit ausschließlich zur Machbarkeitsprüfung verwendet. Formel (5) stellt die Berechnung des maximalen Aspektverhältnisses für Pins dar.

$$AV_{Pin} = \max \frac{h_{Pin}}{d_{Pin}} \tag{5}$$

AV_{Pin}	$=$ *Aspektverhältnis des Pins*
h_{Pin}	$=$ *Höhe des Pins*
d_{Pin}	$=$ *Durchmesser des Pins*

Stege stellen das zweite betrachtete Feature zur Herstellbarkeitsaussage dar. Bei Stegen wird ebenfalls das Aspektverhältnis betrachtet. Dieses berechnet sich hier aus dem Verhältnis der Steghöhe und der Stegbreite, wie in Abbildung 5-10 dargestellt. Als absolute Kennzahl wird bei Stegen die Breite herangezogen. Die Wahrscheinlichkeit für Werkzeugversagen steigt ebenfalls mit steigendem Aspektverhältnis, sodass für die Bewertung wieder das maximale Aspektverhältnis, dargestellt in Formel (6), von Relevanz ist.

$$AV_{Steg} = \max \frac{h_{Steg}}{b_{Steg}} \tag{6}$$

AV_{Steg}	$=$ *Aspektverhältnis des Stegs*
h_{Steg}	$=$ *Höhe des Stegs*
b_{Steg}	$=$ *Breite des Stegs*

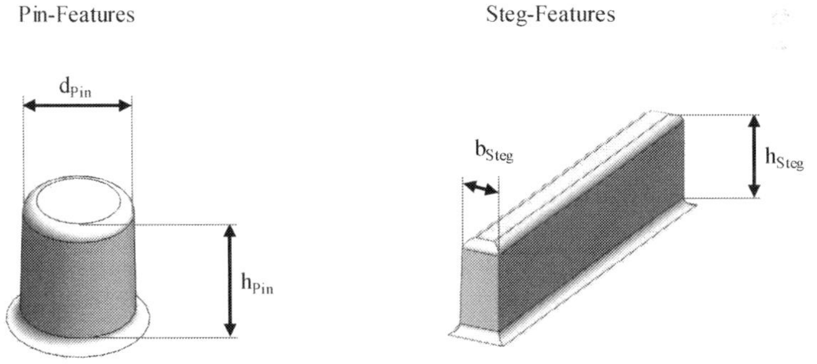

Abbildung 5-10: Aspektverhätnis für Pin- und Steg-Features

Als Fertigungsprozess-spezifische Kennzahlen werden in dieser Arbeit Kennzahlen beschrieben, die je nach gewähltem Fertigungsprozess individuell zur zusätzlichen geometrischen Beschreibung abgeleitet werden können. Im betrachteten Fall des Spritzgießens gibt es prinzipiell eine unzählige Menge an prozessspezifischen Kennzahlen, die gebildet werden können. Die nachfolgend ausgewählten Kennzahlen beruhen auf der eingangs aufgeführten Relevanz von potenziell möglichen Kennzahlen. Diese Relevanz zeichnet sich wie in Kapitel 5.1.1 beschrieben durch die Beschreibung der Belastungen, die auf ein Werkzeug während der Bauteilherstellung wirken, aus. Diese Werkzeugbelastungen setzen sich aus thermischer und mechanischer Belastung zusammen, welche durch die beiden aufgeführten fertigungsprozessspezifischen geometrischen Kennzahlen beschrieben werden. Jede weitere einzuführende geometrische Kennzahl, die ein Bauteil fertigungsprozessspezifisch bzgl. thermischer oder mechanischer Belastung beschreibt, kann auf die beiden folgenden Kennzahlen zurückgeführt werden. Fertigungsprozess-spezifische Kennzahlen können ein Bauteil nicht unabhängig vom Fertigungsprozess beschreiben und sind an diesen gekoppelt.

Die projizierte Bauteilfläche stellt die Fläche dar, die das Bauteil in Schließrichtung projiziert. Abbildung 5-11 veranschaulicht diese Projektion zur Verdeutlichung. Je größer die projizierte Bauteilfläche, desto größer die benötigte Schließkraft, die der Auftriebskraft während des Einspritzprozesses an der Spritzgießmaschine entgegenwirken muss, um das Auftreten von Schwimmhäuten zu vermeiden. Die Auftriebskraft ergibt sich aus dem auf die Formteilmasse während des Einspritzens wirkenden Druck multipliziert mit der projizierten Bauteilfläche.

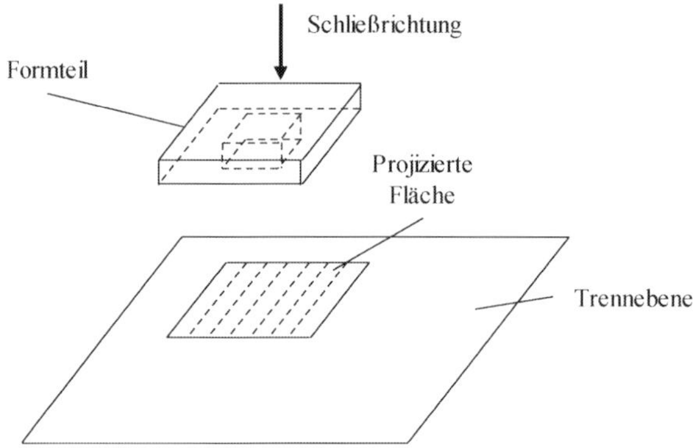

Abbildung 5-11: *Projizierte Bauteilfläche*

Die Wandstärke eines Bauteils stellt im Spritzgießen eine entscheidende Größe hinsichtlich Herstellbarkeit, Prozessbelastungen und Werkzeugherstellungskosten dar. Spritzgießbauteile sind im Allgemeinen mit einer möglichst homogenen Wandstärke zu konstruieren (vgl. Kapitel 5.2). Dabei ist ebenfalls auf die generellen Grenzen hinsichtlich geringer und hoher Wandstärken sowie starker Wandstärkensprünge zu achten. Eine einfach zu bestimmende Größe zur Beschreibung der Wandstärke stellt die mittlere Wandstärke dar. Sie ist ein Indikator für die Herstellbarkeit des Bauteils sowie die Belastung auf das Werkzeug und wird daher als Kennzahl für die Prognosemodellerstellung herangezogen. Die mittlere Wandstärke berechnet sich als Summe der Wandstärken über die jeweiligen Flächenanteile des Bauteils bezogen auf die Gesamtfläche des Bauteils und ist in (7) dargestellt:

$$W_{Mittel} = \sum W_i * \frac{A_i}{A_{ges}} \quad (7)$$

W_{Mittel}	$= mittlere\ Wandstärke$
W_i	$= Wandstärke\ der\ Teilfläche\ i$
A_i	$= Teilfläche\ i$
A_{ges}	$= Gesamtfläche$

Materialtechnische Beschaffenheitsmerkmale des Bauteils

Ein weiterer wichtiger Aspekt bei der Herstellung von Spritzgießbauteilen ist das eingesetzte Material. Ein Kriterium bei der Materialauswahl ist der spätere Einsatzzweck des herzustellenden Formteils. Zur Herstellung von Spritzgießbauteilen gibt es eine Vielzahl an unterschiedlichen Werkstoffen mit einer sehr breit gestreuten Palette an Werkstückeigenschaften. Diese beträchtliche Bandbreite an unterschiedlichen Werkstoffkennwerten erschwert es, geeignete eindeutige Werkstoffeigenschaften zur Kennzeichnung eines Spritzgießbauteils als zusätzliche Kennzahlen mit in das Beschreibungssystem des Spritzgießbauteils aufzunehmen. Mit Blick auf den angedachten Anwendungszweck können Eigenschaften von Werkstoffen identifiziert werden, die einen Einfluss auf die Werkzeugbelastung haben können, wie z.B. die Viskosität. Ein Maß hierfür ist der Schmelzindex MVI (Melt Volume Index), der die Fließfähigkeit eines thermoplastischen Werkstoffes, die bei einer bestimmten Temperatur und einem bestimmten Druck aufgenommen wird, beschreibt. Aufgrund der stark unterschiedlichen Werkstoffeigenschaften verschiedener Thermoplaste hinsichtlich der Schmelztemperatur werden die verschiedenen Werkstoffe bei stark unterschiedlichen Temperaturen und bei verschiedenen Druckbelastungen vermessen, sodass ein Vergleich des MVI über verschiedene Thermoplaste nicht objektiv möglich ist. Weiterhin geben angegebene Verarbeitungsbereiche immer nur die Grenzen von empfohlenen Verarbeitungsbereichen an. Die tatsächlichen Prozessparameter werden allerdings erst während der Bauteilherstellung bzw. während der Prozessauslegung ermittelt. Um trotzdem eine Unterscheidung der verwendeten Bauteilmaterialien treffen zu können, erscheint eine Aufnahme der Materialart, d.h. PP, PA, PMMA etc. als nominal skalierte Werte in den Data Mining-basierten Ansatz als sinnvoll. Weiterhin werden die Materialart sowie die minimale Verarbeitungstemperatur als Merkmale für die Machbarkeitsprüfung mit herangezogen. Eine weitere Aufnahme von Materialparametern ist aufgrund der mangelnden Vergleichbarkeit und damit Aussagefähigkeit verschiedener Materialien im Vergleich nicht sinnvoll.

Fertigungstechnische Beschaffenheitsmerkmale des Bauteils

Mit den fertigungstechnischen Beschaffenheitsmerkmalen eines Bauteils werden die Qualitätsanforderungen beschrieben. Zu tiefergehenden Informationen zu Qualitätseigenschaften von Spritzgießbauteilen sei an dieser Stelle auf die einschlägige Literatur verwiesen. Innerhalb dieser Arbeit werden die Anforderungen an die Qualitätseigenschaften an ein Spritzgießbauteil im Rahmen der Machbarkeitsprüfung anhand der beiden quantifizierbaren Bewertungsgrößen der Oberflächenqualität sowie der Form- und Maßhaltigkeit bemessen.

Eine Klassifizierung der Oberflächenglätte der Werkzeuge und damit der resultierenden Bauteile, um zwischen „strukturierten" oder eher „glatten" Oberflächen differenzieren zu können, kann mithilfe des Mittenrauwerts R_a vorgenommen werden. Tabelle 5-1 zeigt Orientierungswerte der Rauheiten glatter Werkzeugkonturen und deren Einordnung in unterschiedliche Konturoberflächenklassen. Werkzeugoberflächen mit R_a Werten von 800 bis 1600 nm können bereits als glatt bezeichnet werden. Um glänzende Oberflächen zu erzielen, sind deutlich niedrigere R_a-Werte von 200 bis 400 nm notwendig. Bei der Festlegung der benötigten Konturoberflächenqualität ist zu berücksichtigen, dass mit zunehmender Poliergüte die Kosten für die Fertigung der Werkzeuge überproportional ansteigen, während die Abbildgenauigkeit der Werkzeug-Sollgeometrie abnimmt.[225] Ferner sind mit polymer-additiv gefertigten Werkzeugen nur Oberflächengüten bis zu einer bestimmten Grenze erzielbar.

Tabelle 5-1: Orientierungswerte der Rauheiten glatter Werkzeugkonturen[226]

Mittenrauwert R_a in nm	Konturoberflächenqualität
$\geq$ 3000	Technisch rau
800 bis 1600	Glatt
200 bis 400	Glänzend
50 bis 100	Hochglänzend
12 bis 25	Spiegelnd (optische Sonderqualität)

Die Form- und Maßhaltigkeit kann mithilfe von DIN 16742 bewertet werden. Die bei der Bauteilanfrage angegebenen Maßtoleranzen können mithilfe der Norm abhängig vom jeweiligen Nennmaß in Toleranzgruppen gegliedert werden.[227] Für die polymer-additiv gefertigten Werkzeuge können jeweils die maximal erreichbaren Toleranzgruppen je Nennmaß ermittelt werden. Hierdurch eignet sich die maximal erreichbare Toleranzgruppe TG_{max} als eine weitere Kennzahl zur Überprüfung innerhalb der Machbarkeitsprüfung.

Insgesamt ergeben sich damit für die Beschreibung der Beschaffenheit des Bauteils 16 Kennzahlen, die in Tabelle 5-2 zusammengefasst dargestellt sind. Von diesen gehen neun Kennzahlen als Datenbasis in die Prognosemodellerstellung für die Standzeitvorhersage ein. Ebenfalls neun Kennzahlen gehen in die Machbarkeitsprüfung ein. Dies ist möglich, da die beiden Kennzahlen Volumen und Bauteilmaterial für Machbarkeitsprüfung und Prognosemodellerstellung verwendet werden. Wie in Kapitel 5.1.1 erläutert, stellen diese Kennzahlen das Ergebnis der ersten Auswahlstufe durch sachlogische Zusammenhänge des Betrachtungsgegenstands dar. In Kapitel 5.3 erfolgt die zweite Auswahlstaufe gemäß dem KDD-Prozess in Form der Vorverarbeitung und Transformation. Die Ergebnisse und finale Auswahl der verwendeten Kennzahlen für das Prognosemodell werden dort aufgeführt.

---

225 Vgl. Meyer; Falke (Maßhaltige Kunststoff-Formteile), 2013, S. 31

226 Vgl. Meyer; Falke (Maßhaltige Kunststoff-Formteile), 2013, S. 31

227 Vgl. Deutsches Institut für Normung e.V. (Kunststoff-Formteile - Toleranzen und Abnahmebedingungen), 2013, S. 13ff.

Tabelle 5-2: Beschaffenheitsmerkmale des Bauteils

Merkmal	Kurzzeichen	Einheit	Machbarkeits-prüfung	Prognosemodell-erstellung
Gestrecktheit	G_x	[-]	-	X
Dünnwandigkeit	G_y	[-]	-	X
Verpackungssperrigkeit	G_z	[-]	-	X
Oberflächenverhältnis	G_w	[-]	-	X
Volumen	$V_{Bauteil}$	[mm³]	X	X
Oberfläche	$A_{Bauteil}$	[mm²]	-	X
Minimaler Pindurchmesser	d_{Pin}	[mm]	X	
Aspektverhältnis Pin	AV_{Pin}	[-]	X	
Minimale Stegbreite	b_{Steg}	[mm]	X	
Aspektverhältnis Steg	AV_{Steg}	[-]	X	
Projizierte Bauteilfläche	A_{Proj}	[mm²]	-	X
Mittlere Wandstärke	T_{Mittel}	[mm]	-	X
Bauteilmaterial	-	[-]	X	X
Minimale Verarbeitungs-termperatur	$T_{ein,min}$	[°C]	X	-
Mittenrauwert	R_a	[nm]	X	-
Form- & Maßhaltigkeit	TG_{max}	[-]	X	-

5.1.2.2 Beschaffenheitsmerkmale des Werkzeugs

Die Beschaffenheitsmerkmale des Werkzeugs lassen sich, wie das Bauteil, prinzipiell in die drei Klassen geometrisch, materialtechnisch und fertigungstechnisch unterteilen. Die geometrischen Beschaffenheitsmerkmale werden weiterhin grundlegend in die beiden Kategorien formteilabhängige und formteilunabhängige Merkmale gegliedert. Formteilabhängige Merkmale sind alle die Geometrie des Formteils beeinflussende Bereiche des Werkzeugs. Typischerweise sind dies die Kavitäten. Die Geometrie des Formteils wird bereits durch die geometrischen Beschaffenheitsmerkmale des Bauteils ausreichend detailliert beschrieben und wird im Rahmen der Werkzeugbetrachtung nicht weiter detailliert, um eine Abhängigkeit von abgeleiteten Kennzahlen zu vermeiden. Zu den formteilunabhängigen geometrischen Merkmalen des Werkzeugs zählen grundlegende Geometriedaten, wie die Abmessungen des Werkzeugs insgesamt sowie die Anzahl der Kavitäten im Werkzeugeinsatz. Zu den materialtechnischen Beschaffenheitsmerkmalen zählen neben dem Materialtyp auch Informationen zu eventuellen Nachbehandlungen zur Beeinflussung der Werkstoffeigenschaften. Fertigungstechnische Beschaffenheitsmerkmale beschreiben analog zu den Beschaffenheitsmerkmalen des Bauteils nur Sachverhalte zu Genauigkeiten und Toleranzen und sind im Rahmen der Beschaffenheitsmerkmale des Bauteils bereits abgedeckt. In Abbildung 5-12 wird die Gliederung der auf Basis sachlogischer Betrachtung ausgewählten Beschaffenheitsmerkmale des Werkzeugs zusammenfassend dargestellt. Die aufgeführten Merkmale haben insbesondere in den durchgeführten Versuchen innerhalb dieser Arbeit einen erkennbaren Einfluss auf die Werkzeugstandzeit gezeigt. Der Einfluss des Werkzeugmaterials auf die Werkzeugstandzeit ist durch KAMPKER ET AL.[228] in einer Studie von 2018 nachgewiesen worden. Hierbei sind die erzielten Standzeitergebnisse bei gleichen Spritzgießbauteilen in Abhängigkeit des Werkzeugmaterials um bis zu 200 % abgewichen. Weiterhin haben vor allem Variationen im Werkzeugvolumen bedingt durch Bauteilvolumina zu Unterschieden in erzielbaren Werkzeugstandzeiten geführt. Hier liegt der Faktor sieben zwischen erreichten Werkzeugstandzeiten zwischen Werkzeugen unterschiedlicher Größe.[229]

Es bleibt wichtig anzumerken, dass die ausgewählten Beschaffenheitsmerkmale des Werkzeugs nicht durch die Bauteilanfrage, sondern durch den Konstrukteur bestimmt werden. Es gibt hierbei unterschiedliche Gestaltungsmöglichkeiten. Die in Kapitel 5.2 aufgeführten Gestaltungsrichtlinien geben Auskunft über die für die Verwendung von polymer-additiven Werkzeugeinsätzen als am besten eingestuften Ausführungen.

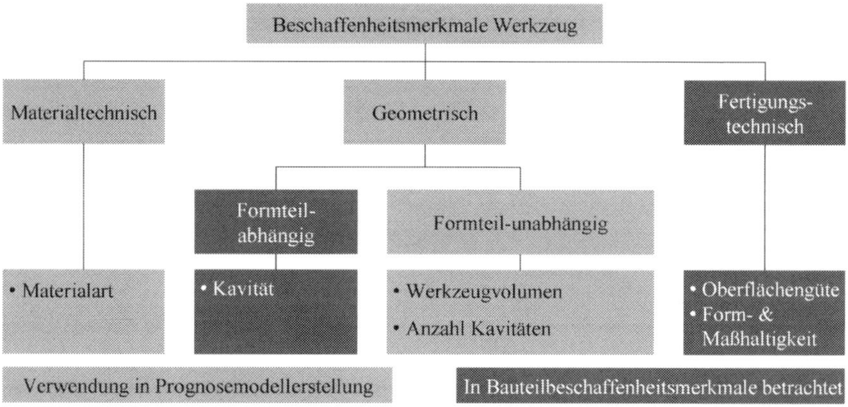

Abbildung 5-12: Gliederung und Auswahl der Beschaffenheitsmerkmale des Werkzeugs

Das Werkzeugmaterial hat aufgrund seiner Werkstoffeigenschaften, insbesondere der temperaturabhängigen mechanischen Festigkeit, einen erheblichen Einfluss auf die Werkzeugstandzeit. Hier ist es sinnvoll, die verschiedenen Werkzeugmaterialien analog zu den Spritzgießmaterialien als nominal skalierte Werte mit in die Prognosemodellerstellung aufzunehmen, um die Abhängigkeit der Werkzeugstandzeit von dem Werkzeugmaterial mit zu erfassen.

Abhängig von den Abmessungen des zu fertigenden Spritzgießbauteils ändern sich die benötigten Abmessungen des Werkzeugs bzw. des Werkzeugeinsatzes. Die Verwendung von additiv gefertigten Polymerwerkzeugen erfolgt immer unter Zuhilfenahme von Werkzeugnormalien, insbesondere von

228 Vgl. Kampker; Triebs et al. (Potential analysis of additive manufacturing technologies for fabrication of polymer tools for injection moulding), 2018

229 Vgl. Kampker; Ayvaz et al. (Direct Polymer Additive Tooling), 2020

Spannrahmensystemen, um die notwendige Grundstabilität sowie die Aufspannung auf der Maschine gewährleisten zu können. Die relevanten Werkzeugabmessungen für die Betrachtung der Beschaffenheitsmerkmale des Werkzeugs im vorliegenden Betrachtungsfall sind daher immer die Abmessungen des polymer-additiv gefertigten Werkzeugeinsatzes. In Abbildung 5-13 ist schematisch der prinzipielle Aufbau eines Werkzeugeinsatzes unter Verwendung von polymer-additiv gefertigten Bestandteilen dargestellt. Die nachfolgenden Kennzahlen stellen jeweils eine Beschreibung des polymer-additiv gefertigten Anteils des Gesamtwerkzeugeinsatzes dar, da dieser für die Betrachtung der Standzeit maßgeblich ist. Alle vorgestellten Merkmale gehen in die Prognosemodellerstellung in Kapitel 5.3 ein.

Das Volumen des polymer-additiv gefertigten Anteils des Werkzeugeinsatzes geht als Werkzeugvolumen $V_{Werkzeug}$ mit in die Prognosemodellerstellung ein. Das Volumen stellt aufgrund der mit der Bauteilgröße wachsenden Belastung auf das Werkzeug während der Einspritzphase eine einfach zu bestimmende Größe zur Berücksichtigung dieses Zusammenhangs dar.

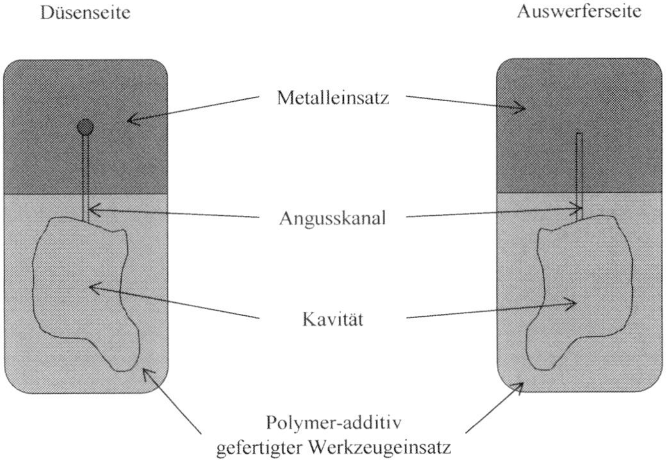

Abbildung 5-13: Schematische Darstellung des Werkzeugeinsatzaufbaus

Die Anzahl der Kavitäten $N_{Kavität}$ in einem Werkzeugeinsatz wird als einfach zu bestimmendes Merkmal für die Höhe der resultierenden thermischen Belastung aufgrund einer größeren Ausnutzung der Werkzeugfläche mit Kavitätenfläche mit in die Prognosemodellerstellung aufgenommen. Damit ergeben sich insgesamt drei Beschaffenheitsmerkmale des Werkzeugs, die für die Prognosemodellerstellung in Kapitel 5.3 herangezogen werden. Diese sind in Tabelle 5-3 zusammengefasst dargestellt.

Tabelle 5-3: Beschaffenheitsmerkmale des Werkzeugs

Merkmal	Kurzzeichen	Einheit	Machbarkeitsprüfung	Prognosemodellerstellung
Werkzeugmaterial	$MA_{Werkzeug}$	[-]	-	X
Werkzeugvolumen	$V_{Werkzeug}$	[mm³]	-	X
Anzahl Kavitäten	$AN_{Kavität}$	[-]	-	X

5.1.2.3 Funktionalitätsmerkmale

Wie in Kapitel 5.1.2 beschrieben, werden durch die Funktionalitätsmerkmale der Produktzweck sowie die verfügbaren Funktionalitäten dargestellt. Die Hauptaufgaben und damit der Zweck eines Spritzgießwerkzeugs werden in Kapitel 2.2 beschrieben. Die Hauptaufgaben können durch die Funktionskomplexe eines Spritzgießwerkzeugs, wie in Abbildung 5-14 dargestellt, erfüllt werden. Entlang dieser Funktionskomplexe können die Funktionalitätsmerkmale abgeleitet werden.

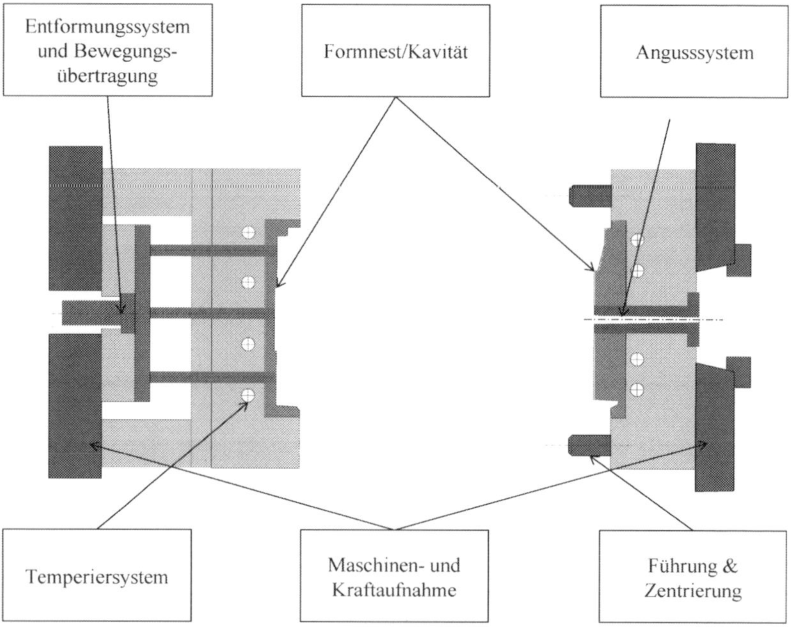

Abbildung 5-14: Funktionskomplexe eines Spritzgießwerkzeugs[230]

[230] Vgl. Hopmann; Menges et al. (Spritzgießwerkzeuge), 2018, S. 93f.

Funktionskomplex Entformungssystem und Bewegungsübertragung

Dem Funktionskomplex Entformungssystem und Bewegungsübertragung können die beiden Merkmale Anzahl der Auswerferstifte $AN_{Auswerferstifte}$ und der maximale Entformungsweg $l_{Entformung}$ zugeordnet werden. Die Anzahl der Auswerferstifte hat Einfluss auf die Verformung des Bauteils während der Entformung und damit auf die auftretenden Entformungskräfte. Ferner stellt der Übergang von Entformungsstift zu polymer-additiv gefertigter Werkzeugoberfläche einen Angriffspunkt für eintretende Schmelze und potenzielle Zerstörung des Werkzeugs dar.

Durch die Lage der Trennebene wird der maximale Entformungsweg festgelegt. Je nachdem wie die Trennebene bei einem Bauteil gewählt ist, stellt sich ein unterschiedlich langer Entformungsweg ein, der während der Entformungsphase eine entsprechende Belastung auf das Werkzeug ausübt. Dabei werden auf kürzeren Entformungswegen aufgrund der verringerten Reibungskraft auch geringere Entformungskräfte auf das Werkzeug ausgeübt. Abbildung 5-15 veranschaulicht das Konzept der Trennebene und den damit verbundenen Entformungsweg.

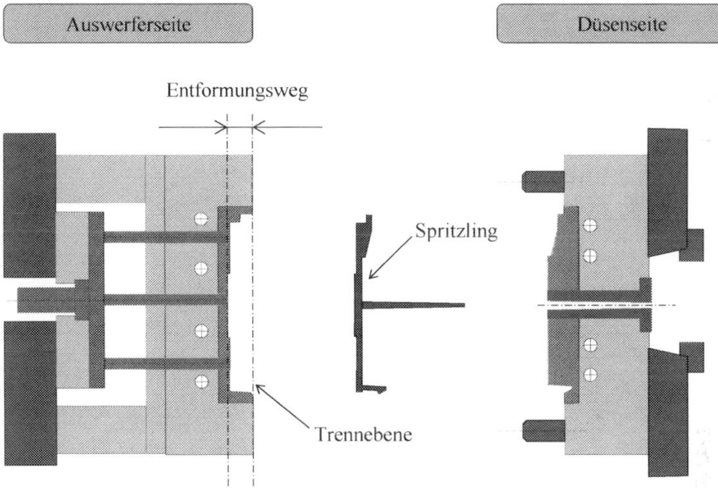

Abbildung 5-15: Entformungsweg eines Normalwerkzeugs

Funktionskomplex Formnest/Kavität

Im Funktionskomplex des Formnestes bzw. der Kavität wird die eigentliche Geometrie des Bauteils hergestellt. Merkmale zur Beschreibung der Geometrie des Bauteils werden in Kapitel 5.1.2.1 definiert und werden bereits an dieser Stelle mit in die Prognosemodellerstellung aufgenommen. Aus Sicht der Funktionalitätsmerkmale können die beiden Merkmale Anzahl der Schieber $AN_{Schieber}$ und Anzahl der Kerne AN_{Kerne} dem Funktionskomplex Formnest bzw. Kavität zugeordnet werden. Schieber und Kerne kommen zum Einsatz, um Hinterschnitte in Bauteilgeometrien zu realisieren. Aufgrund der gesteigerten geometrischen Komplexität des resultierenden Werkzeugs werden diese beiden Merkmale mit in die Prognosemodellerstellung aufgenommen.

Funktionskomplex Angusssystem

Dem Funktionskomplex Angusssystem werden die beiden Merkmale Position des Anguss $AG_{Position}$ sowie die Angussart AG_{Art} zugeordnet. Bei der Angussposition können prinzipiell zwei Positionen unterschieden werden, innerhalb des polymer-additiv gefertigten Werkzeugeinsatzes und außerhalb. Abbildung 5-16 verdeutlicht diese beiden Angusspositionen. Auch dieses Merkmal wird als nominal skalierter Wert mit in die Prognosemodellerstellung aufgenommen, um den Einfluss der Position und der Art des Angusssystems mit betrachten zu können.

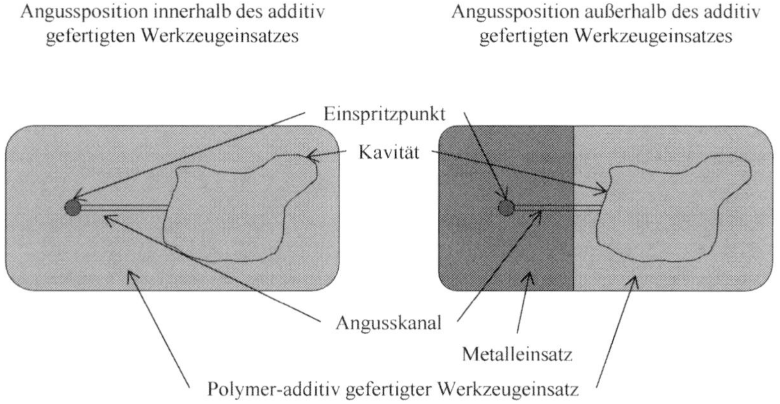

Abbildung 5-16: Schematische Darstellung der möglichen Angusspositionen

Der Angussverteilerkanal beeinflusst durch seine Gestaltung maßgeblich die Strömungseigenschaften während der Füllphase und damit auch die im Kanal und am Werkzeugübergang auftretenden Belastungen. Die verschiedenen Anschnittvarianten haben aufgrund der unterschiedlichen Gestaltung jeweils unterschiedlich starken Einfluss auf die Werkzeugstandzeit. Abbildung 5-17 stellt eine Auswahl verschiedener Anschnittvarianten dar. Für eine ausführliche Darstellung der Anschnittvarianten wird an dieser Stelle auf die einschlägige Literatur verwiesen.[231] Auch dieses Merkmal wird als nominal skalierter Wert mit in die Prognosemodellerstellung aufgenommen, um den Einfluss der Anschnittvarianten mit im Modell betrachten zu können.

[231] Vgl. Beaumont (Optimale Auslegung von Anguss und Angusskanal), 2012, S. 213ff; Vgl. Johannaber; Michaeli (Handbuch Spritzgießen), 2014, S. 1129ff; Vgl. Hopmann; Menges et al. (Spritzgießwerkzeuge), 2018, S. 187ff.

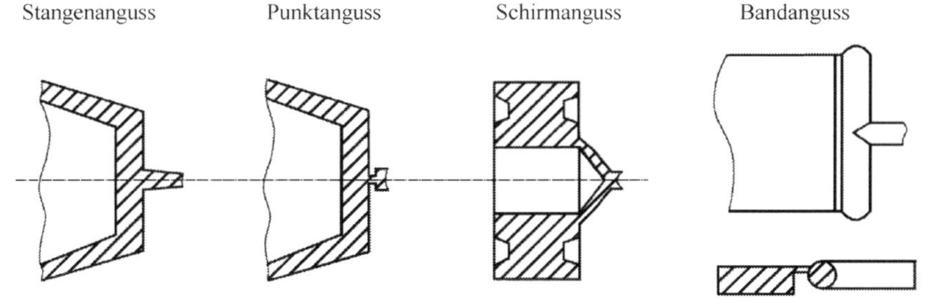

Abbildung 5-17: *Schematische Darstellung verschiedener Angussarten (Auswahl)*[232]

Funktionskomplex Temperiersystem

Aufgrund der schlechten Wärmeleitfähigkeitseigenschaften von polymer-additiv gefertigten Werkzeugeinsätzen sind in diesen Werkzeugsystemen keine aktiven Temperiersysteme vorgesehen. Ferner konnte in Versuchsreihen festgestellt werden, dass Termperierbohrungen innerhalb der Werkzeugeinsätze zu einer Schwächung des Materials und damit Verringerung der Werkzeugstandzeiten führen. Dieser Ansatz wird daher nicht weiterverfolgt. Eine valide Möglichkeit, eine aktive Kühlung dennoch durchzuführen, ist die Kühlung der Spannrahmensysteme zu realisieren. Durch ein aktives Kühlsystem wird die benötigte Kühlzeit bis zur Erreichung der notwendigen Werkzeugtemperatur innerhalb eines jeden Zyklus verringert. Ein Nachweis über einen Einfluss auf die Werkzeugstandzeit konnte im Rahmen der durchgeführten Versuche jedoch nicht erbracht werden. Daher wird für den Funktionskomplex Termperiersystem lediglich das Vorhandensein eines aktiven Temperiersystems $AT_{Vorhanden}$ mit in das Gesamtmodell aufgenommen, um Vorgaben für den in Kapitel 5.2.2 beschriebenen Faktor für die Kühlzeit polymer-additiver Werkzeuge festzulegen. Damit hat das Merkmal $AT_{Vorhanden}$ auf die Prognosemodellerstellung keinen Einfluss, wohl aber auf die in Kapitel 5.4 beschriebene Gesamtkostenermittlung durch den Einfluss auf die Kühlzeit.

Funktionskomplex Maschinen- und Kraftaufnahme

Der Funktionskomplex Maschinen- und Kraftaufnahme beschreibt die Aufspannung und Kraftaufnahme des Werkzeugs auf der Maschine. Obwohl die polymer-additiv gefertigten Werkzeugeinsätze nicht direkt auf die Maschine aufgespannt werden, sind sie trotzdem Bestandteil des Kraftflusses. Zur Aufspannung der Werkzeugeinsätze innerhalb der Spannrahmen kann zwischen zwei Arten der Aufspannung, der Verschraubung und der Verklemmung, unterschieden werden. Daher wird auch die Art der Aufspannung $Art_{Aufspannung}$ als Merkmal mit in die Prognosemodellerstellung aufgenommen.

Funktionskomplex Führung und Zentrierung

Der Funktionskomplex Führung und Zentrierung wird ausschließlich über die Führungsmechanismen des Spannrahmensystems realisiert. Daher wird kein Merkmal aus diesem Funktionskomplex mit in die Prognosemodellerstellung aufgenommen.

232 Vgl. Hopmann; Menges et al. (Spritzgießwerkzeuge), 2018, S. 187ff.

Damit ergeben sich insgesamt acht Funktionalitätsmerkmale, die in Tabelle 5-4 zusammengefasst dargestellt sind. Alle Merkmale finden ausschließlich in der kennzahlenbasierten Anfragebeschreibung zur Erstellung der Prognosemodelle für die Standzeitvorhersage Anwendung.

Tabelle 5-4: Funktionalitätsmerkmale – Ausgewählte Funktionalitäten von Werkzeugen

Merkmal	Kurzzeichen	Einheit	Machbarkeits-prüfung	Prognosemodell-erstellung
Maximaler Entformungsweg	$l_{Entformung}$	[mm]	-	X
Anzahl Auswerferstifte	$AN_{Auswerferstifte}$	[-]	-	X
Anzahl Schieber	$AN_{Schieber}$	[-]	-	X
Anzahl Kerne	AN_{Kerne}	[-]	-	X
Angussposition	$AG_{Position}$	[-]	-	X
Anguss-verteilerkanal	AG_{Art}	[-]	-	X
Aufspannart des Einsatzes	$Art_{Aufspannung}$	[-]	-	X

5.1.2.4 Relationsmerkmale

Durch die Relationsmerkmale wird das Zusammenspiel mit den anderen beteiligten Systemen der Umgebung beschrieben. Die relevante Umgebung für die Werkzeugstandzeitermittlung ist der Bauteilherstellungsprozess. Die diese Umgebung beschreibenden Merkmale sind die Prozessparameter, die während des Spritzgießprozesses vorliegen. Zur Steuerung des Spritzgießprozesses existieren eine Vielzahl von Prozessparametern, welche beim Einrichten Berücksichtigung finden müssen. Die Parameter sind überwiegend Größen aus den Kategorien Druck, Temperatur, Zeit und Geschwindigkeit, wie in Abbildung 5-18 dargestellt. Viele Prozessparameter beeinflussen sich dabei gegenseitig, sodass eine optimale Kombination aller Einstellparameter ein komplexer Vorgang beim Einrichten der Maschine ist. Beispielsweise wird die Fließfronttemperatur unter anderem sowohl von der Zylindertemperatur als auch von der Einspritzgeschwindigkeit beeinflusst.[233]

---

[233] Vgl. Jaroschek (Spritzgießen für Praktiker) 2019, S. 32.

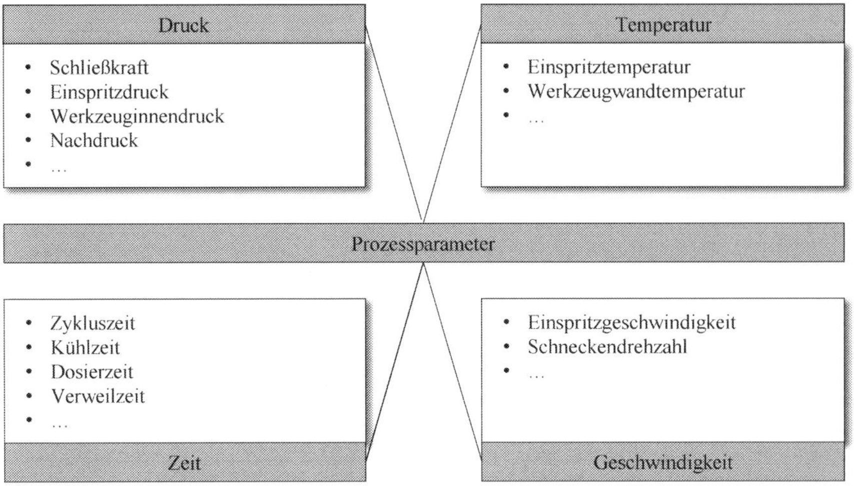

Abbildung 5-18: Relevante Prozessparameter beim Spritzgießen[234]

Gemäß den in Kapitel 3.2 aufgeführten Anforderungen werden Merkmale mit einer hohen Relevanz in Bezug auf den betrachteten Sachverhalt ausgewählt. Dabei müssen diese mit beherrschbarem Aufwand bestimmbar sein. Zusätzlich erfolgt eine Beschränkung auf aktiv und direkt beeinflussbare Parameter, sodass resultierende Größen innerhalb des Werkzeugs keine Berücksichtigung finden. Damit sind im hier betrachteten Fall der Werkzeugstandzeit insbesondere die Kategorien Temperatur, Zeit und Geschwindigkeit relevant. Quasi alle Spritzgießmaschinen aktueller Bauart sind geschwindigkeitsgeregelt, sodass die Kategorie Druck komplett wegfällt, da hier lediglich Begrenzungsdrücke eingestellt werden und damit nicht aktiv gesteuert werden kann. Da die Prozessparameter, ähnlich wie die Beschaffenheitsmerkmale des Werkzeugs, nur in gewissen Grenzen durch die Bauteilanfrage vorgegeben sind, erfolgt auch die Festlegung der finalen Prozessparameter durch den Anlagenbediener bzw. den Konstrukteur. Richtlinien für die Prozessauslegung werden in Kapitel 5.2 beschrieben. Damit verbleiben die im Folgenden aufgeführten Prozessparameter als Merkmale für die zu erstellenden Prognosemodelle.

Einflussklasse Temperatur

Die Einspritztemperatur T_{ein} bestimmt durch ihren direkten Einfluss die auf das Werkzeug wirkenden thermischen Belastungen die Werkzeugstandzeit und ist daher für eine Betrachtung der Werkzeugstandzeit zwingend mit aufzuführen. Die Einspritztemperatur hängt im Wesentlichen von dem verspritzten Bauteilmaterial ab. Jedes Material hat einen vom Hersteller vorgegebenen Temperaturbereich für die Verarbeitung. Die tatsächliche Einspritztemperatur muss zu Beginn der Prozesseinstellung gefunden werden und kann leicht von dem vorgegebenen Temperaturbereich abweichen. Generell kann gesagt werden, dass mit steigender Einspritztemperatur der Werkstoff fließfähiger wird und sich dadurch leichter in der Kavität verteilt. Dafür ist die thermische Belastung auf das Werkzeug höher als bei geringeren Einspritztemperaturen.

---

234 Vgl. Jaroschek (Spritzgießen für Praktiker), 2013, S. 37ff.

Einflussklasse Zeit

Die Zykluszeit t_{Zyklus} ist die Zeit, die benötigt wird, um ein Bauteil komplett zu fertigen. Damit stellt diese Zeit die Dauer zwischen zwei Einspritzvorgängen und damit auch den zyklischen Belastungen auf das Werkzeug dar. Die Zykluszeit hat damit einen Einfluss auf die mechanische Festigkeit polymer-additiv gefertigter Spritzgießwerkzeuge.

Die Kühlzeit $t_{kühl}$ ist Bestandteil der Zykluszeit und umfasst die Zeit der aktiven und passiven Kühlung. Der passive Teil der Kühlung beginnt mit Abschluss der Einspritzphase bereits bei geschlossenem Werkzeug. Je nachdem, ob eine aktive Kühlung durch z.B. Druckluft bei geöffnetem Werkzeug erfolgt, beginnt hier die Phase der aktiven Kühlung. Mit dem Bauteilauswurf endet die Kühlzeit.

Einflussklasse Geschwindigkeit

Die meisten gängigen heutigen Spritzgießmaschinen sind geschwindigkeitsgesteuert, d.h. die Einspritzgeschwindigkeit wird über die Vorschubgeschwindigkeit der Schnecke geregelt. Die Einstellung eines Einspritzdruckes dient lediglich als obere Druckbegrenzung, bei welcher die Maschine bei Erreichen die Einspritzgeschwindigkeit herunter regelt. Die Einspritzgeschwindigkeit bestimmt also die vorliegenden Druckbelastungen während des Einspritzvorgangs und wird über den Einspritzvolumenstrom als Kenngröße beschrieben. Mit dem Einspritzvolumenstrom $\dot{V}_{ein}$ ist der aus der Düse austretende Volumenstrom gemeint, der letztlich die Füllgeschwindigkeit des Bauteils bestimmt. Die Geschwindigkeit der Füllung hat Einfluss auf den resultierenden Strömungszustand und damit auch auf die während der Füllung auftretenden Belastungen auf das Werkzeug. Der Einspritzvolumenstrom ist eine spezifische Größe und damit unabhängig von der verwendeten Maschine. Daher eignet er sich besser als Parameter zur Beschreibung dieses Merkmals als die maschinenbezogene Größe der Einspritzgeschwindigkeit. Beide Größen können über den Durchmesser der Schnecke ineinander überführt werden.

In Tabelle 5-5 sind die den Relationsmerkmalen zugeordneten verwendeten Prozessparameter inkl. der zugehörigen Maßeinheit zusammengefasst dargestellt. Da die Prozessparameter nicht fest durch die Bauteilanfrage vorgegeben sind und damit nachträglich festgelegt werden müssen, finden diese nur Anwendung in der kennzahlenbasierten Anfragebeschreibung zur Erstellung der Prognosemodelle für die Werkzeugstandzeit.

Tabelle 5-5: Relationsmerkmale – Relevante Spritzgießprozessparameter

Merkmal	Kurzzeichen	Einheit	Machbarkeits-prüfung	Standzeitvorher-sage
Einspritztemperatur	T_{ein}	[°C]	-	X
Einspritzvolumen-strom	$\dot{V}_{ein}$	[cm³/s]	-	X
Zykluszeit	t_{Zyklus}	[s]	-	X
Kühlzeit	$t_{kühl}$	[s]	-	X

5.1.3 Datenaufbereitung und Machbarkeitsprüfung

Nachdem alle für die weitere Verarbeitung benötigten Merkmale in Form von beschreibenden Kennzahlen definiert sind, erfolgt die Datenaufbereitung zunächst für die Machbarkeitsprüfung. Abbildung 5-19

zeigt den prinzipiellen Ablauf der Datenaufbereitung und der zugehörigen Machbarkeitsprüfung.

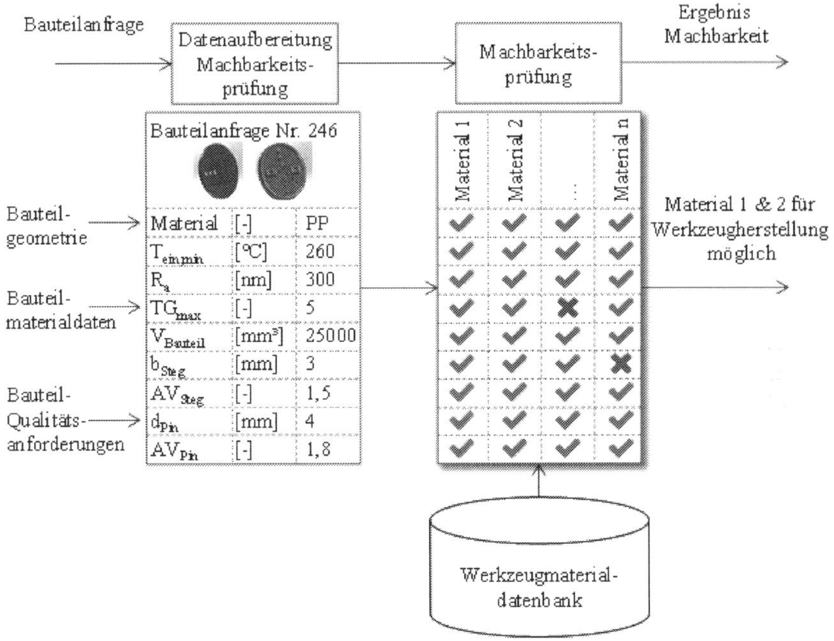

Abbildung 5-19: Prinzipieller Ablauf der Machbarkeitsprüfung

Ausgehend von den in der Bauteilanfrage beinhalteten Informationen hinsichtlich Bauteilgeometrie, -materialdaten und -qualitätsanforderungen werden, wie in Kapitel 5.1.2.1 beschrieben, die für die Machbarkeitsprüfung relevanten Merkmale extrahiert. Sie gehen in die prinzipielle Machbarkeitsprüfung ein. Diese erfolgt durch einen Vergleich der angefragten Werte mit den in einer Werkzeugdatenbank hinterlegten Grenzwerten für verschiedene polymer-additive Werkzeugmaterialien. Ein Auszug für die Auslegung von Stegen bzw. Pins in PP Spritzgießmaterial für das Werkzeugmaterial Rigur ist in Abbildung 5-20 dargestellt. Je nachdem, welcher Kennwert verglichen wird, müssen die Grenzwerte der Werkzeugmaterialdatenbank oberhalb oder unterhalb der angefragten Werte der Bauteilanfrage liegen, um eine prinzipielle Machbarkeit gewährleisten zu können. Als Beispiel kann hier das Aspektverhältnis angegeben werden. Wie in Abbildung 5-20 dargestellt, muss dieses kleiner als drei sein, damit eine Machbarkeit gewährleistet werden kann. Ferner kann ein Werkzeugmaterial nur dann als geeignet eingestuft werden, wenn alle angefragten neun Kennwerte als machbar bewertet werden. Ergebnis der Machbarkeitsprüfung sind diejenigen Werkzeugmaterialien, bei denen eine prinzipielle Machbarkeit der

Anfrage möglich ist. Diese Information fließt weiter in Phase II und stellt die Grundlage für die Werkzeugmaterialauswahl im Rahmen der Werkzeuggestaltung durch den Konstrukteur dar. Sollte die Machbarkeitsprüfung negativ ausfallen, kann die Beurteilung der Herstellbarkeit des Bauteils mit polymer-additiv gefertigten Werkzeugen an dieser Stelle beendet werden, sodass keine weiteren Aufwände für eine Angebotserstellung entstehen.

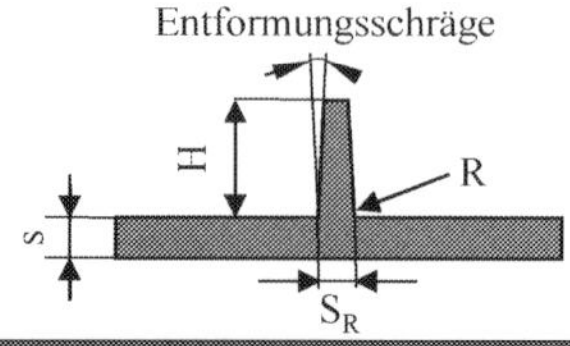

Spritzgießmaterial PP		
Fehler	**Abstellmaßnahme**	**Gestaltungsrichtlinie**
Unvollständig gefüllte Spritzgussbauteile	Aspektverhältnis (AV) anpassen	AV < 3
	Entlüftungsspalte vorsehen	Entlüftungsspaltbreite < 0,1 mm 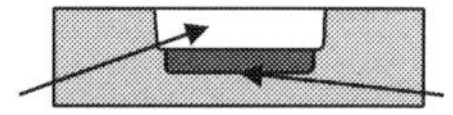 Rippe Spalt
Entformungsprobleme (Rippen verbleiben im Werkzeug)	Kühlzeit erhöhen	AV | Kühlzeit [s] | Entformungsschräge [°] < 1 | 40 | 1 1-2 | 60 | 1 2-3 | 80 | 3 > 3 | 100 | > 3
	Entformungsschräge erhöhen	
	Radien an Ecken und Kanten vorsehen	0,2 mm < R < 0,5 mm (höhere Radien verringern die Entformungsprobleme)
Einfallstellen	Rippendicken- (S_R) / Grundwandstärkenverhältnis (S) anpassen	$S_R \leq 0{,}6\ S$
	Rippenhöhe anpassen	$H \leq 2\ S$

Abbildung 5-20: Auszug aus der Werkzeugmaterialdatenbank für den Anwendungsfall zur Auslegung eines Rippen-Features in PP Spritzgießmaterial und Rigur Werkzeugmaterial

5.2 Regelbasierte Werkzeugherstellung und Spritzgießprozessauslegung

Damit eine Gesamtkostenermittlung des Fertigungsauftrags erfolgen kann, müssen sowohl Informationen zum Werkzeug als auch zur Prozessführung während der Bauteilherstellung vorliegen. Hierzu sei angemerkt, dass für die Herstellung konventioneller Spritzgießwerkzeuge sowie für die Prozessführung eines konventionellen Spritzgießprozesses in der Literatur eine Vielzahl an Regeln und Gestaltungsrichtlinien vorliegen.[235] Diese stellen die Basis für die Verwendung von polymer-additiv gefertigten Spritzgießwerkzeugen dar. Die in den nachfolgenden Abschnitten beschriebenen Regeln sind als zusätzliche Gestaltungsrichtlinien zu verstehen, die die oben aufgeführten Gestaltungsrichtlinien für die Spritzgießwerkzeug- und Spritzgießprozessauslegung zusätzlich ergänzen. Damit schränken die aufgeführten Gestaltungsrichtlinien für die Verwendung von polymer-additiv gefertigten Werkzeugen den generellen Lösungsraum zur Werkzeug- und Prozessauslegung im Spritzgießen an den entsprechend aufgeführten Stellen weiter ein. Diese Einschränkung liegt in der geringeren Beständigkeit der polymer-additiv gefertigten Werkzeuge gegenüber thermischer und mechanischer Belastung begründet. Hierdurch ergeben sich bzgl. der unten aufgeführten Funktionskomplexe eines Werkzeuges Grenzen für bestimmte Gestaltungselemente, die für konventionelle Werkzeuge nicht gelten. In Phase II des Methodenablaufs kommt das in der Literatur bekannte und in den Versuchen erzeugte Expertenwissen zur Konstruktion von poylmer-additiven Werkzeugeinsätzen sowie der zugehörigen Spritzgießprozessführung zum Einsatz. Nach erfolgreicher Machbarkeitsprüfung in Phase I des Methodenablaufs werden in Phase II die weiteren ausstehenden Informationen zur Abschätzung der Gesamtkosten erzeugt. Zentraler Output von Phase II sind vorläufige CAD-Werkzeugeinsatzdaten zur Berechnung der Herstellungskosten im additiven Fertigungsverfahren sowie eine Näherung für die voraussichtliche Zykluszeit zur Berechnung der Spritzgießprozesskosten. Diese beiden Outputs fließen in Phase IV zur Gesamtkostenberechnung ein. Die kennzahlenbasierte Auftragsbeschreibung, bestehend aus der kennzahlenbasierten Bauteilanfragebeschreibung aus Phase I sowie den zusätzlich notwendigen Informationen zur Werkzeuggestaltung und Prozessführung gemäß Beschaffenheitsmerkmalen des Werkzeugs, Funktionalitätsmerkmalen und Relationsmerkmalen aus den Kapiteln 5.1.2.2 bis 5.1.2.4, geht als Eingangsgröße in Phase III zur Bestimmung der Werkzeugstandzeit ein. Für die Werkzeugeinsatzkonstruktion stehen Gestaltungsrichtlinien für polymer-additiv gefertigte Werkzeugeinsätze zur Verfügung, durch welche die in Tabelle 5-3 und Tabelle 5-4 aufgeführten Merkmale mit Zahlenwerten hinterlegt werden können. Im Rahmen der Prozessführungsauslegung werden auf Basis der vorhandenen Richtlinien zur Prozessführung die in Tabelle 5-5 aufgeführten Merkmale mit den benötigten Zahlenwerten für die Standzeitvorhersage befüllt. Zusätzlich erfolgt eine Näherungsrechnung zur Zykluszeitberechnung, um die Herstellungsdauer der Spritzgießbauteile in Phase IV bestimmen zu können. Die in diesem Kapitel aufgeführten Richtlinien zur Gestaltung der Werkzeugeinsätze sind in Anhang 8.2 zusammengefasst dargestellt.

[235] Vgl. Jaroschek (Spritzgießen für Praktiker), 2013; Vgl. Johannaber; Michaeli (Handbuch Spritzgießen), 2014; Vgl. Dangel (Spritzgießwerkzeuge für Einsteiger), 2017; Vgl. Hopmann (Technologie des Spritzgießens), 2017; Vgl. Hopmann; Menges et al. (Spritzgießwerkzeuge), 2018

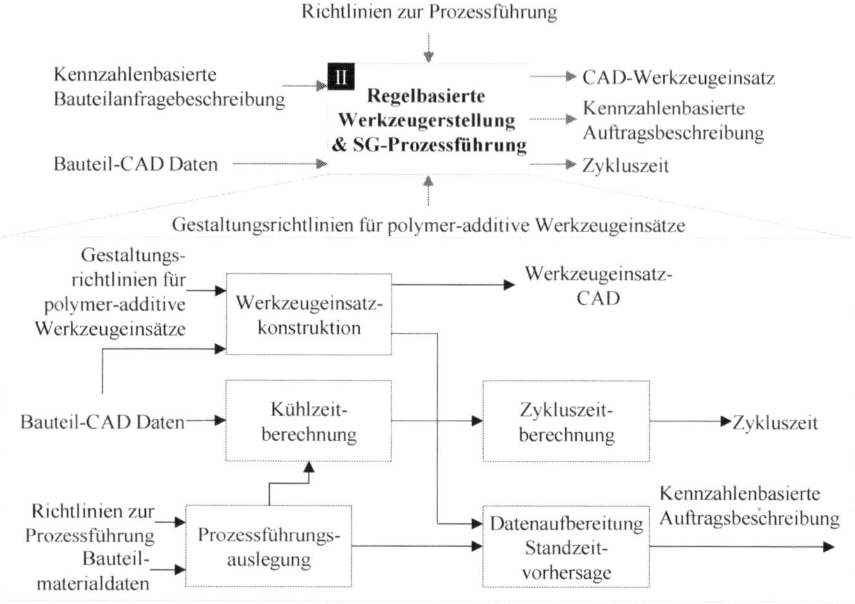

Abbildung 5-21: Phase II des Methodenablaufs

5.2.1 Gestaltungsrichtlinien zur Werkzeugherstellung polymer-additiv gefertigter Spritzgießwerkzeuge

Die prinzipielle Vorgehensweise zur Werkzeugkonstruktion ist durch HOPMANN ET AL. allgemein beschrieben und ist als Grundlage für die Werkzeugkonstruktion heranzuziehen.[236] Die darin aufgeführten Richtlinien sowie das Vorgehen für die Werkzeugauslegung gelten genauso für polymer-additiv gefertigte Spritzgießwerkzeuge. Die folgenden aufgeführten Gestaltungsrichtlinien sind darüber hinaus als Ergänzungen zu den geltenden Gestaltungsrichtlinien für Werkzeuge aus konventionellen Materialien zu verstehen und als solche zu beachten. Die Gliederung erfolgt analog zu Kapitel 5.1.2.2 entlang der Funktionskomplexe des Werkzeugs. Da für die Verwendung von additiv gefertigten Polymerwerkzeugen stets Spannrahmensysteme verwendet werden müssen, beschränken sich die im Folgenden aufgeführten Gestaltungsrichtlinien auf die herzustellenden Werkzeugeinsätze bzw. Punkte, die direkt die Werkzeugeinsätze beeinflussen. Daher wird der Funktionskomplex Führung und Zentrierung nicht beschrieben. Diese Funktion wird vollständig durch die Spannrahmensysteme übernommen und beeinflusst den Werkzeugeinsatz i.d.R. nicht.

---

236 Vgl. Hopmann; Menges et al. (Spritzgießwerkzeuge), 2018, S. 99ff.

Funktionskomplex Entformungssystem und Bewegungsübertragung

Dem Funktionskomplex Entformungssystem werden gemäß Kapitel 5.1.2.3 die beiden Merkmale Anzahl der Auswerferstifte $AN_{Auswerferstifte}$ und der maximale Entformungsweg $l_{Entformung}$ zugeordnet. Im Rahmen der Verwendung von polymer-additiv gefertigten Werkzeugeinsätzen sollte die Anzahl der verwendeten Auswerferstifte möglichst geringgehalten werden, da jeder Auswerferstift eine potenzielle Angriffsstelle für eintretende Schmelze während der Füllphase darstellt. Weiterhin gilt, über die konventionellen Konstruktionsrichtlinien hinaus die für einzelne Auswerferstifte vorgesehenen Bohrungen innerhalb der Werkzeugeinsätze während des Drucks mit einem Untermaß zwischen 0,2 – 0,3 mm zu versehen, um entsprechend enge Passungen im Nachgang realisieren zu können. Dies limitiert gleichzeitig die niedrig möglichsten Durchmesser von Auswerferstiften auf einen vom verwendeten additiven Fertigungsverfahren abhängigen Wert.

Der maximale Entformungsweg ist durch die Wahl der Lage der Trennebene vorgegeben. Hierbei gilt als generelle Konstruktionsrichtlinie, den maximalen Entformungsweg möglichst gering zu halten, um damit gleichzeitig die Entformungskräfte auf einem möglichst niedrigen Niveau halten zu können.

Funktionskomplex Formnest & Kavität

Dem Funktionskomplex Formnest / Kavität werden gemäß Kapitel 5.1.2.3 die beiden Merkmale Anzahl der Schieber $AN_{Schieber}$ bzw. Anzahl der Kerne AN_{Kerne} zugeordnet. Beide Merkmale sind durch die Anzahl der im Bauteil vorliegenden Hinterschneidungen sowie die Zugänglichkeit bestimmt. Die Werkzeugkonstruktion sollte in beiden Fällen so ausgeführt werden, dass eine möglichst geringe Anzahl an Schiebern und Kernen benötigt wird. Insbesondere Schieber erhöhen die Werkzeugkosten auch bei polymer-additiv gefertigten Werkzeugen enorm und sollten daher vermieden werden.

Weiterhin wird durch die Gestaltung der Kavität auch das Entlüftungsverhalten des Einsatzes bestimmt. Hierbei gilt es einen möglichst großen Anteil der zur Verfügung stehenden Dichtfläche auch zur Entlüftung der Kavität während der Füllphase zu verwenden. Die i.d.R. schlechteren Fließeigenschaften von polymer-additiv gefertigten Werkzeugeinsätzen müssen durch eine stärkere Entlüftung kompensiert werden. Gleichzeitig hilft eine gute Entlüftung, die Belastung auf die Werkzeugeinsätze durch entstehenden Druck zu reduzieren und damit die Standzeit zu verlängern. Hierbei kann auf eine passive Entlüftung zurückgegriffen werden.[237]

Zur Vermeidung von Überspritzen wird bei der Prozesseinstellung die Schließkraft erhöht. Aufgrund der Kompressibilität von polymer-additiv gefertigten Werkzeugen ist hier ein Aufmaß gegenüber dem verwendeten Spannrahmen vorzusehen. Das benötigte Aufmaß ist in Abbildung 5-22 verdeutlicht dargestellt. Der Wert des Aufmaßes hängt von dem verwendeten Werkstoff ab.

Neben den Funktionalitätsmerkmalen aus Tabelle 5-4 werden durch die Gestaltung der Kavität auch die Beschaffenheitsmerkmale des Werkzeugeinsatzes gemäß Tabelle 5-3 festgelegt. Die Machbarkeitsprüfung gibt Aufschluss über die zur Verfügung stehenden Werkzeugmaterialien.

Eine Entscheidung über die Anzahl der Kavitäten innerhalb eines Werkzeugeinsatzes beeinflusst das Volumen des Werkzeugs entscheidend mit. Hier sollte der Maßgabe gefolgt werden, die Werkzeugeinsätze möglichst klein zu halten. Mit steigender Größe der Werkzeugeinsätze steigen nicht nur die Kosten

---

[237] Vgl. Hopmann; Menges et al. (Spritzgießwerkzeuge), 2018, S. 249ff.

in der Herstellung, sondern auch maßgeblich die Prozessbelastung auf den Einsatz durch die größeren zu verspritzenden Volumina.

Hinsichtlich der Auslegung des Werkzeugeinsatzes sollte eine Mindestwanddicke des polymer-additiven Teils nicht unterschritten werden. Bei zu niedrigen Wandstärken der Werkzeugeinsätze kann es zu verfrühtem Werkzeugversagen kommen. Es ist ratsam, fest vorgegebene Größenstaffelungen bei den Werkzeugeinsätzen hinsichtlich der Werkzeugabmessungen vorzugeben. Dies erleichtert zum einen die Konstruktion und sorgt zum anderen dafür, dass auf diskrete Staffelungsangaben zu den einzelnen Dimensionen zurückgegriffen werden kann. Die relevante Wandstärke ist in Abbildung 5-22 dargestellt.

Funktionskomplex Angusssystem

Dem Funktionskomplex Angusssystem werden gemäß Kapitel 5.1.2.3 die beiden Merkmale Angusspostion $AG_{Position}$ sowie die Angussverteilerkanalart AG_{Art} zugeordnet. Bei der Verwendung von polymer-additiv gefertigten Werkzeugen gelten grundlegend die gleichen Richtlinien zur Auslegung und Gestaltung des Angusssystems wie bei konventionellen Werkzeugen. Zur Erhöhung der Werkzeugstandzeit sollte der Einspritzpunkt möglichst außerhalb des polymer-additiv gefertigten Bereichs liegen, um die thermische Belastung auf den Werkzeugeinsatz zu verringern. Die Schmelze kann über die Verteilerkanäle in den polymer-additiv gefertigten Teil des Werkzeugs und damit zur Kavität geleitet werden. Bei dem Kanalquerschnitt ist der Rundkanal aus strömungstechnischen Gesichtspunkten und damit mit Blick auf die Belastungen auf das Werkzeug zu bevorzugen. Ein parabelförmiger bzw. ein trapezförmiger Kanal sind ebenfalls anwendbar.[238] Heißkanalangusssysteme sind aufgrund der entstehenden Temperaturen nicht möglich. Alternativ können metallische Einsätze in Form von Prallplatten verwendet werden, sodass die Schmelze zwar im polymer-additiven Teil des Werkzeugs eintritt, die Erstbelastung jedoch durch den metallischen Einsatz aufgenommen wird.

Bei der Auswahl der Angussarten muss auf die unterschiedlichen Anschnittgeometrien geachtet werden. Abhängig von diesen liegen unterschiedliche Strömungszustände und damit auch Scherkräfte vor, die unterschiedlich starke mechanische Belastungen auf das Werkzeug ausüben. Wie bei allen konstruktiven Gestaltungsrichtlinien gilt es, die Belastungen auf das Werkzeug möglichst gering zu halten. Vor diesem Hintergrund ist vor allem der Stangenanguss gemäß Abbildung 5-17 zu bevorzugen. Für einen gleichmäßig flächigen Anguss kann auch ein Bandanguss oder Fächeranguss verwendet werden.

---

238 Vgl. Hopmann; Menges et al. (Spritzgießwerkzeuge), 2018, S. 142ff.

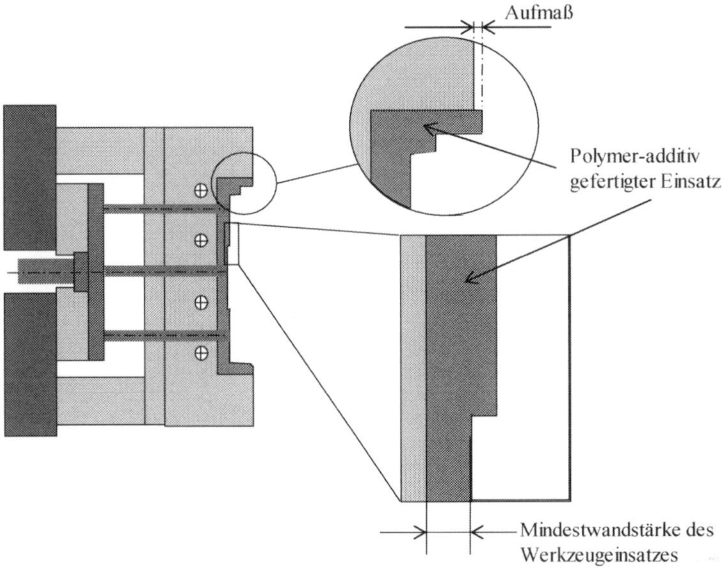

Abbildung 5-22: *Kavitätsaufmaß und Mindestwandstärke bei polymer-additiv gefertigten Werkzeugeinsätzen*

Funktionskomplex Temperiersystem

Eine aktive Temperierung von polymer-additiv gefertigten Werkzeugen durch konventionelle Kühlkanäle innerhalb der additiv gefertigten Werkzeugeinsätze wird aufgrund der extrem niedrigen Wärmeleitfähigkeiten aktuell verfügbarer Materialien nicht weiter betrachtet. Stattdessen ist eine an das Auswerfen des Bauteils anschließende Kühlphase mittels Druckluft bei geöffnetem Werkzeug zielführender, um eine gleichbleibende Werkzeugtemperatur zu erzielen. Alternativ können die verwendeten Spannrahmensysteme zusätzlich mit einer aktiven Flüssigkeitskühlung ausgestattet werden. Auf die hierdurch entstehende längere Kühlzeit wird in Kapitel 5.2.2 eingegangen.

Funktionskomplex Maschinen und Kraftaufnahme

Im Rahmen des Funktionskomplexes Maschinen und Kraftaufnahme ist die Art der Aufspannung $Art_{Aufspannung}$ als Merkmal aufgeführt. Hierbei ist immer eine Verschraubung der Werkzeugeinsätze innerhalb des Spannrahmens zusätzlich zu der durch den Spannrahmen bereitgestellten Verklemmung einer alleinigen Verklemmung zu bevorzugen. Dadurch kann gewährleistet werden, dass der Werkzeugeinsatz über die gesamte Prozessführungsdauer fixiert an seiner Position verbleibt. Die für die Verschraubung relevanten konstruktiven Richtlinien sind in Abbildung 5-23 dargestellt. Für unterschiedliche Werkzeugwerkstoffe ergeben sich hier unterschiedliche Grenzwerte für die aufgeführten Kenngrößen.

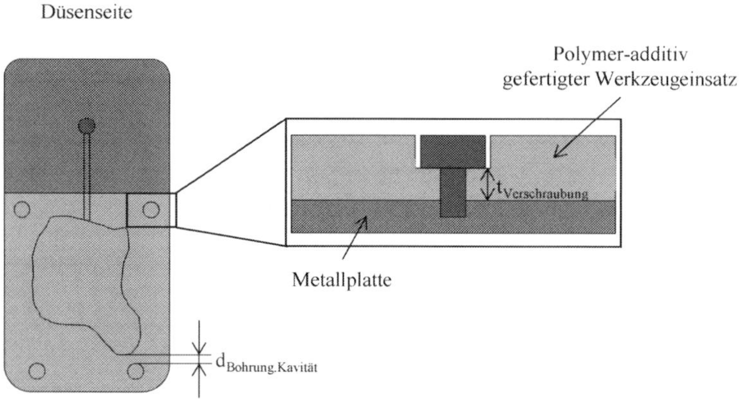

Abbildung 5-23: Verschraubung der polymer-additiv gefertigten Werkzeugeinsätze innerhalb des Spannrahmens

5.2.2 Richtlinien zur Prozessführung bei polymer-additiv gefertigten Spritzgießwerkzeugen

Beim konventionellen Spritzgießen erfolgt die Wahl der Prozessparameter in Anlehnung an die Angaben der Spritzgießmaterialdatenblätter, die Geometrien der Spritzgießbauteile und die Erfahrung der Bediener nach dem Trial-and-Error Prinzip. Da die Wirtschaftlichkeit des Spritzgießprozesses von der Zykluszeit abhängig ist, werden die Prozessparameter zykluszeitoptimierend gewählt. Ausgehend von dem höchstmöglichen Einspritzdruck und hohen Einspritzgeschwindigkeiten wird der Prozess so lange optimiert, bis die geforderte Qualität erreicht ist.[239] Zum Einrichten des Spritzgießprozesses werden in der Regel 10-100 Zyklen benötigt, um einen stabilen Prozess zu erreichen. Dieses Vorgehen ist für polymer-additiv gefertigte Werkzeuge problematisch. Während konventionelle Werkzeuge hohen Einspritzdrücken und Schmelzetemperaturen standhalten können, führen falsch gewählte Parameter zu einem vorzeitigen Versagen bei polymer-additiv gefertigten Werkzeugen. Die Übertragung des konventionellen Vorgehens beim Einrichten des Prozesses führt bei polymer-additiven Werkzeugen bereits bei der Füllstudie zum Versagen der Werkzeuge.[240] Daher bedarf es einer Anpassung der Prozessparameter und des Einrichtevorganges. Um die Unterschiede der Materialeigenschaften auszugleichen, müssen die Zykluszeit, die Werkzeugtemperatur, der Einspritzdruck und die Einspritzgeschwindigkeit modifiziert werden, sodass eine problemlose Produktion von Spritzgießbauteilen gewährleistet ist und die Belastung auf die Werkzeuge minimiert wird. Die Materialeigenschaften der Werkzeugkonzepte unterscheiden sich im Wesentlichen in den mechanischen Eigenschaften und in der Wärmeleitfähigkeit. Der wesentliche Unterschied bei der Prozessführung mit polymer-additiv gefertigten Werkzeugen liegt folglich darin, dass die Prozessführung so ausgelegt werden muss, dass das Werkzeug möglichst geringe Belastungen mechanischer und thermischer Art erfährt, um dadurch eine erhöhte Lebensdauer erreichen zu kön-

[239] Vgl. Bagalkot et al. (A methodology for setting the injection moulding process parameters for polymer rapid tooling inserts) 2019, S. 1498.

[240] Vgl. Bagalkot et al. (A methodology for setting the injection moulding process parameters for polymer rapid tooling inserts) 2019, S. 1498.

nen. Dies spiegelt sich maßgeblich in der Einstellung der Parameter Einspritztemperatur, Einspritzgeschwindigkeit und der Kühlzeit, als maßgeblicher Bestandteil der gesamten Zykluszeit, wider. Analog der Gliederung in Kapitel 5.1.2.4 werden im Folgenden die Prozessführungsrichtlinien entlang der Einflussklassen vorgestellt.

Einflussklasse Temperatur

Bei der Verwendung von polymer-additiv gefertigten Werkzeugen sollte die Einspritztemperatur möglichst am unteren Ende des vorgegebenen Verarbeitungstemperaturbereichs des jeweiligen Materials liegen. Durch eine Erhöhung der Schmelzetemperatur wird das Material zwar fließfähiger und damit leichter verspritzbar, allerdings wirken dadurch auch deutlich höhere thermische Belastungen auf die Werkzeuge. Dies führt zu verminderten Lebensdauern und sollte daher vermieden werden.

Einflussklasse Zeit

Die Kühlzeit im konventionellen Spritzgießprozess beginnt gemäß Abbildung 2-4 mit dem Füllvorgang und endet mit der Entformung und nimmt 50 bis 70 % der gesamten Zykluszeit ein.[241] Da polymer-additiv gefertigte Werkzeuge nur sehr schwer bis überhaupt nicht durch ein konventionelles Temperiersystem gekühlt werden können, werden diese in der Praxis bei geöffnetem Werkzeug nach jedem Zyklus nachgekühlt, um dadurch stabilere Prozessbedingungen zu erhalten und ein Versagen des Werkzeugs durch Überhitzen zu vermeiden. Diese Nachkühlungsphase kann passiv durch die Umgebungsluft oder aktiv durch Druckluft erfolgen. Dadurch verlängert sich der Abschnitt der Kühlzeit im Vergleich zum konventionellen Spritzgießprozess um die Phase der Werkzeugöffnung (Phase 7). Zur Berechnung der benötigten Kühlzeit gibt es Näherungsformeln, mit denen die benötigte Kühlzeit unter der Verwendung konventioneller Spritzgießwerkzeuge berechnet werden kann. Für eine ausführliche Einführung in die Berechnungen sei an dieser Stelle auf Hopmann verwiesen.[242] Für Grundgeometrien können hierbei die Kühlzeiten durch analytische Berechnungsformeln näherungsweise bestimmt werden. Exemplarisch sind an dieser Stelle die Kühlzeitgleichungen für eine ebene Platte und einen Zylinder in Formeln (8) und (9) aufgeführt. Durch Kombination dieser mit Formeln für weitere Grundgeometrien können die Kühlzeiten für beliebige Bauteile abgeschätzt werden. An dieser Stelle sei auf die einschlägige Literatur für die Anwendung verwiesen.[243] Die Kühlzeitgleichungen stellen Näherungen dar, deren Genauigkeit insbesondere von der Annäherung der jeweiligen Geometrie abhängt. Diese wird durch den jeweiligen Anwender bestimmt. Die Kühlzeitgleichungen werden für Abschätzungen in ausreichender Näherung verwendet. Exemplarisch sei hierzu die Näherungsberechnung der Kühlzeit einer CD mit einer Wandstärke von 1,14 mm aus Polycarbonat zu nennen, bei der die gemäß Gleichung (8) ermittelte Kühlzeit von 2,5 s um ca. 7,5 % von der tatsächlichen Kühlzeit von 2,7 s abweicht.[244] Hierzu muss angemerkt werden, dass der Prozess durchaus auch mit kürzeren Kühlzeiten gefahren werden kann. Als weiteres Beispiel kann eine Versuchsreihe im Rahmen der durchgeführten Arbeit aufgeführt werden. Hierbei berechnet sich die Kühlzeit eines Design-Elementes eines vierrädrigen Pedelecs aus Acryl-Butadien-Styrol-Copolymer mit einer Wandstärke von 1,7 mm gemäß Gleichung (8) zu 1,97 s. Der berechnete Wert weicht damit um 16,7 % von der tatsächlichen Kühlzeit von 2,4 s ab. Die höhere Abweichung

---

241 Vgl. Johannaber; Michaeli (Handbuch Spritzgießen), 2014, S. 166; Vgl. Hopmann (Technologie des Spritzgießens), 2017, S. 87

242 Vgl. Hopmann; Menges et al. (Spritzgießwerkzeuge), 2018, S. 270ff.

243 Vgl. Hopmann; Menges et al. (Spritzgießwerkzeuge), 2018, S. 272ff.

244 Vgl. Hopmann (Technologie des Spritzgießens), 2017, S. 87

kann in diesem Fall darauf zurückgeführt werden, dass ein ungekühltes Werkzeug aus Aluminium verwendet wurde. Entscheidend für die Verwendung der Näherungsgleichungen ist jeweils die dickste Wandstärke, da diese für den Abkühlprozess maßgeblich ist. Kühlzeitgleichungen für weitere Grundgeometrien sind in Anhang 8.3 aufgeführt. Als Richtlinie für die Auslegung der Kühlzeiten unter Verwendung von polymer-additiv gefertigten Werkzeugen kann ein Faktor zur Verlängerung der Kühlzeiten je nach verwendetem Werkzeugmaterial und vorhandener aktiver Termperierung zwischen 1,8 und 4 angegeben werden. Es bleibt wichtig anzumerken, dass auch dieser Faktor mit stetig steigender Datenbasis angepasst und verfeinert werden sollte.

Kühlzeit einer Platte:

$$t_{kühl} = \frac{s^2}{a_{leit} * \mu_1^2} \ln\left(\frac{2}{\mu_1^2} \frac{\vartheta_M - \vartheta_W}{\overline{\vartheta_E} - \vartheta_W}\right) \quad mit \quad \mu_1 = \frac{\pi}{2} \tag{8}$$

Kühlzeit eines Zylinders:

$$t_{kühl} = \frac{r^2}{a_{leit} * \mu_1^2} \ln\left(\frac{4}{\mu_1^2} \frac{\vartheta_M - \vartheta_W}{\overline{\vartheta_E} - \vartheta_W}\right) \quad mit \quad \mu_1 = 2{,}405 \tag{9}$$

s	$= Plattendicke\ [m]$
r	$= Zylinderradius\ [m]$
a_{leit}	$= Temperaturleitfähigkeit\ [\frac{m^2}{s}]$
ϑ_M	$= Massetemperatur\ beim\ Einspritzen\ [°C]$
ϑ_W	$= Werkzeugwandtemperatur\ [°C]$
$\overline{\vartheta_E}$	$= über\ Querschnitt\ gemittelte\ Entformungstemperatur\ [°C]$

Ausgehend von den berechneten Kühlzeiten kann somit unter Verwendung der Informationen aus der Praxis hinsichtlich der verlängerten Kühlzeit bei polymer-additiv gefertigten Werkzeugen sowie dem Anteil der Kühlzeit an der Zykluszeit durch nachfolgende einfache Formel (10) näherungsweise eine Zykluszeit bereits zu Prozessbeginn bestimmt werden.

$$t_{Zyklus,PAM} = \frac{t_k * F_{k,PAM}}{A_{KZ}} \tag{10}$$

$t_{Zyklus,PAM}$	$= Zykluszeit\ polymer\text{-}additver\ Werkzeuge$
t_k	$= Rechnerische\ Kühlzeit\ konv.Spritzgießprozess$
$F_{k,PAM}$	$= Faktor\ Kühlzeit\ polymer\text{-}additiver\ Werkzeuge$
A_{KZ}	$= Anteil\ Kühlzeit\ an\ Zykluszeit$

Einflussklasse Geschwindigkeit

Die Einspritzgeschwindigkeit als aktiv beeinflussbare Einstellgröße zur Steuerung des Einspritzdruckes sollte möglichst gering gehalten werden, um beim Einspritzvorgang eine möglichst geringe mechanische Belastung durch einen erhöhten Einspritzdruck zu vermeiden. In Versuchen aus der Praxis konnte bei zu hohen Einspritzgeschwindigkeiten vermehrt verfrühtes Werkzeugversagen im Bereich des Angusses festgestellt werden.

5.3 Data Mining-basierter Ansatz zur Werkzeugstandzeitvorhersage

Die in den Kapiteln 5.1 und 5.2 beschriebenen Einflussgrößen auf die Werkzeugstandzeit stellen die Basis für eine auf Kennzahlen basierende Beschreibung des Gesamtauftrags dar, sodass ein Vergleich unterschiedlicher Bauteilanfragen hinsichtlich der geometrischen, materialtechnischen und spritzgießprozesstechnischen Parameter über Ähnlichkeiten ermöglicht wird. Eine Vorhersage in Form einer Werkzeugstandzeit ist damit die Zielgröße, die durch den Data Mining-basierten Ansatz bestimmt werden soll. Als einziger Kennwert der in Kapitel 5.4 beschriebenen Gesamtkostengleichung ist die Werkzeugstandzeit nicht einfach durch einen Zusammenhang zwischen Produktmerkmalen in einer expliziten Formel beschreibbar. Als Werkzeugstandzeit wird die Anzahl herstellbarer Gutteile aus einem Werkzeug bezeichnet, bevor durch ein Werkzeugversagen keine den Anforderungen gerecht werdende Bauteile mehr produziert werden können. Werkzeugversagen kann dabei auf unterschiedliche Weise eintreten. Die zu ermittelnde Zielgröße lässt sich also wie folgt definieren:

Tabelle 5-6: Zielgröße für die Ermittlung der Werkzeugstandzeit

Zielgröße	Einheit
Werkzeugstandzeit	Anzahl produzierbare Gutteile aus einem Werkzeug

Ziel ist es, für die festgelegte Zielgröße Prognosemodelle zu erstellen, die in der Lage sind, die Werkzeugstandzeit für einen gegebenen Fall mit einer entsprechenden Wahrscheinlichkeit zu prognostizieren. Eingangsgrößen für die Prognosemodellerstellung sind zum einen die Zielgröße und zum anderen die kennzahlenbasierte Auftragsbeschreibung mit den Merkmalen, die durch eine entsprechende Beschreibung in eine quantifizierbare Form gebracht werden (vgl. Kapitel 5.1 und 5.2). Der Ablauf der Prognosemodellerstellung orientiert sich an dem in Kapitel 3.4.2 vorgestellten KDD-Prozess. Phase III des Methodenablaufs ist in Abbildung 5-24 dargestellt. Das Grundprinzip besteht darin, auf Basis historischer Daten Prognosemodelle zu erstellen, die einen Zusammenhang zwischen den Einfluss- und Zielgrößen erkennen und diesen formalisieren (Trainingsphase). Anschließend können diese Prognosemodelle auf unbekannte Ausprägungen der Einflussgrößen angewendet werden, um dabei die Zielgrößen für diese Daten zu ermitteln (Anwendungsphase). Für den Anwendungsfall der vorliegenden Arbeit heißt dies, dass auf Basis durchgeführter Versuchsreihen (bekannte Werkzeugstandzeit) Prognosemodelle erstellt werden, die für aktuelle Bauteilanfragen die Werkzeugstandzeit prognostizieren.

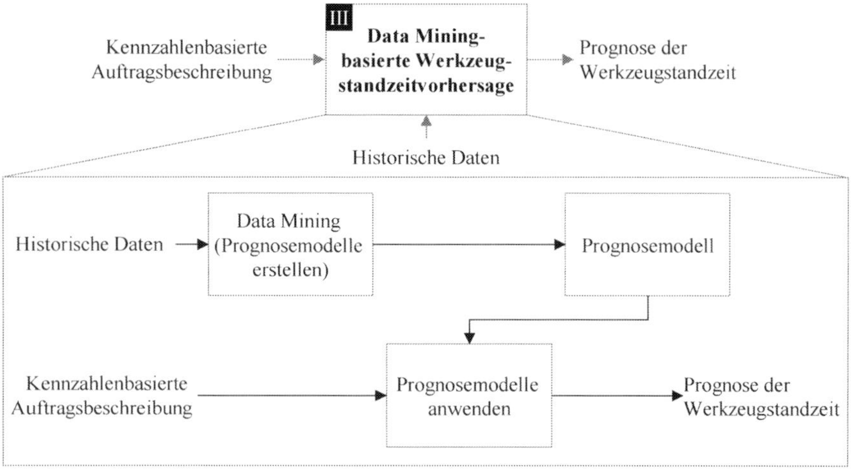

Abbildung 5-24: Phase III des Methodenablaufs

5.3.1 Extraktion von Merkmalen

Zentrale Fragestellung und Herausforderung für die Erstellung von Prognosemodellen ist die Identifikation der richtigen Merkmale für die Modellerstellung. Nach DIN 2330 sind Merkmale definiert als Eigenschaften von Gegenständen, die der Begriffsbildung und -abgrenzung dienen.[245] Im Rahmen von Data Mining hingegen spricht man üblicherweise von Attributen. Hierbei entscheidet die Auswahl der „richtigen" Attribute häufig über die Güte der Prognosemodelle und damit über die Aussagekraft der Prognose. Die zur Ermittlung der Werkzeugstandzeit verwendeten Attribute müssen also Parameter sein, welche die Werkzeugstandzeit mittelbar oder unmittelbar beeinflussen. Diese Abhängigkeiten können in der Regel nicht einfach durch analytische Zusammenhänge in Form von Gleichungen beschrieben werden. Generell ist bei der Attributauswahl zu berücksichtigen, dass eine steigende Anzahl an Attributen bei lernenden Verfahren im Allgemeinen zu einer Abnahme der Prognosegüte führt.[246] Dies ist vornehmlich auf die zunehmende Modellkomplexität bei steigender Anzahl an Eingangsattributen zurückzuführen. Für diesen Fall gibt es im Rahmen der Datenvorverarbeitung in Kapitel 5.3.2 geeignete Verfahren zur Attributselektion. Grafisch darstellen lässt sich die Vorhersage der Werkzeugstandzeit anhand von nur zwei Merkmalen in Anlehnung an das von KNOBLACH vorgestellte Prinzip der Suchkalkulation. In Abbildung 5-25 ist das Prinzip aufgegriffen und zur Bestimmung der Werkzeugstandzeit grafisch dargestellt. Um die Werkzeugstandzeit für ein Objekt mit einer bestimmten Ausprägung von Merkmal 1 und Merkmal 2 vorherzusagen, wird in der vorhandenen Datenbasis nach Objekten mit ähnlichen Merkmalausprägungen gesucht. Basierend auf einer zu definierenden bzw. vom Algorithmus abhängigen Funktion zur Bestimmung der Abstände zu Objekten ähnlicher Merkmalausprägung kann so auf die unbekannte Werkzeugstandzeit des Objekts geschlossen werden.

---

245 Vgl. Deutsches Institut für Normung e.V. (Begriffe und Benennungen), 1993
246 Vgl. Dreyer (Leistungs- und wirtschaftlichkeitsorientierte Anlagenkonfiguration), 2010

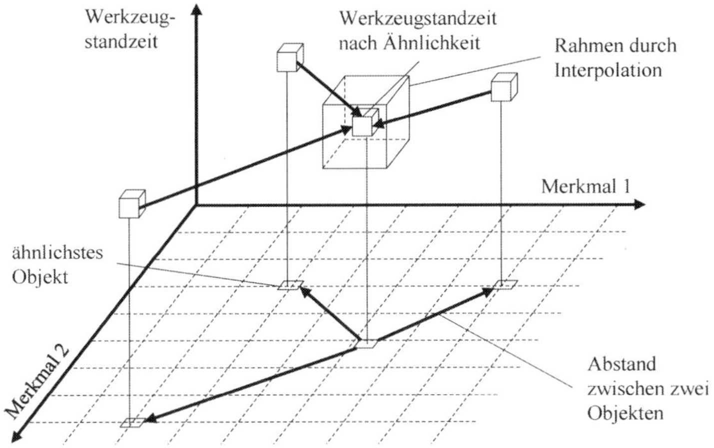

Abbildung 5-25: Prinzip der Suchkalkulation i.A.a. KNOBLACH[247]

Die Auswahl der die Werkzeugstandzeit beeinflussenden Attribute wird gemäß dem in Abbildung 3-5 dargestellten KDD-Prozess durch ein zweistufiges Verfahren ermittelt. Zunächst erfolgt eine Vorauswahl der Attribute gemäß FISCHER nach sachlogischer Beurteilung durch die Aufgabendefinition.[248] Diese sachlogische Beurteilung erfolgt zum einen auf Basis bekannter in der Literatur vorhandener Beschreibungen der Zusammenhänge im Spritzgießprozess und zum anderen auf Basis durchgeführter Versuchsreihen. Dadurch werden aus der Grundgesamtheit aller zur Verfügung stehenden Daten die für den betrachteten Anwendungsfall relevanten Daten ausgewählt. Diese erste Stufe der Attributauswahl ist in Abbildung 5-5 dargestellt und in Kapitel 5.1 als Bauteilanfrageanalyse sowie in Kapitel 5.2 als regelbasierte Werkzeugherstellung und Spritzgießprozessauslegung dargelegt und mündet in der kennzahlenbasierten Anfragebeschreibung. Eine zweite, nachgelagerte Auswahlstufe erfolgt während der Datenvorverarbeitung und Transformation, wie in Abbildung 5-26 dargestellt. Im Rahmen der manuellen Datenvorverarbeitung werden unvollständige Datensätze sowie offensichtliche Ausreißer entfernt. Mit der algorithmischen Datenvorverarbeitung können mithilfe von statistischen Methoden auf rein datenbasierter Grundlage anhand von verschiedenen Qualitätskriterien weitere nicht relevante Attribute identifiziert und von der weiteren Verarbeitung innerhalb der DM-Algorithmen ausgeschlossen werden. Ziel dieser Vorverarbeitung ist es, durch geeignete Attributselektion und -generation eine relevante Teilmenge zu identifizieren, die der Gesamtmenge in Bezug auf Beschreibungs-, Erklärungs- und Prognosefähigkeit nicht nachsteht.[249] Eine Datentransformation ist notwendig, um den Datensatz für unterschiedliche DM-Algorithmen verarbeitbar zu gestalten. So können manche Algorithmen ausschließlich numerische Werte verarbeiten. Eine Normierung der Daten dient ebenfalls der einfacheren Verarbeitung der Datensätze durch die Algorithmen.

---

247 Vgl. Knoblach (Beitrag zur rechnerunterstützten verursachungsgerechten Angebotskalkulation), 1999, S. 30

248 Vgl. Fischer (Softwareunterstützte Angebotskalkulation), 2007

249 Vgl. Dreyer (Leistungs- und wirtschaftlichkeitsorientierte Anlagenkonfiguration), 2010

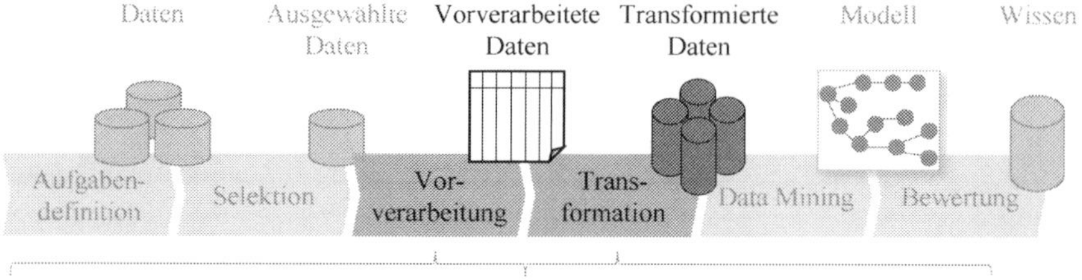

Abbildung 5-26: Datenvorverarbeitung und Transformation innerhalb des KDD-Prozesseses

Gemäß der in Kapitel 5.1.1 abgeleiteten Anforderung an Attribute, den Betrachtungsgegenstand hinsichtlich des Anwendungsfalles, der Werkzeugstandzeitvorhersage von polymer-additiv gefertigten Werkzeugen, zu beschreiben, sind alle Merkmale, die einen Einfluss auf die Belastungen auf das Werkzeug während der Spritzgießbauteilherstellung haben, als relevant einzustufen. Wie in Kapitel 5.1 aufgeführt, setzen sich die Belastungen aus thermischen und mechanischen Belastungen zusammen. Damit bilden Merkmale, die die thermischen und mechanische Belastungen auf ein Werkzeug beschreiben, die Grundgesamtheit aller möglichen Einflussgrößen auf den vorliegenden Sachverhalt. Durch die in Kapitel 5.1 vorgestellte Gliederung von Produktmerkmalen sowie die in Kapitel 5.2 aufgeführten Einflüsse durch die Werkzeugerstellung und Spritzgießprozessführung werden die relevanten Daten für die Prognosemodellerstellung auf die in Tabelle 5-7 aufgeführten Merkmale eingeschränkt.

Es bleibt anzumerken, dass im Rahmen der Datenvorverarbeitung, abhängig von den zur Verfügung stehenden Datensätzen, die Anzahl der Attribute verringert wird. Dies geschieht dann, wenn unvollständige Datensätze vorliegen, da diese die Prognosegüte der resultierenden Modelle verschlechtern. Weiterhin wird durch die algorithmische Datenvorverarbeitung der Datensatz reduziert, um insbesondere Korrelationen zwischen den Attributen zu vermeiden. Mit sich kontinuierlich veränderndem Datensatz und damit verbundener steigender Datensatzdichte unterliegen die verwendeten Attribute ebenfalls einer Veränderung, die im Rahmen der Modellerstellung künftig jeweils eingepflegt werden muss.

Da Ergebnisse von Prognosemodellen für Eingangsgrößen, die mehrere Größenordnungen außerhalb der vorhandenen Datenbasis liegen, nicht belastbar sind, müssen diese daher jeweils kritisch überprüft werden. Zusätzlich wird für diesen Fall innerhalb dieser Arbeit für die Anwendungsphase eine Vorabprüfung der Anfragen eingeführt, die auf den ermittelten Attributen beruht. Hierbei wird eine Auswahl der kritischen Merkmale für eine prinzipielle Machbarkeitsprüfung herangezogen und Bauteilanfragen mit Werten von Attributen, die mehrere Größenordnungen über den in der vorhandenen Datenbasis liegen, gekennzeichnet. Tabelle 5-7 gibt eine zusammenfassende Übersicht über die ermittelten Attribute und deren Verordnung innerhalb des Gesamtmethodenablaufs.

Tabelle 5-7: Übersicht und Verordnung der durch sachlogische Ermittlung bestimmten Attribute

Merkmal / Attribut	Kurzzeichen	Einheit	Machbarkeits-prüfung	Prognosemodell-erstellung
Gestrecktheit	G_x	[-]	-	X

Dünnwandigkeit	G_y	[-]	-	X
Verpackungssperrigkeit	G_z	[-]	-	X
Oberflächenverhältnis	G_w	[s]	-	X
Volumen	$V_{Bauteil.}$	[mm³]	X	X
Oberfläche	$A_{Bauteil.}$	[mm²]	-	X
Minimaler Pindurchmesser	d_{Pin}	[mm]	X	-
Aspektverhältnis Pin	AV_{Pin}	[-]	X	-
Minimale Stegbreite	b_{Steg}	[mm]	X	-
Aspektverhältnis Steg	AV_{Steg}	[-]	X	-
Projizierte Bauteilfläche	$A_{Proj.}$	[mm²]	-	X
Mittlere Wandstärke	T_{Mittel}	[mm]	-	X
Bauteilmaterial	-	[-]	X	X
Minimale Verarbeitungs-temperatur	$T_{ein,min}$	[°C]	X	-
Mittenrauwert	R_a	[µm]	X	-
Form- & Maßhaltigkeit	TG_{max}	[-]	X	-
Werkzeugmaterial	$MA_{Werkzeug}$	[Material]	-	X
Werkzeugvolumen	$V_{Werkzeug}$	[mm³]	-	X
Anzahl Kavitäten	$AN_{Kavität}$	[-]	-	X
Maximaler Entformungsweg	$l_{Entformung}$	[mm]	-	X
Anzahl Auswerferstifte	$AN_{Auswerferstifte}$	[-]	-	X
Anzahl Schieber	$AN_{Schieber}$	[-]	-	X
Anzahl Kerne	AN_{Kerne}	[-]	-	X
Angussposition	$AG_{Position}$	[Position]	-	X
Anguss-verteilerkanal	AG_{Art}	[Anschnittart]	-	X
Aktives Temperiersystem	$AT_{Vorhanden}$	[Ja; Nein]	-	X
Aufspannart des Einsatzes	$Art_{Aufspannung}$	[Aufspannart]	-	X
Einspritztemperatur	T_{ein}	[°C]	-	X
Einspritzvolumenstrom	V_{ein}	[cm³/s]	-	X
Zykluszeit	t_{Zyklus}	[s]	-	X
Kühlzeit	$t_{kühl}$	[s]	-	X

5.3.2 Datenakquisition und Datenvorverarbeitung

Für die Erstellung von Prognosemodellen sind Beispieldaten aus realen Versuchen notwendig, sodass die Data Mining-Algorithmen trainiert werden können. Diese Beispieldaten (Trainingsdaten) stellen damit die wichtigste Grundlage dar, denn in den Trainingsdaten steckt das Wissen, welches durch das lernende System extrahiert und erlangt werden soll.[250] Daher ist es wichtig, dass das vollständige Spektrum, welches später prognostiziert werden soll, abgebildet ist. Dabei ist es nicht notwendig, dass alle zu prognostizierenden Attributausprägungen konkret in den Trainingsdaten vorliegen. Allerdings ist eine zuverlässige Prognose von komplett unbekannten Größenordnungen von Ausprägungen als nicht wahrscheinlich zu bewerten. Daher müssen für alle Attribute Ausprägungen innerhalb des Datensatzes vorhanden sein, da eine Prognose sonst nicht erfolgen kann.

Datenakquisition

Zur Aufstellung der Datenbasis werden reale Datensätze in durchgeführten Standzeitversuchen erzeugt. Für jeden Datensatz werden die Ausprägung der Zielgröße und Attribute dokumentiert, sodass insgesamt 58 Datensätze zur Verfügung stehen. Diese werden entsprechend der in den Kapiteln 5.3.3 und 5.3.4 beschriebenen Vorgehensweise als Trainingsdaten und Validierungsdaten verwendet. Eine enorm große Herausforderung bestand darin, die benötigten Daten verlässlich zu erzeugen. Aufgrund der Neuheit der Technologiekombination findet diese bisher nur bei einer sehr geringen Anzahl an Unternehmen Anwendung. Dies hat dazu geführt, dass alle verwendeten Daten durch real durchgeführte Versuchsreihen in Zusammenarbeit mit Kooperationsunternehmen sowie eigene Versuchsreihen erzeugt werden. In Abbildung 5-27 ist ein Auszug aus den zur Verfügung stehenden Trainingsdaten dargestellt. Es wird deutlich, dass nicht für alle Datensätze Ausprägungen bei allen Attributen vorliegen und daher nicht alle Datenfelder komplett gefüllt sind. Diese fehlenden Werte müssen im Rahmen der Datenvorverarbeitung berücksichtigt werden, da nicht alle Data Mining-Algorithmen mit fehlenden Datenwerten umgehen können.

[250] Vgl. Ertel (Grundkurs Künstliche Intelligenz), 2016, S. 191ff.

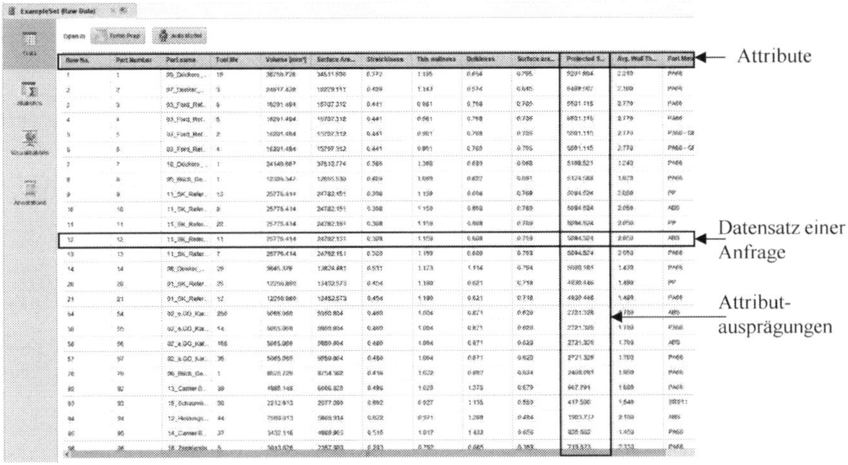

Abbildung 5-27: Auszug aus den zur Verfügung stehenden Trainingsdaten

Manuelle Datenvorverarbeitung

Zunächst werden die verwertbaren Datensätze aus den insgesamt zur Verfügung stehenden Datensätzen ausgewählt und in einheitliche Dimensionen gebracht sowie Ausreißer entfernt. Darüber hinaus muss eine Transformation der Daten stattfinden, sodass diese von den unterschiedlichen DM-Algorithmen verarbeitet werden können. So sind die Attribute teilweise unterschiedlich skaliert. Während der Großteil der Attribute kardinal skaliert ist, gibt es einige wenige Attribute, die eine nominale Skalierung besitzen. Dies hat zur Folge, dass nominal skalierte Attribute für die Verwendung von DM-Algorithmen, die nur numerische Werte verarbeiten können, in numerisch skalierte Werte transformiert werden müssen. Außerdem können einige DM-Algorithmen keine fehlenden Werte verarbeiten. Daher ist es notwendig, Datensätze mit fehlenden Werten entweder zu entfernen oder die fehlenden Werte durch den Durchschnitt, das Minimum oder das Maximum der anderen Werte zu ersetzen, sofern dies sinnvoll ist.

Algorithmische Datenvorverarbeitung

Aufbauend auf der manuellen Datenvorverarbeitung werden Verfahren zur algorithmischen Datenvorverarbeitung eingesetzt, um die Güte der Prognosemodelle zu verbessern. Dazu werden Verfahren zur automatisierten Attributselektion und -generation eingesetzt. Ziel dieser Verfahren ist es, eine Teilmenge der relevanten Attribute zu identifizieren (Attributselektion) oder neue aussagekräftige Attribute zu erzeugen (Attributgeneration), die der Gesamtmenge hinsichtlich Beschreibungs-, Erklärungs- und Prognosefähigkeit nicht nachstehen.[251] Hierzu wird der Datensatz hinsichtlich der Qualitätskriterien Korrelation bzw. Stabilität der hinterlegten Attribute betrachtet und selektiert.

---

[251] Vgl. Dreyer (Leistungs- und wirtschaftlichkeitsorientierte Anlagenkonfiguration), 2010

5.3.3 Erstellung der Prognosemodelle

Die zur Verfügung stehenden und vorverarbeiteten Trainingsdaten bilden die Grundlage für die Prognosemodellerstellung. Durch die Prognosemodelle kann das in den Trainingsdaten implizit vorhandene Wissen formalisiert und für die Nutzung in der Anwendung bereitgestellt werden. Die Prognosemodelle werden dabei mithilfe der frei verfügbaren DM-Software RapidMiner Studio Educational (Version 9.6) erstellt. Die Software ermöglicht es, Datenverarbeitungsprozesse grafisch zu modellieren, in denen DM-Algorithmen trainiert und Prognosemodelle ausgegeben werden. Dabei steht ein breiter Baukasten mit allen gängigen DM-Algorithmen zur Verfügung, sodass die für die Modellerstellung passenden Algorithmen ausgewählt und parametriert werden können. Die Auswahl der Algorithmen richtet sich dabei nach dem vorliegenden Problem. In der Literatur existieren viele verschiedene Arten, DM-Algorithmen zu gliedern. Für den hier vorliegenden Anwendungsfall eignet sich die Art der Aufgabe, die erfüllt werden soll. Grundsätzlich kann hier zwischen Klassifikation, Clustering und Regression unterschieden werden. Bei der Klassifikation werden Daten einer von mehreren bereits bekannten Klassen zugeordnet. Das Clustering bildet zuvor nicht bekannte Gruppen von Daten aufgrund der Ähnlichkeit von verschiedenen Faktoren. Bei der Regression werden Beziehungen zwischen Variablen modelliert, um numerische Werte vorherzusagen. Im vorliegenden Fall handelt es sich um ein Regressionsproblem, welches mithilfe von geeigneten DM-Algorithmen gelöst werden soll. Es bleibt zu beachten, dass es keinen Algorithmus gibt, der auf alle Probleme am besten passt.[252] Vielmehr muss für den jeweiligen vorliegenden Fall ein geeigneter Algorithmus gefunden werden. Dieses Problem ist auch als Problem der Algorithmusauswahl bekannt (engl.: Algorithm Selection Problem).[253] Diesem Problem wird in der vorliegenden Arbeit durch die Modellierung eines Meta-Modells Rechnung getragen. In diesem werden in der Software die benötigten Prozessschritte des KDD-Prozesses modelliert. In Abbildung 5-28 ist schematisch der Teil der Modellerstellung dargestellt. Es werden gleichzeitig mehrere Prognosemodelle durch verschiedene DM-Algorithmen erstellt und hinsichtlich der Prognosegüte bewertet. Anschließend werden die verschiedenen Modelle hinsichtlich der Prognosegüte miteinander verglichen und das Modell mit der höchsten Prognosegüte wird für die Anwendung ausgewählt. Hierdurch bleibt gewährleistet, dass bei sich ändernder Datenbasis stets das beste Prognosemodell für den vorliegenden Anwendungsfall ausgewählt wird. Die Prognosegüte wird mit einem Gütekriterium bestimmt, welches im nachfolgenden Kapitel vorgestellt wird. Die Ergebnisse der Modellerstellung in Form der Prognosegüte und zugehörigem Vergleich sind in Kapitel 5.3.4 dargestellt. Im Rahmen des Meta-Modells werden die Algorithmen Artifcial Neural Network (ANN), Support Vector Machine (SVM), Linear Regression (LR), Decision Tree (DT), Random Forest (RF), der k-Means Algorithmus (k-NN) sowie der Gaussian Process (GP) aufgrund ihrer Verwendbarkeit für Regressionsfragestellungen verwendet.

---

[252] Vgl. Kotthoff (Algorithm Selection for Combinatorial Search Problems: A Survey), 2016, S. 49

[253] Vgl. Smith-Miles (Cross-disciplinary perspectives on meta-learning for algorithm selection), 2009, S. 4

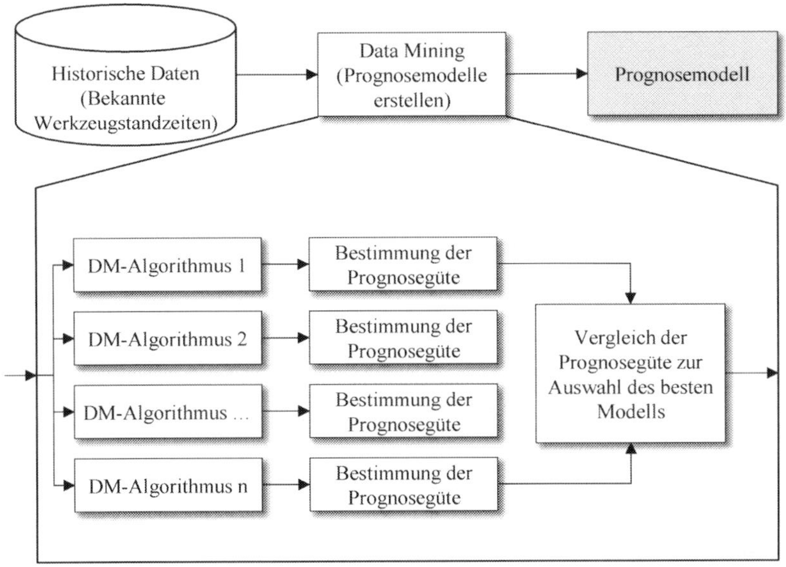

Abbildung 5-28: Schematischer Ablauf der Prognosemodellerstellung

5.3.4 Evaluation der Algorithmen

Im Anschluss an die Erstellung der Prognosemodelle werden diese hinsichtlich ihrer Prognosegüte bewertet mit dem Ziel, ein geeignetes DM-Modell auszuwählen, mit dem es möglich ist, die Werkzeugstandzeit mit bestmöglicher Wahrscheinlichkeit zu prognostizieren. Für die Bewertung von numerischen Vorhersagen gibt es grundsätzlich mehrere Leistungsmaße, die herangezogen werden können. Eine Auswahl der Bewertungskriterien muss entsprechend den Gegebenheiten des vorliegenden Anwendungsfalls geschehen und kann nicht pauschal getroffen werden. Für diese Arbeit wird als Bewertungskriterium ein Leistungsmaß ausgewählt, auf dessen Basis sich die Abweichung zwischen den prognostizierten Werten und den ermittelten Werkzeugstandzeiten (Trainingsdaten) direkt beschreiben lässt. Hierzu ist es zum einen wichtig, ein Fehlermaß zu verwenden, das die gleiche Einheit wie der prognostizierte Wert hat bzw. direkt in diesen umgerechnet werden kann. Zum anderen müssen alle Fehler unabhängig der Größenordnung gleich gewichtet mit in die Berechnung eingehen, um Ausreißer nicht übermäßig stark oder schwach zu gewichten. Der mittlere relative Fehler (engl. Mean relative error, MRE) wird daher als gängiges Bewertungskriterium ausgewählt, da er zusätzlich zu den aufgeführten Kriterien die entstehenden Abweichungen zwischen Prognose- und Ausgangswerten relativ beschreibt und damit Aussagen in kleinen und großen Ausprägungen der Werte zulässt. Ferner gewichtet der MRE im Gegensatz zum mittleren quadratischen Fehler (Mean squared error, MSE) große Abweichungen nicht stärker als kleine Abweichungen der Vorhersagen. Der MRE berechnet sich nach Gleichung (11), wobei $p_1,\ldots,p_n$ die Prognosewerte und $a_1,\ldots,a_n$ die tatsächlichen Ausgangswerte sind. Je geringer der MRE ausfällt, desto besser kann die Prognosegüte eines Prognosemodells bewertet werden. Nach WITTEN UND

FRANK hat sich zudem in den allermeisten praktischen Situationen herausgestellt, dass die beste numerische Vorhersagemethode auch immer den besten Wert aufweist, unabhängig davon, welches Fehlermaß letztendlich zur Beurteilung verwendet wird.[254]

$$MRE = \frac{\left|\frac{p_1}{a_1} - 1\right| + \cdots + \left|\frac{p_n}{a_n} - 1\right|}{n} * 100\% \tag{11}$$

$p_1, \dots p_n$ = *Prognosewerte*

$a_1, \dots a_n$ = *Ausgangswerte*

n = *Anzahl der Prognose- bzw. Ausgangswerte*

Die Verwendung derselben Daten sowohl für das Trainieren als auch für das Testen der Modelle führt zu Overfitting. Aus diesem Grund ist es notwendig, das Datenset in ein Trainings-, Validierungs- und Testset zu unterteilen.[255] Dabei werden das Trainings- und Validierungsset für die Modellauswahl verwendet, wohingegen das Testset die „neuen Daten" verkörpert und für die finale Bewertung der Modelle gedacht ist.[256]

Ein beliebtes Konzept zur Teilung der Daten ist die CV (Cross-Validation (engl.): Kreuzvalidierung). Cross-Validation ist ein Oberbegriff für eine Vielzahl an Methoden, die die Daten auf unterschiedliche Weisen in Trainings- und Validierungsset unterteilen und die Bewertungsergebnisse anschließend mitteln.[257] Diese Methoden eignen sich insbesondere bei kleinen Datensets.[258]

Die einfache Validierung oder Hold-out Validierung ((engl.): Auslassvalidierung) beruht auf der einmaligen Teilung der Daten in Trainings-, Validierungs- und Testset.[259] Dieser Ansatz eignet sich bei großen Datenmengen.[260] Eine nicht final zu klärende Frage ist, zu welchem Anteil jeweils in Trainings-, Validierungs- und Testset aufgeteilt wird.[261] Als eine Art Daumenregel gilt, dass 70 % der Daten zum Trainieren, 20 % zur Bewertung und Auswahl eines geeigneten Algorithmus und 10 % als Testset für die finale Bewertung verwendet werden.[262]

Beim Trainieren des Algorithmus verwendet man so viele Daten wie möglich, um eine möglichst fundierte Aussage zu erhalten. Kleine Datensets liefern daher bei einfacher Validierung ungenauere Ergebnisse.[263]. Dazu bietet die k-Fold Cross-Validation ((engl.): k-fache Kreuzvalidierung) die Möglichkeit, auch bei kleinen Datensätzen fundierte Ergebnisse zu erzielen.[264] Die k-Fold Cross-Validation teilt das gesamte Datenset in k (ungefähr) gleich große Teile auf. $k-1$ Teile werden zum Training verwendet,

254 Vgl. Witten; Frank et al. (Data mining), 2011, S. 182
255 Vgl. Abraham; Pedregosa et al. (Machine learning for neuroimaging), 2014, S. 2
256 Vgl. Arlot; Celisse (A survey of cross-validation procedures), 2010, S. 52
257 Vgl. Arlot; Celisse (A survey of cross-validation procedures), 2010, S. 42ff.
258 Vgl. Roy; Kar et al. (Validation of QSAR models), 2010
259 Vgl. Arlot; Celisse (A survey of cross-validation procedures), 2010, S. 52f.
260 Vgl. Bishop (Pattern recognition and Machine Learning), 2006
261 Vgl. Guyon; Elisseeff (Introduction to variable and feature selection), 2003
262 Vgl. Wuest; Weimer et al. (Machine learning in manufacturing), 2016, S. 35
263 Vgl. Bishop (Pattern recognition and Machine Learning), 2006, S. 32f; Vgl. Pereira; Mitchell et al. (Machine learning classifiers and fMRI), 2009, S. 203
264 Vgl. Abraham; Pedregosa et al. (Machine learning for neuroimaging), 2014, S. 2

während das Validieren durch den k-ten Anteil erfolgt. Dieser Ablauf wird k-Mal wiederholt durchgeführt, bis alle k Datensets einmal zum Validieren verwendet wurden. Die einzelnen Bewertungen werden anschließend aufsummiert und durch die Anzahl k verwendeter Durchgänge geteilt, um eine durchschnittliche Leistung zu ermitteln.[265] Abbildung 5-29 stellt diesen Ablauf für $k=4$ dar.

Varianten der Cross-Validation sind die Leave-One-Out Methode ((engl.): „lass einen aus Methode") und die Monte-Carlo Methode. Bei der Leave-One-Out Methode wird das Eingangsdatenset in $k=n$ Subsets unterteilt, wobei n die Anzahl der Eingangsdaten ist. Sie wird bei sehr geringen Eingangsdatensetgrößen eingesetzt.[266] Im Gegensatz dazu verwendet die Monte-Carlo Methode keine gleich großen, sondern Subsets zufälliger Größen.[267] ARLOT UND CELISSE liefern eine umfangreiche Analyse weiterer Cross-Validation Methoden.[268]

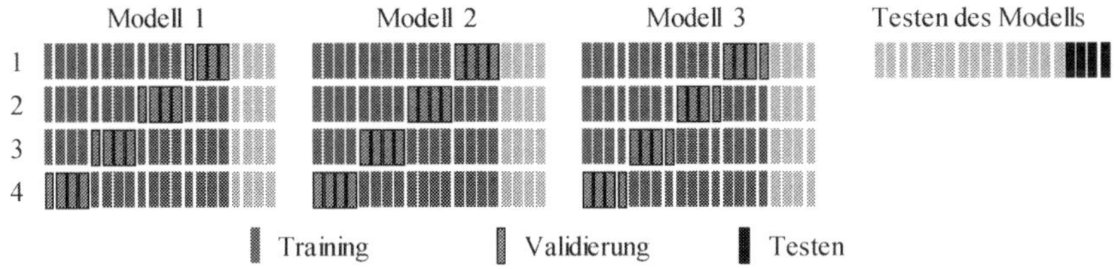

Abbildung 5-29: Prinzip der k-fold Validierung für k=4

Für das Erstellen der Prognosemodelle und die anschließende Beurteilung der Prognosegüte wird der MRE mithilfe der Leave-One-Out-Kreuzvalidierung ermittelt und zur Bewertung gegenübergestellt. Aufgrund der geringen Datenbasis ist diese Art der Kreuzvalidierung noch immer mit vertretbaren Rechenzeiten durchführbar. Aus dieser Gegenüberstellung kann das DM-Modell mit dem geringsten MRE ausgewählt werden und somit die Zielgröße potenziell am besten beschreiben. Die Abweichungen im MRE zwischen den unterschiedlichen Modellen bei gleicher verwendeter Datenbasis sind auf die unterschiedlichen verwendeten Algorithmen zurückzuführen, welche in Kapitel 3.4.3 eingeführt werden. Abbildung 5-30 zeigt die auf Basis vorverarbeiteter Daten und einer durchgeführten algorithmischen Attributselektion erhaltenen Ergebnisse für die betrachtete Zielgröße. Bei der Attributselektion werden die Attribute mit der höchsten Relevanz ausgewählt, um die Zielgröße zu prognostizieren. Dies führt gegenüber der Berücksichtigung aller Attribute zu einer Verbesserung der Prognosemodelle in Form eines geringeren MRE. Anhand der dargestellten Ergebnisse der Prognosemodellerstellung ist leicht ersichtlich, dass für das vorliegende Datenset der k-NN Algorithmus (k-NN) den geringsten MRE mit 68,15 % besitzt und damit die besten Prognoseergebnisse auf Basis dieser Modellauswahl erzielen sollte.

---

265 Vgl. Hall (Correlation-based feature selection), 1999, S. 17; Vgl. Chandrashekar; Sahin (Survey on feature selection methods), 2014, S. 24

266 Vgl. Hall (Correlation-based feature selection), 1999, S. 17; Vgl. Chandrashekar; Sahin (Survey on feature selection methods), 2014, S. 24

267 Vgl. Abraham; Pedregosa et al. (Machine learning for neuroimaging), 2014, S. 2

268 Vgl. Arlot; Celisse (A survey of cross-validation procedures), 2010

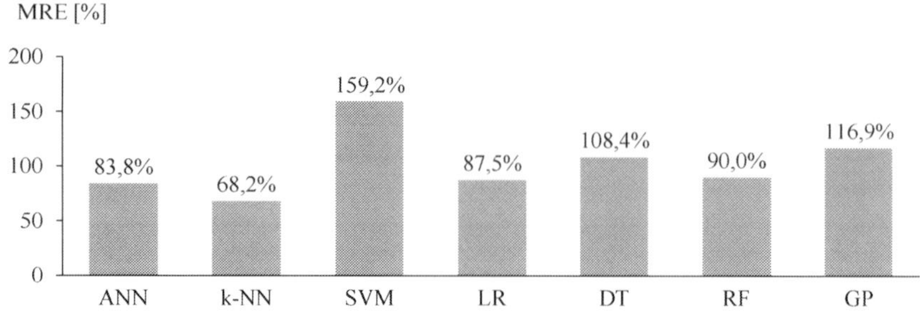

Abbildung 5-30: Bewertung unterschiedlicher Data Mining-Algorithmen anhand des MRE

Um noch eine Steigerung der Prognosegüte zu erzielen, können Parameteroptimierungen bei den DM-Algorithmen durchgeführt werden. Hierbei werden die einzelnen Einstellungsparameter, auch Hyperparameter genannt, der DM-Algorithmen variiert, mit dem Ziel, den MRE zu senken und damit die Prognosegüte weiter zu steigern. Dabei existieren für jeden Algorithmus in Abhängigkeit der Funktionsweise unterschiedliche Hyperparameter, die optimiert werden können. Für die Optimierung wird eine 10-fache Kreuzvalidierung verwendet. In Abbildung 5-31 sind die Ergebnisse der Modellevaluierung nach der Parameteroptimierung im Vergleich zu den Ergebnissen ohne Parameteroptimierung dargestellt.

Für die Algorithmen Support Vector Machine (SVM), Linear Regression (LR) und Artificial Neural Network (ANN) konnte durch die Parameteroptimierung keine Verbesserung des MRE erzielt werden. Für den Algorithmus Decision Tree (DT) konnte durch die Parameteroptimierung insgesamt die größte Verbesserung des MRE erzielt werden. Dieser konnte um 49,0 % von 108,4 % auf 55,3 % gesenkt werden. Auch der verwandte Random Forest Algorithmus (RD) konnte um 29,2 % von 90,0 % auf 63,7 % gesenkt werden. Die Abweichung beim Gaussian Process (GP) konnte um 35,5 % von 116,9 % auf 75,4 % gesenkt werden. Durch die Parameteroptimierung konnte beim k-Nearest Neighbour Algorithmus (k-NN) eine Senkung um 43,0 % von 68,2 % auf 38,8 % erzielt werden. Damit hat der k-NN Algorithmus den geringsten MRE auch nach der Parameteroptimierung für das vorliegende Datenset.

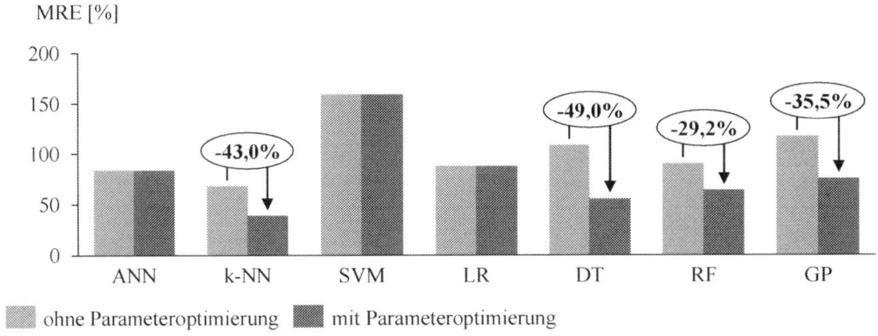

Abbildung 5-31: Ergebnisse der Algorithmenauswahl mit Parameteroptimierung

Trotz der vergleichsweise hohen MRE zeigen die Ergebnisse, dass die Algorithmen grundsätzlich zur Prognose der Werkzeugstandzeit verwendet werden können. Es muss beachtet werden, dass alternativ nur eine komplett arbiträre Schätzung auf Basis der gesammelten Erfahrung einzelner Experten für eine Prognose der Werkzeugstandzeit vorliegt. Damit sind auch Prognosemodelle, die einen relativ hohen MRE haben, durchaus in der Lage, Anhaltspunkte für eine Standzeit zu erhalten. Ferner kann dadurch, dass der MRE bekannt ist, dieser bei der Bestimmung der entstehenden Kosten innerhalb der analytischen Gesamtkostenermittlung mitberücksichtigt werden. Insgesamt liegen für die Erstellung der Prognosemodelle vergleichsweise wenig Datensätze (n = 58) vor, sodass davon ausgegangen werden kann, dass mit einer Vergrößerung der zugrundeliegenden Datenbasis der MRE noch deutlich gesenkt werden kann.

5.4 Analytische Gesamtkostenermittlung

Den Abschluss des Methodenablaufs aus Abbildung 5-2 bildet Phase IV, wie dargestellt in Abbildung 5-32. Basierend auf den Kern-Outputs aus den Phasen II und III werden in Phase IV die Gesamtkosten sowie die Gesamtzeit zur Fertigstellung des Spritzgießauftrags mittels polymer-additiv gefertigter Werkzeugeinsätze bestimmt. Grundlage hierfür stellen die kennzahlenbasierte Auftragsbeschreibung mit Informationen zum Spritzgießbauteilmaterial, zu geforderter Stückzahl und zum zu verwendenden Werkzeugmaterial sowie die in Phase II ermittelte Zykluszeit für den Spritzgießprozess dar. Diese Informationen werden zusammen mit Kostensatzdaten des Unternehmens dazu verwendet, die Herstellungskosten der Spritzgießbauteile und des Werkzeugs zu bestimmen. In der Berechnung der Herstellungskosten des Werkzeugs fließt zusätzlich die in Phase III prognostizierte Standzeit ein. Hierdurch wird die Anzahl der voraussichtlich benötigten Werkzeugeinsätze zur Fertigstellung des Fertigungsauftrags bestimmt. Als Ergebnis stehen die ermittelte voraussichtliche Dauer und die anfallenden Kosten für die Fertigstellung des Gesamtauftrags. Auf Basis dieser Informationen kann im Vergleich zur konventionellen Herstellung eine Entscheidung für oder gegen die Verwendung von polymer-additiv gefertigten Werkzeugeinsätzen für den gegebenen Fertigungsauftrag gefällt werden.

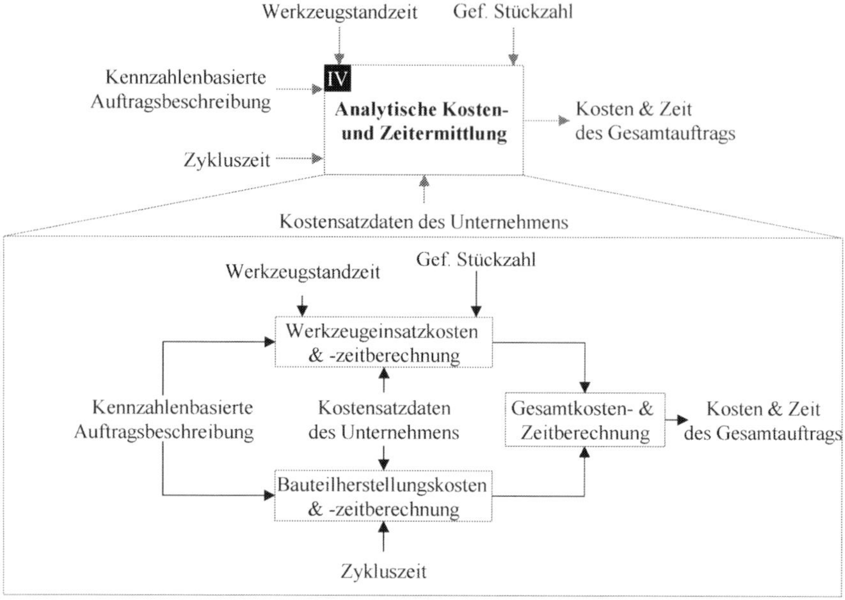

Abbildung 5-32: Phase IV des Methodenablaufs

In den folgenden Kapiteln wird die Vorgehensweise für die Ermittlung der einzelnen Kosten- und Zeitbestandteile beschrieben. In Kapitel 5.4.1 wird zunächst die Zusammensetzung der Gesamtkosten eines Fertigungsauftrags sowie der Fokus der kostenbestimmenden Betrachtung erläutert. In den darauffolgenden Kapiteln 5.4.2 und 5.4.3 werden die Herstellungskosten und -zeit für Werkzeugeinsatz und Spritzgießbauteile vorgestellt.

5.4.1 Gesamtkosten des Spritzgieß-Fertigungsauftrags

Die Unterteilung der Gesamtkosten (GK) für einen Spritzgieß-Fertigungsauftrag ist in Abbildung 5-34 dargestellt und kann zunächst in die beiden Positionen Herstellkosten des Werkzeugs (HK_{WKZ}) und Herstellkosten der Spritzgießbauteile (HK_{SGB}) unterteilt werden.

$$GK = HK_{WKZ} + HK_{SGB}$$

Die Herstellkosten (HK) lassen sich generell in Materialkosten (MK) und Fertigungskosten (FK) unterteilen. Die Materialkosten setzen sich zusammen aus Materialeinzelkosten (MEK), welche das Rohmaterial und Normteile einschließen, sowie den Materialgemeinkosten (MGK). Die Fertigungskosten summieren die Fertigungseinzelkosten (FEK), die Fertigungsgemeinkosten (FGK) sowie die Sondereinzelkosten der Fertigung (SEF) auf. Somit ergibt sich für die Herstellungskosten allgemein:

$$HK = MK + FK = MEK + MGK + FEK + FGK + SEF \qquad (12)$$

Mit der Unterscheidung in Werkzeugherstellungskosten und Spritzgießbauteilherstellungskosten ergibt sich die folgende Gleichung für die Fertigstellung eines Auftrags:

$$GK = (MEK + MGK + FEK + FGK + SEF)_{WKZ} + (MEK + MGK + FEK + FGK + SEF)_{SGB} \tag{13}$$

Grundsätzlich sind bei allen Kosten Einzel- und Gemeinkosten zu unterscheiden. Die Gemeinkosten beschreiben hierbei alle Kosten, die nicht direkt einem Kostenträger, z.B. einem Produkt oder einem Auftrag, zugeordnet werden können. Hierunter fallen bspw. Anteile der Verwaltungs- und Vertriebskosten. Über bspw. die differenzierende Zuschlagkalkulation nach DIN 32992 können diese ermittelt werden.[269] Zur Vereinfachung und zur unternehmensunabhängigen Darstellung wird für die Material- und Fertigungskosten vorausgesetzt, dass die Gemeinkosten bereits in einem spezifischen Kostenstellensatz berücksichtigt sind. Daher werden diese in dieser Arbeit nicht betrachtet und werden in Abbildung 5-34 ausgegraut dargestellt. Alternativ können die Gemeinkosten über die in DIN 32992 beschriebene differenzierende Zuschlagkalkulation ermittelt werden. Unter die Sondereinzelkosten der Fertigung (SEF) fallen Kosten, die in unregelmäßiger Höhe und Abständen anfallen, z.B. pro Auftrag erfassbare Kosten für Werkzeuge, Schablonen und Modelle bezogen auf eine Produktreihe sowie Kosten für Konstruktionszeichnungen. Da im vorliegenden Fall die Werkzeugherstellung selber Betrachtungsschwerpunkt ist, gibt es keine SEF im Bereich der Werkzeugherstellung. Im Bereich der Spritzgießbauteilherstellung fallen die Rüstkosten der Spritzgießmaschine in den Bereich der SEF, da ein Wechsel eines polymer-additiv gefertigten Werkzeugs jederzeit durch Werkzeugversagen auftreten kann. Der Schwerpunkt der Betrachtung dieser Arbeit liegt in der Fertigung und dem anschließenden Vergleich gegenüber konventionellen Werkzeugen. Damit stehen die vorgelagerten Prozessschritte in der Werkzeugherstellung nicht im Betrachtungsfokus. Der Betrachtungsbereich entlang der angepassten Prozesskette der Werkzeug- und Bauteilherstellung im Kleinserien- und Prototypenwerkzeugbau ist in Abbildung 5-33 dargestellt.

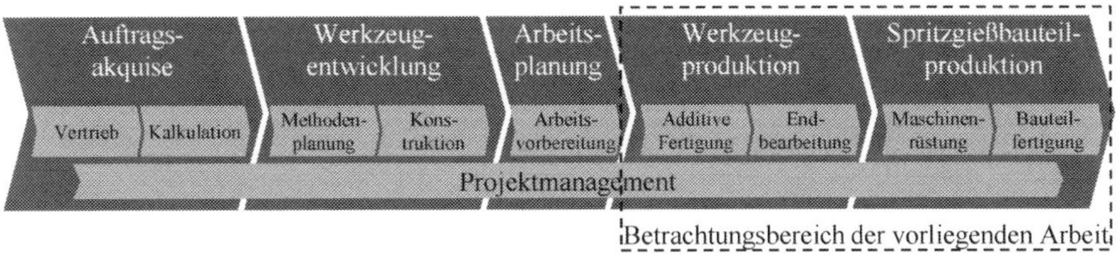

Abbildung 5-33: Betrachtungsbereich der vorliegenden Arbeit entlang der Prozesskette der Werkzeug- und Bauteilherstellung

269 Vgl. Deutsches Institut für Normung e.V. (Berechnungsgrundlagen Kalkulationsarten und -verfahren), 1989

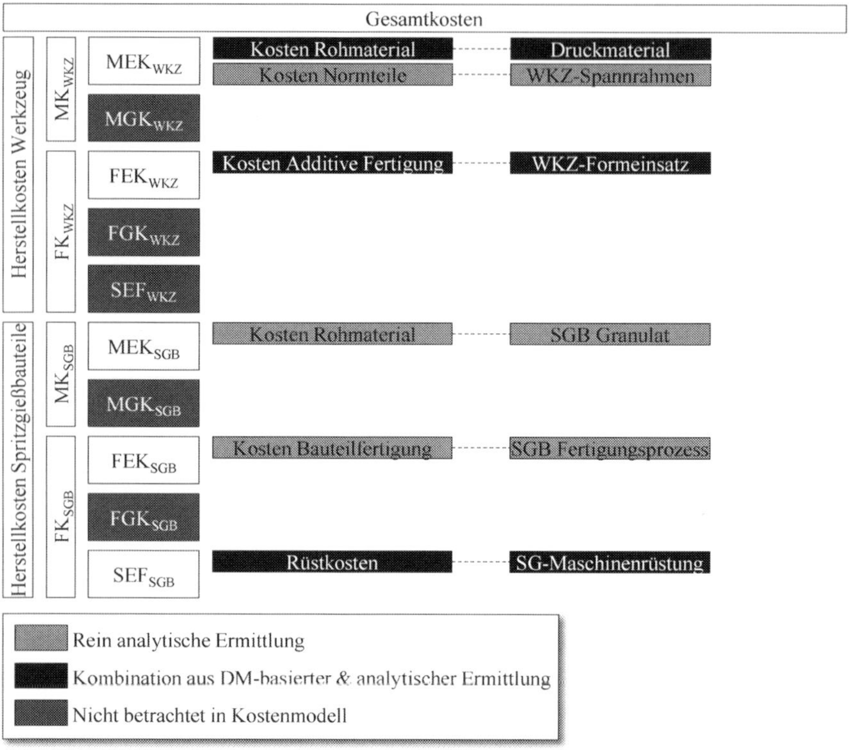

Abbildung 5-34: Gesamtkosten für einen Spritzgießfertigungsauftrag

Mit dem in Abbildung 5-34 dargestellten Betrachtungshorizont in dieser Arbeit ergibt sich die zu betrachtende Gleichung für die Gesamtkosten eines Fertigungsauftrags zu:

$$GK = (MEK + FEK)_{WKZ} + (MEK + FEK + SEF)_{SGB} \tag{14}$$

Im Rahmen der weiteren Betrachtung ist es zweckmäßig, die Gesamtkosten je Bauteil heranzuziehen, da es in der Praxis üblich ist, einen Teilepreis anzugeben, in dem die Kosten für die Werkzeugherstellung bereits enthalten sind. Dadurch variiert der Preis je nachdem, wie viele Bauteile angefragt und wie viele Werkzeuge für die Herstellung benötigt werden. Weiterhin ist es wichtig anzumerken, dass die Herstellungskosten des Werkzeugs sowie die Fertigungseinzelkosten und die Sondereinzelkosten der Fertigung der Spritzgießbauteilherstellungskosten keine unabhängigen Werte mehr sind, sondern Funktionen der Werkzeugstandzeit x_{SZ}, welche die Standzeit eines Werkzeugeinsatzes als Anzahl produzierbarer Gutteile wiedergibt.

5.4.2 Herstellungskosten des Werkzeugs

Die Herstellungskosten des Werkzeugs setzen sich aus den Kosten für die Herstellung des Werkzeugeinsatzes sowie den Kosten für die Spannrahmen und etwaige Normteile zusammen und lassen sich in Materialeinzel- und Fertigungseinzelkosten gliedern:

$$HK_{WKZ}(x_{SZ}) = \frac{1}{N} * \Bigg(\underbrace{m_{SZ} * \frac{FK_{Einsatz}}{n}}_{\text{FEK}_{\text{WKZ}}} + \underbrace{m_{SZ} * \frac{MK_{Einsatz}}{n} + \frac{N}{LZ} * K_{SR}}_{\text{MEK}_{\text{WKZ}}}\Bigg) \tag{15}$$

N	$= Auftragsgröße\ in\ Anzahl\ geforderter\ Bauteile$
x_{SZ}	$= Werkzeugstandzeit\ in\ Anzahl\ Gutteile$
m_{SZ}	$= Standzeitfaktor$
$FK_{Einsatz}$	$= Fertigungskosten\ des\ Werkzeugeinsatzes$
n	$= Anzahl\ der\ Kavitäten\ je\ Werkzeugeinsatz$
$MK_{Einsatz}$	$= Materialkosten\ des\ Werkzeugeinsatzes$
K_{SR}	$= Kosten\ des\ Spannrahmens$
LZ	$= Lebenszyklus\ des\ Werkzeugspannrahmens$

Der Standzeitfaktor m_{SZ} ist hierbei als die nächst größere ganzzahlige Zahl aus dem Verhältnis von Auftragsgröße und Werkzeugstandzeit definiert und stellt damit das Maß für die benötigte Anzahl an Werkzeugen zur Durchführung eines Fertigungsauftrages dar.

$$m_{SZ}(x_{SZ}) = \begin{cases} 1, & N \leq x_{SZ} \\ \vdots, & \\ m, & (m-1) * x_{SZ} < N \leq m * x_{SZ} \end{cases} \tag{16}$$

m	$= beliebige\ ganzzahlige\ Zahl$

Die Auftragsgröße N ist die Anzahl der bei einem Fertigungsauftrag geforderten Bauteile, die hergestellt werden sollen. Die Fertigungskosten des Werkzeugeinsatzes $FK_{Einsatz}$ sind die anfallenden Kosten der additiven Fertigung für einen Werkzeugeinsatz. Unabhängig vom verwendeten Fertigungsverfahren setzen sich die Fertigungskosten aus Kosten der Vorverarbeitung, Kosten des eigentlichen Druckes sowie Kosten der Nachbearbeitung wie in (17) dargestellt zusammen. Die Kostenanteile variieren je nach gewähltem Herstellungsverfahren in der additiven Fertigung:

$$FK_{Einsatz} = K_{Vor} + K_{Druck} + K_{Nach} \tag{17}$$

K_{Vor}	$= Kosten\ der\ Vorverarbeitung$
K_{Druck}	$= Kosten\ des\ Drucks$
K_{Nach}	$= Kosten\ der\ Nachbearbeitung$

Die einzelnen Kostenbestandteile setzen sich jeweils aus der benötigten Zeit und einem unternehmensspezifischen Stundensatz für den Anlagenbediener sowie dem Maschinenstundensatz zusammen. Für die Kosten der Vorverarbeitung, des Drucks und der Nachbearbeitung gelten dementsprechend die Zusammenhänge in den Formeln (18)-(20):

$$K_{Vor} = t_{Vor} * BSS_{Druck} \quad (18)$$

t_{Vor} $= Benötigte\ Zeit\ der\ Vorverarbeitung$

BSS_{Druck} $= Drucker - Bedienerstundensatz$

$$K_{Druck} = t_{Druck} * MSS_{Druck} \quad (19)$$

t_{Druck} $= Benötigte\ Zeit\ des\ Werkzeugdruckes$

MSS_{Druck} $= Maschinenstundensatz\ Drucker$

$$K_{Nach} = t_{Nach} * BSS_{Druck} \quad (20)$$

t_{Nach} $= Benötigte\ Zeit\ der\ Nachbearbeitung$

Da die additive Fertigung der Werkzeugeinsätze nicht Fokus des Betrachtungsbereichs dieser Arbeit ist, sei an dieser Stelle auf die einschlägige Literatur für eine weitere detaillierte Betrachtung für einige ausgewählte Kostenkalkulationsverfahren für die Kostenberechnung von additiv gefertigten Bauteilen verwiesen.[270] Eine weitere Detaillierung innerhalb dieser Arbeit führt zu keinem Mehrwert, da sowohl bestehende Methoden existieren und diese ebenfalls im Rahmen von on-demand Online-Plattformen zur Verfügung stehen.[271] Des Weiteren würde eine weitere Detaillierung zu einer technologischen Einschränkung hinsichtlich des verwendeten additiven Fertigungsverfahrens führen.

Die Anzahl der Kavitäten n innerhalb eines Werkzeugeinsatzes beschreibt die Anzahl der in einem Fertigungsschritt herstellbaren Spritzgießbauteile. Die Materialkosten des Werkzeugeinsatzes $MK_{Einsatz}$ unterscheiden sich je nach verwendetem Fertigungsverfahren. Allgemein kann für die Materialkosten während der additiven Fertigung folgende Gleichung angegeben werden:

$$MK_{Einsatz} = K_{Mkg} * M_{Einatz} + K_{SMkg} * M_S \quad (21)$$

K_{Mkg} $= Materialkosten\ pro\ Kilogramm\ Druckmaterial$

$M_{Einsatz}$ $= Masse\ des\ Werkzeugeinsatzes$

---

270 Vgl. Charalambis; Kerbache et al. (Economic trade-offs of additive manufacturing integration in injection moulding process chain), 2017; Vgl. Charalambis; Kerbache et al. (Economic analysis of additive manufacturing integration in injection molding process chain), 2017; Vgl. Hartogh; Vietor (Unterstützung des Entscheidungsprozesses in der Produktentwicklung), 2017

271 Vgl. 3Yourmind GmbH (3Yourmind), 2020; Vgl. Protiq GmbH (Protiq), 2020; Vgl. Proto Labs Germany GmbH (Protolabs), 2020

K_{SMkg} $= Materialkosten\ pro\ Kilogramm\ Supportmaterial$

M_S $= Masse\ des\ benötigten\ Supportmaterials$

Im betrachteten Anwendungsfall, der Herstellung von Prototypen und Kleinserien, wird ein Spannrahmen üblicherweise für die Herstellung vieler verschiedener Spritzgießbauteile verwendet. Spezifisch für einen Fertigungsauftrag wird dann entsprechend nur der Werkzeugeinsatz gefertigt und in den i.d.R. standardisierten Spannrahmen eingesetzt. Daher können für die weitere Berechnung der Kosten des Gesamtauftrags die folgenden Annahmen getroffen werden: Die Kosten K_{SR} des Spannrahmens werden über seinen Lebenszyklus LZ von 2 Millionen Spritzgießbauteilen abgeschrieben, während die Werkzeugeinsätze jeweils über deren spezifische Standzeit x_{SZ} abgeschrieben werden.

5.4.3 Herstellkosten der Spritzgießbauteile

Die Herstellkosten der Spritzgießbauteile gliedern sich in Materialkosten je herzustellendem Bauteil, in die Fertigungseinzelkosten je Bauteil (Prozesskosten) sowie die Sondereinzelkosten der Fertigung, unter die im betrachteten Fall nur die Rüstkosten fallen.

$$HK_{SGB}(x_{SZ}) = \underbrace{M_{Schuss} * K_{SGBMkg}}_{\text{MEK}_{\text{SGB}}} + \underbrace{\frac{1}{Kap_h} * (MSS + \alpha * BSS)}_{\text{FEK}_{\text{SGB}}} + \underbrace{\frac{1}{N} * K_{Rüst} * m_{SZ}}_{\text{SEF}_{\text{SGB}}} \quad (22)$$

M_{Schuss} $= Schussgewicht\ je\ Bauteil$

K_{SGBMkg} $= Kosten\ des\ Spritzgießmaterials$

Kap_h $= Stündliche\ Maschinenkapazität$

MSS $= Maschinenstundensatz$

BSS $= Bedienerstundensatz$

α $= mittlere\ Nutzung\ eines\ Maschinenbedieners$

$K_{Rüst}$ $= Rüstkosten$

Das Schussgewicht M_{Schuss} je Spritzgießbauteil umfasst neben dem Bauteilgewicht das Gewicht für den benötigten Anguss sowie das Verteilersystem, welche durch die Werkzeugkonstruktion anfällt und nicht Bestandteil des Bauteils ist. Die Werte variieren natürlich sehr stark von Bauteil zu Bauteil und können besonders bei kleinen Bauteilen oder Bauteilen mit aufwendigen Angusssystemen einen deutlich größeren Anteil ausmachen bzw. insgesamt mehr Material als das eigentliche Spritzgießbauteil. In folgender Gleichung ist dieser Sachverhalt dargestellt:

$$M_{Schuss} = M_{SGB} + M_{Anguss} \quad (23)$$

M_{SGB} $= Bauteilgewicht$

M_{Anguss} $= Gewicht\ des\ Anguss - \&\ Verteilersystems$

Die Kosten des Spritzgießmaterials K_{SGBMkg} variieren stark mit dem verwendeten Material zur Herstellung der Spritzgießbauteile und fließen direkt proportional mit Anzahl der herzustellenden Spritzgießbauteile in die Gesamtkostenberechnung ein.

Die stündliche Maschinenkapazität Kap_h berechnet sich durch die Anzahl n der Kavitäten innerhalb eines Werkzeugeinsatzes, die innerhalb der Zykluszeit n Bauteile herstellen. Die Zykluszeit wird typischerweise in Sekunden angegeben.

$$Kap_h = \frac{3600 * n}{t_{Zyklus}} \tag{24}$$

t_{Zyklus} $= Zykluszeit$

Der Maschinenstundensatz MSS ist ein unternehmensspezifischer Wert. Dadurch behält das Modell einen breiteren Gültigkeitsbereich, da die Unternehmen ihren jeweiligen Maschinenstundensatz eintragen können. Gleiches gilt für den Bedienerstundensatz BSS. Die mittlere Nutzung des Maschinenbedieners α ist ebenfalls eine unternehmensabhängige Größe, die variieren kann.

Die Rüstkosten $K_{Rüst}$ können über das Produkt aus Bedienerstundensatz und benötigter Rüstzeit bestimmt werden. Da eine bauteilbezogene Betrachtung vorliegt, werden die Rüstkosten noch über die Auftragsgröße N verteilt.

$$K_{Rüst} = \frac{T_{Rüst} * BSS}{N} \tag{25}$$

$T_{Rüst}$ $= Rüstzeit$

5.5 Zusammenfassung zu einem Gesamtmodell

In den vorangegangenen Kapiteln 5.1-5.4 wurden die erarbeiteten methodischen Ergebnisse vorgestellt. In Vorbereitung für das folgende Kapitel 6, der Anwendung und Validierung anhand von praktischen Beispielen, werden die methodischen Ergebnisse zu einem Gesamtmodell in diesem Kapitel zusammengefasst. Basierend auf der Beschreibung der konzeptionellen Struktur der in einem Expertensystem zusammengeführten Ergebnisse werden im Folgenden zunächst die Architektur und die Aufgaben des Gesamtmodells sowie das Ablaufmodell des Anwenders beschrieben, bevor in Kapitel 6 das Gesamtmodell exemplarisch an drei Beispielen angewendet wird.

5.5.1 Zusammenführung in einem Expertensystem

In Kapitel 3.4 wurde die grundsätzliche Eignung von Expertensystemen dargelegt, das zur Anwendung der erarbeiteten Methode benötigte Expertenwissen abzubilden und auch zur Verfügung zu stellen. Die Ergebnisse aus den vorangegangenen Kapiteln werden daher im Rahmen eines Expertensystems zusammengefasst und nutzbar gemacht. Der grundsätzliche Aufbau eines Expertensystems wird in Kapitel 3.4 beschrieben. Abbildung 5-35 zeigt zum einen diesen grundsätzlichen Aufbau eines Expertensystems (graue Bezeichnungen) und zum anderen die für den vorliegenden Anwendungsfall konkretisierten Bestandteile (schwarze Bezeichnungen).

Das zentrale Element ist hierbei die Wissensbasis. Diese besteht aus zwei Bestandteilen. Auf der einen Seite steht regelhaftes Wissen in Form des Regelwerks zur Werkzeugerstellung und Spritzgießprozessführung. Hier wird Expertenwissen hinsichtlich der konstruktiven Gestaltung von polymer-additiv gefertigten Werkzeugeinsätzen sowie der zugehörigen Spritzgießprozessführung abgebildet. Ein Auszug des abgebildeten Expertenwissens in Form von Gestaltungsrichtlinien für die Werkzeugkonstruktion ist in Abbildung 5-36 dargestellt. Auf der anderen Seite enthält die Wissensbasis fallspezifisches Wissen in Form von relevanten Zusammenhängen in Prognosemodellen für die Werkzeugstandzeitwahrscheinlichkeit polymer-additiv gefertigter Werkzeugeinsätze. Durch die Betrachtung von bereits durchgeführten Spritzgießversuchsreihen sowie abgeschlossenen Fertigungsaufträgen werden implizit Zusammenhänge zwischen der konkreten Ausprägung von Bauteil und Werkzeug und der resultierenden Werkzeugstandzeit berücksichtigt. Abhängig von der zugrundeliegenden Datenbasis kann dieser Teil der Wissensbasis in Bezug auf den zurückliegenden Betrachtungshorizont oder bestimmte zu betrachtende Bauteile und Werkzeuggruppen angepasst werden.

Die Verarbeitung des in der Wissensbasis vorhandenen Wissens erfolgt durch die Auswertung und Anwendung der Gestaltungsrichtlinien im Rahmen der Werkzeug-CAD Modellerstellung sowie der Richtlinien für die Prozessführung während der Spritzgießbauteilherstellung. Bezüglich der Werkzeugstandzeitermittlung erfolgt die Verarbeitung des hinterlegten impliziten Wissens durch die Anwendung der Prognosemodelle auf einen bisher unbekannten Datensatz des Betrachtungsgegenstandes. Über die Wissenserwerbskomponenten können durch das Autorensystem zum einen die hinterlegten Gestaltungsrichtlinien für die Werkzeugkonstruktion und Spritzgießprozessführung angepasst oder ergänzt werden. Zum anderen können durch die Erweiterung des Standzeitdatensatzes die Prognosemodelle durch weitere Trainingszyklen neu ausgerichtet werden. Die Schnittstelle zum Anwender des Expertensystems erfolgt über Anwendungsdialoge, die in Form einer Excel-basierten Oberfläche Entscheidungen und Eingaben abfragen. Hierdurch wird der Anwender durch den Prozess geleitet.

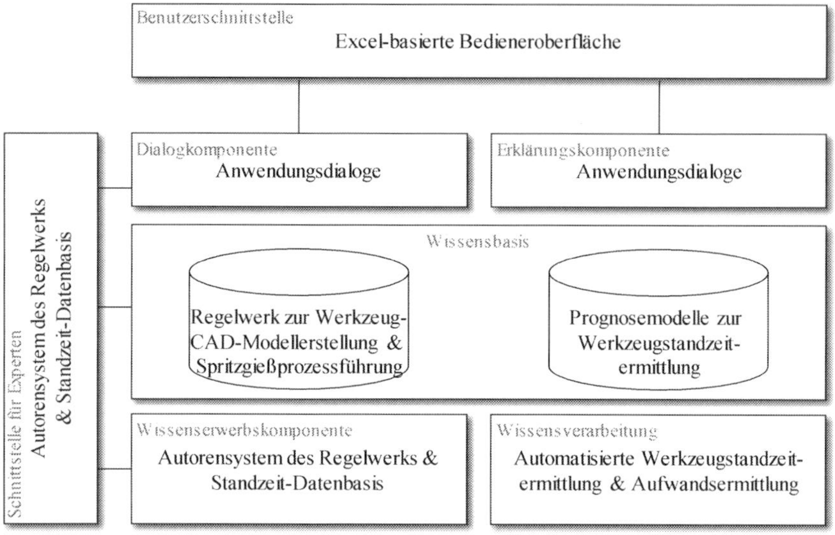

Abbildung 5-35: Zusammenführung in einem Expertensystem

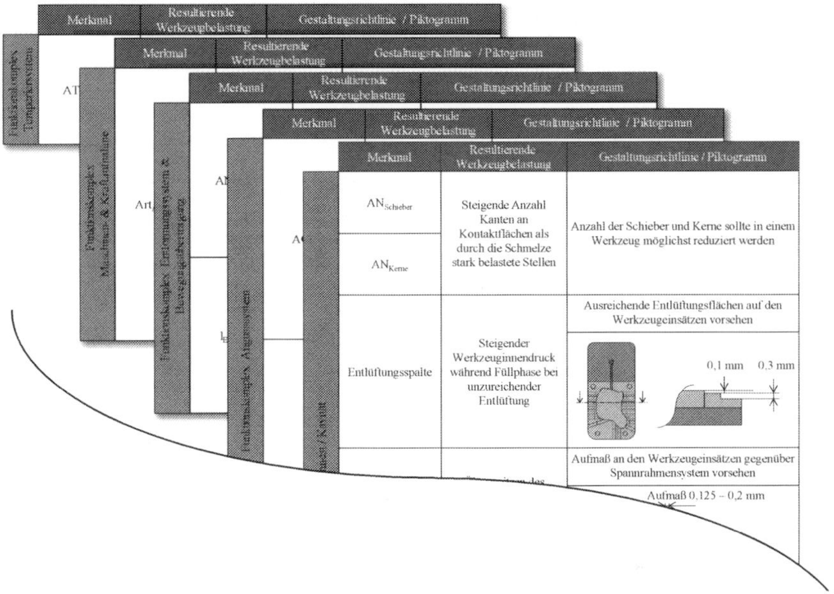

Abbildung 5-36: *Auszug aus dem Regelwerk zur Werkzeug-CAD-Modellerstellung und Spritzgießprozessführung*

5.5.2 Ablaufmodell des Gesamtmodells

Anknüpfend an die Beschreibung des Aufbaus des Gesamtmodells in Kapitel 5.5.1 soll in diesem Kapitel auf Basis des in Kapitel 5 beschriebenen Methodenablaufs (vgl. Abbildung 5-2) ein Ablaufmodell für den Anwender abgeleitet werden. Der Anwender wird durch den Gesamtmodelldemonstrator strukturiert durch den Prozess geleitet (vgl. Abbildung 5-37).

Zunächst findet eine Aufnahme der Anfragedaten statt, in der die Anforderungen an den Fertigungsauftrag gemäß Kapitel 5.1 aufgenommen und strukturiert werden. Im Anschluss an diese Aufnahme erfolgt die prinzipielle Machbarkeitsprüfung durch den Abgleich der in Kapitel 5 ermittelten und beschriebenen Kennzahlen mit den aufbereiteten Anfragedaten. Bei positiver Machbarkeit kann mit der Werkzeug-CAD-Modellerstellung auf Basis der dargestellten Gestaltungsrichtlinien fortgefahren werden. Nach der Werkzeug-CAD-Modellerstellung werden durch Anwendereingaben die erwartete Zykluszeit ermittelt sowie die restlichen relevanten Spritzgießprozessparameter vorgeschlagen. Bevor die Werkzeugstandzeit ermittelt werden kann, müssen die Spritzgießprozessparameter durch den Anwender in der vorgeschlagenen Form bestätigt oder angepasst und damit festgelegt werden. Im Anschluss an die Festlegung der Spritzgießprozessparameter kann die Werkzeugstandzeitvorhersage auf Basis der in Kapitel 5.3 beschriebenen Prognosemodellerstellung erfolgen. Aufbauend auf der Prognose erfolgen die Ermittlung der Gesamtkosten und -zeit zur Fertigstellung des Auftrags. Das Ergebnis stellt damit die Entscheidungsgrundlage für die Angebotsstellung dar. Der Ablauf des Gesamtmodells wird in Kapitel 6 anhand von drei Referenzbauteilen entlang des Ablaufmodells beschrieben.

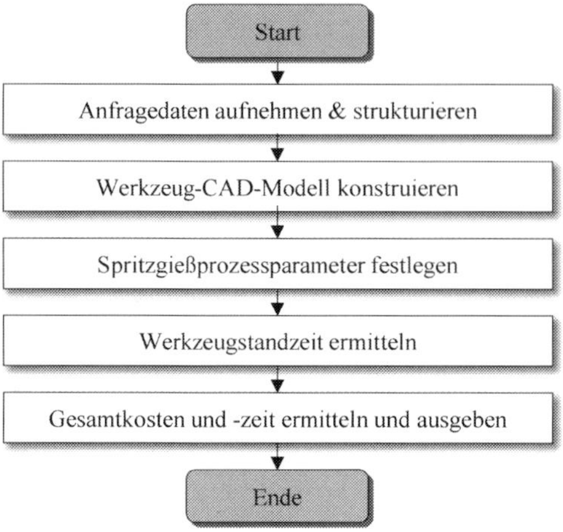

Abbildung 5-37: Ablaufmodell des entwickelten Gesamtmodells

6 Anwendung und kritische Reflexion

Aufbauend auf der in Kapitel 5 beschriebenen Methodenentwicklung und Umsetzung der Methode in einem prototypischen Expertensystem in Form eines Demonstrators besteht nun in diesem Kapitel die Zielsetzung, die Funktionsfähigkeit der entwickelten Methode durch die erfolgreiche praktische Anwendung des Expertensystems nachzuweisen. Lässt sich das prototypische Expertensystem erfolgreich in der Praxis einsetzen, so kann auf einen funktionsfähigen zugrundeliegenden Methodenansatz geschlossen werden. Daher wird in diesem Kapitel zunächst die Anwendung und Evaluation des Expertensystems anhand von Praxisbeispielen dargestellt. Abschließend werden Nutzen und Grenzen des Expertensystems in Form einer kritischen Reflexion der erzielten Erkenntnisse aufgezeigt.

6.1 Anwendung anhand von Praxisbeispielen

Der Betrachtungsraum der Anwendung ist insbesondere der Kleinserien- und Prototypenbereich. Der dabei auftretende Stückzahlbereich tritt vornehmlich in frühen Phasen des Produktlebenszyklus wie der Produktentwicklung oder am Endes des Produktlebenszyklus im Ersatzteilbereich auf. Hierzu werden ein Bauteil aus der Ersatzteilphase (Bauteil 1) und ein Bauteil aus der Produktentwicklungsphase (Bauteil 2) aufgeführt. Bauteil 3 dient als Referenz zum Vergleich der Ergebnisse. Eine Übersicht der Beispielbauteile ist in Abbildung 6-1 dargestellt.

Bauteil 1 und Bauteil 2 stellen gängige Kunststoffspritzgießbauteile aus der automobilen Anwendung dar. Es werden die weit verbreiteten Werkstoffe ABS und POM verwendet. Durch das Bauteil 3 wird noch der Werkstoff PP zusätzlich mit abgedeckt. Damit sind alle gängigen Werkstoffe aus der automobilen Anwendung bis auf PA 66 abgedeckt. Die Anwendung der polymer-additiv gefertigten Werkzeuge bei PA 66 Werkstoffen ist aufgrund der hohen Schmelztemperaturen mit den bisher verfügbaren additiven Werkstoffen noch nicht sicher durchführbar und wird daher hier nicht weiter betrachtet. Die Bauteile sind zudem so gewählt, dass geometrisch ein möglichst breites Spektrum abgedeckt wird. Bauteil 2 stellt mit einem Volumen von 11384 mm³ das größte Bauteil innerhalb der vorhandenen Datenbasis dar. Bauteil 1 liegt mit 7560 mm³ im oberen Drittel, wohingegen Bauteil 3 mit 2528 mm³ deutlich am unteren Rand des vorhandenen Volumenspektrums innerhalb der Datenbasis liegt. Polymer-additive Werkzeuge sind mit derzeit verfügbaren Materialien auf Bauteile mit Volumen dieser Größenordnungen aus zwei wesentlichen Gründen beschränkt. Zum einen steigen mit größer werdenden Bauteilen die thermische und mechanische Last auf das Werkzeug, welches gleichzeitig bei größer werdendem Volumen weniger widerstandsfähig wird. Dies verringert die erzielbaren Werkzeugstandzeiten, sodass Aufträge nicht mehr wirtschaftlich abgebildet werden können. Das im Rahmen dieser Arbeit größte erprobte Bauteil hat ein Volumen von 26262 mm³ mit einem TPE als Bauteilmaterial. Zum anderen wird die Wirtschaftlichkeit maßgeblich durch die verwendete Menge an Druckmaterial begrenzt. Dies ist auf die zurzeit noch hohen Unterschiede in den Materialkosten zurückzuführen. So stehen exemplarisch dem Rigur-Material mit ca. 162 €/kg lediglich 10 €/kg für ein Werkzeug aus Aluminium und 20 €/kg für ein Werkzeug aus Messing gegenüber. Wichtig ist zu beachten, dass bei der konventionellen Werkzeugherstellung je nach Geometrie ein bedeutender Anteil der Gesamtherstellungskosten auf die notwendige CAM-Programmierung und die Fertigungszeit zurückzuführen ist. Diese Bestandteile entfallen bzw. sind wesentlich geringer bei der additiven Fertigung. Einen exakten Grenzwert für Werkzeuggrößen anzugeben ist dadurch nicht möglich. Es kann aber sehr wohl festgehalten werden, dass je größer der Anteil von nicht formgebendem Werkzeugvolumen am Gesamtwerkzeugvolumen ist, desto geringer der Vorteil durch polymer-additiv gefertigte Werkzeuge. Daher werden bei der Verwendung von polymer-additiv gefertigten Werkzeugen auch immer Spannrahmen verwendet. Diese sorgen neben der mechanischen Stabilität dafür, dass der additiv zu fertigende Werkzeuganteil möglichst gering ist. Hinsichtlich der vorhandenen Features sind in allen drei Bauteilen unterschiedliche Ausprägungen gemäß Kapitel 5.1.2.1 vorhanden. In Bauteil 1 sind hierzu insbesondere die Löcher am Ende der Hebel zu nennen, die werkzeugseitig in Pins resultieren. Bei Bauteil 2 sind neben den beiden Pins im Hauptkörper des Bauteils vor allem die werkzeugseitig resultierenden Stege entlang des Hauptkörpers hervorzuheben. Da Bauteil 1 und Bauteil 2 als Bauteile aus der reellen Anwendung eine geringe Zahl an Features besitzen, wird das Referenzbauteil 3 mit einer entsprechend großen Anzahl an unterschiedlichen Features hinsichtlich Ausprägung versehen, um die Auswirkungen auf die Standzeit untersuchen zu können. Dabei sind die Feature-Ausprägungen in der Nähe der Grenzwerte für das verwendete Werkzeugmaterial gewählt. So liegen der jeweils herstellbare dünnste Steg bei 3 mm und dünnste Pin bei 2,5 mm, wie in Tabelle 2-1 dargestellt. Fertigungstechnisch liegen die ausgewählten Bauteile an der Herstellungsgrenze für polymer-additiv gefertigte Werkzeugen. Die erzielbaren Oberflächengüten liegen im verwendeten Werkzeugmaterial bei $R_a = 400$ µm. Für nicht-Sichtbauteile ist dies in vielen gängigen Anwendungen ausreichend. Glänzende Oberflächen sind mit den derzeit verfügbaren additiven Fertigungstechnologien nicht direkt aus einem Werkzeug herstellbar und werden daher im Rahmen dieser Arbeit auch nicht betrachtet. Die mögliche erzielbare Toleranzklasse ist bei dem verwendeten Material TG6, sodass hier in den aufgeführten Bauteilbeispielen die obere Genauigkeitsgrenze verwendet wird. Hinsichtlich der angeforderten Stückzahlen liegen alle drei Bauteile in typischen Anfragen von Anwendungsfällen. Bauteil 1 ist eine Nachbestellung eines Ersatzteils in einem Oldtimer. Hier liegen die Stückzahlen selten über 100, sondern eher im niedrigen bis mittleren zweistelligen Bereich. Bauteil 2 ist ein Schnapphaken zur Ladungsträgersicherung und wird im Rahmen der Entwicklung auf die vorliegende Version hin überarbeitet. Für den Aufbau von Prototypen entlang der Produktentwicklung fallen hier regelmäßig kleine Stückzahlen zu unterschiedlichen Zeitpunkten an. Die Stückzahl für Bauteil 3 ordnet sich in diese Größenordnungen ein. Eine Zusammenfassung der Bauteilspezifikationen ist in Tabelle 6-1 dargestellt. In den nachfolgenden Kapiteln werden der Methodenablauf und die Ergebnisse anhand der aufgeführten Beispielbauteile durchlaufen und aufgezeigt. Dabei wird der Methodenablauf für Bauteil 1 detailliert aufgeführt. Aufbauend auf der detaillierten Darstellung des Methodenablaufs für Bauteil 1 werden für die Bauteile 2 und 3 die Ergebnisse in komprimierter Form dargestellt. Es sei angemerkt, dass für die Ermittlung der Zahlenwerte Annahmen zu Stundensätzen und Materialpreisen getroffen wurden. Die konkreten Zahlenwerte ändern sich gemäß den getroffenen Annahmen bzw. hinterlegten tatsächlichen Werten.

1 Heizungsregler

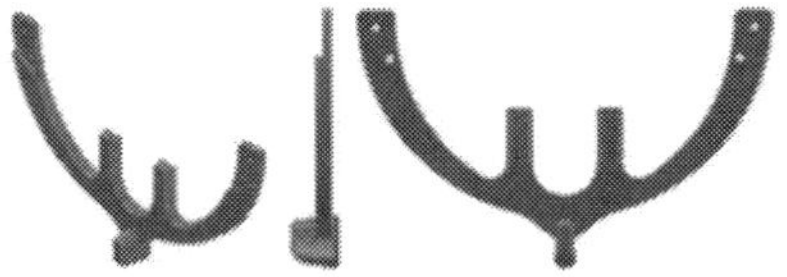

Material	[-]	ABS
Stückzahl	[-]	44
R_a	[µm]	k.A.
TG	[-]	6

2 Schnapphaken

Material	[-]	POM
Stückzahl	[-]	31
R_a	[µm]	600.
TG	[-]	7

3 Sierpinski-Teppich

Material	[-]	PP
Stückzahl	[-]	62
R_a	[µm]	500.
TG	[-]	6

Abbildung 6-1: Übersicht der Beispielbauteile

Tabelle 6-1: Zusammenfassung der Beispielbauteilspezifikationen

Merkmal	Einheit	Bauteil 1	Bauteil 2	Bauteil 3
Werkstoff	[-]	ABS	POM	PP
Oberflächengüte	[µm]	k.A.	600	500
Maßtoleranzklasse	[-]	TG6	TG7	TG6
Volumen	[mm³]	7560	11384	2528
Dünnster Steg	[mm]	3,00	3,20	3,00
Max. Aspekt-verhältnis Steg	[-]	0,50	2,59	1,50
Dünnster Pin	[mm]	2,60	2,90	2,50
Max. Aspekt-verhältnis Pin	[-]	0,88	0,75	1,50

6.1.1 Beispielbauteil Oldtimer-Heizungsregler

Anhand des Anfragebauteils in Abbildung 6-2 wird ein vollständiger Gesamtablauf mithilfe des umgesetzten Expertensystems durchgeführt. Bei dem Praxisbeispiel handelt es sich um einen Heizungsregler für einen Mercedes Benz Oldtimer, von dem im Rahmen einer Nachbestellung 44 Bauteile angefragt werden. Als Material ist ein ABS gefordert, um dem Originalbauteil möglichst ähnlich zu werden. Es gibt keine speziellen Anforderungen an die Oberflächenqualität. Hinsichtlich Maßhaltigkeit soll mindestens die Toleranzgruppe TG6 eingehalten werden. Die Spezifika der Bauteilanfrage sind zusammen mit dem Bauteil in Abbildung 6-2 dargestellt. Um die Frage zu beantworten, ob eine Herstellung des Bauteils durch ein polymer-additiv gefertigtes Werkzeug technisch und wirtschaftlich möglich ist, werden in den folgenden Kapiteln die notwendigen Arbeitsschritte mithilfe des Expertensystems durchlaufen.

Abbildung 6-2: Anfragebeispiel – Heizungsregler

6.1.1.1 Anfragedaten aufnehmen und strukturieren

Das Grundkonzept der Methode besteht darin, notwendige Eingaben und Entscheidungen des Anwenders während des gesamten Prozesses strukturiert zu begleiten und abzufragen, sodass alle für die Kalkulation benötigten Parameter lückenlos vorliegen.

Zu Beginn des Prozesses werden daher neben allgemeinen Informationen zum Kunden, Liefertermin, Lieferart etc. die relevanten Anfragedaten zum Bauteil aufgenommen. Neben den Auftragsinformationen sind dies vor allem Informationen zum Bauteil, wie der Werkstoff, die geforderte Oberflächengüte und Maßtoleranzklasse sowie geometrische Grundinformationen zum Bauteilvolumen und einzelnen Features. In Abbildung 6-3 ist die grafische Oberfläche der Anfrageaufnahme des Anwendermoduls dargestellt. Neben allgemeinen Informationen über den Kunden müssen hier die für die Machbarkeitsprüfung zwingend notwendigen Informationen zur Bauteilanfrage eingetragen werden. Hierbei gliedern sich die benötigten Informationen in Geometrie-, Material- und Qualitätsanforderungen an das Bauteil. Im dargestellten Beispiel soll das Bauteil in ABS gefertigt werden. Da keine Anforderungen an die Oberflächengüte gestellt werden, werden 600 µm als Wert festgelegt. Die einzuhaltende Maßtoleranz soll TG6 gemäß DIN 16742 betragen[272]. Während Bauteilmaterial und Qualitätsanforderungen vom Anwender manuell eingetragen werden müssen, können die benötigten geometrischen Informationen durch das Laden der Bauteilgeometrie entnommen werden. Die Bauteilgeometrieanalyse erfolgt hierbei automatisch, sodass die ermittelten Werte direkt in dem Dialogmodul abgespeichert werden. Das Bauteil hat hierbei ein Volumen von 17155 mm^3. Der dünnste Steg hat eine Dicke von 2,3 mm, der dünnste Pin einen Durchmesser von 2,6 mm. Das höchste auftretende Aspektverhältnis ist bei Stegen 0,5 und bei Pins 0,88 respektive. Die bis hier erfassten Bauteilinformationen sind für die folgende Machbarkeits-

[272] Vgl. Deutsches Institut für Normung e.V. (Kunststoff-Formteile - Toleranzen und Abnahmebedingungen), 2013

prüfung zwingend notwendig. Nach erfolgter Aufnahme der Anfragedaten werden diese über die Schaltfläche Speichern in der Datenbank gesichert und in einem neu generierten Auftrag abgelegt. Über die Schaltfläche „Speichern & Machbarkeitsprüfung durchführen“ gelangt der Anwender zum nächsten Dialogmodul, auf dem das Ergebnis der Machbarkeitsprüfung dargestellt ist.

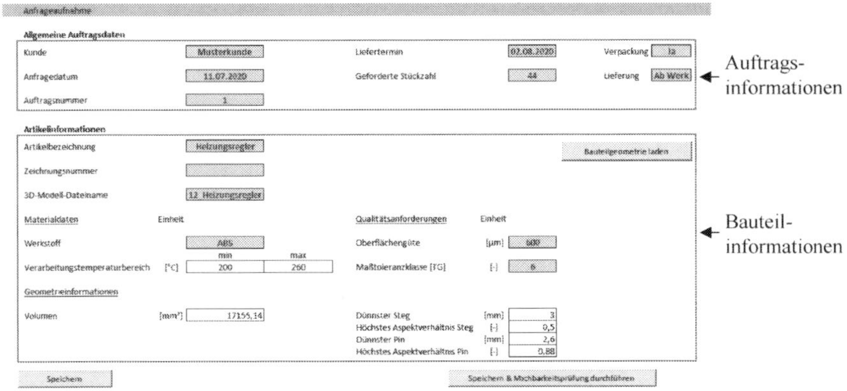

Abbildung 6-3: Anfragedaten aufnehmen und strukturieren

Abbildung 6-4 zeigt das Dialogmodul der Machbarkeitsprüfung. Im linken Teil der Oberfläche werden die eingegebenen Anfragedaten angezeigt. In dem rechten Teil werden die in der Datenbank hinterlegten polymer-additiven Werkzeugmaterialien hinsichtlich der gesamten Machbarkeit der Anfrage aufgeführt. Je nachdem, um welchen Wert es sich handelt, müssen die hinterlegten Werte der Werkzeugmaterialien unter oder über den in der Anfrage aufgeführten Werten liegen, damit eine prinzipielle Machbarkeit gewährleistet ist. Es müssen alle aufgeführten Werte durch ein Werkzeugmaterial realisierbar sein, damit insgesamt eine Machbarkeit ausgesprochen werden kann. In der dargestellten Detailansicht kann der Anwender nicht nur sehen, welches Werkzeugmaterial geeignet ist, sondern auch, warum Werkzeugmaterialien nicht geeignet sind. Auf diese Weise kann mit dem Kunden Rücksprache gehalten werden, mit Vorschlägen zu Anpassungen, die eine Verwendung eines Werkzeugmaterials ermöglichen würden um damit z.B. die Kosten zu senken. Die Anzahl der hinterlegten Werkzeugmaterialien hängt dabei nur von der aufgebauten Datenbank ab und kann mit zunehmender Datengrundlage erweitert werden. Die hinterlegten Daten entstammen durchgeführten Versuchen in der Praxis und stellen für eine gegebene Werkzeug- und Bauteilmaterialkombination die ermittelten Grenzwerte für die Herstellung von Bauteilen dar.

Im aufgeführten Beispiel eignen sich die Werkzeugmaterialien Rigur und Perform für die Anfrage. Das Material Digital ABS scheidet aufgrund der schlechteren realisierbaren Oberflächengüte aus und kann für diese Anfrage damit nicht in Betracht gezogen werden.

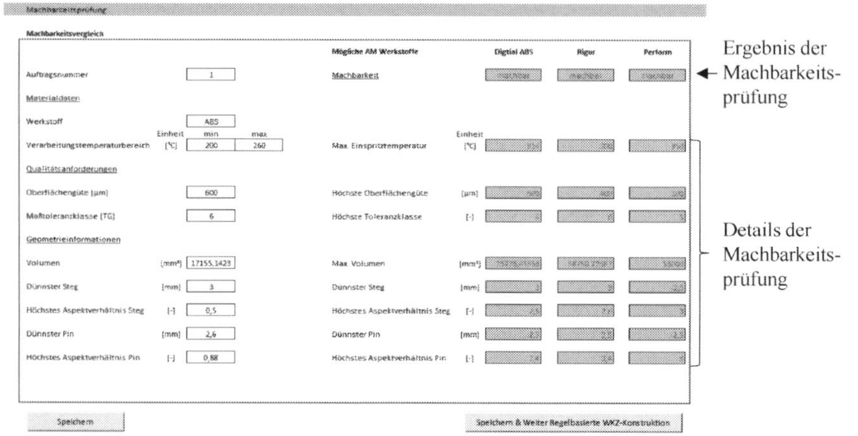

Abbildung 6-4: Machbarkeitsprüfung

6.1.1.2 Werkzeug-CAD Modell generieren

Nachdem die prinzipielle Machbarkeit gewährleistet ist, kann mit der Werkzeugkonstruktion fortgefahren werden. Bei der Verwendung von polymer-additiv gefertigten Werkzeugeinsätzen sind die in Kapitel 5.2.1 aufgeführten Gestaltungsrichtlinien zu beachten. Diese finden in der Werkzeugkonstruktion Anwendung und können je nach Ausführungsart die Werkzeugstandzeit erheblich beeinflussen. Da die Standzeit in den allermeisten Fällen der limitierende Faktor ist, empfiehlt es sich die Richtlinien möglichst zu beachten. Für die Konstruktion sollten gängige CAD-Programme verwendet werden, wie z.B. Solidworks mit den hinterlegten Gussform-Feature Workflows, die die Erstellung von Gussformen unterstützen und strukturiert begleiten. Nach Fertigstellung der CAD-Werkzeugeinsätze müssen im Anwenderdialog der regelbasierten Werkzeugerstellung einige Angaben zu den erstellten Werkzeuggeometrien getätigt werden, die als Eingangsgrößen für die Prognosemodellerstellung mit von Relevanz sind. Neben der Wahl des Werkzeugmaterials sind Angaben zur Werkzeugkonstruktion entlang der Funktionskomplexe notwendig. Mit den aufgeführten zusätzlichen Gestaltungsrichtlinien für polymer-additiv gefertigte Werkzeugeinsätze kann der Anwender die Kavität konstruieren.

Im dargestellten Beispiel in Abbildung 6-5 wird das Werkzeugmaterial Rigur als kostengünstigstes Werkzeugmaterial, welches die Anforderungen an die Herstellbarkeit erfüllt, ausgewählt. Das konstruierte Werkzeug besitzt keine Auswerferstifte und der maximale Entformungsweg beträgt 7,35 mm. Es werden weder Schieber noch Kerne verwendet, da das Bauteil keine Hinterschnitte aufweist. Der Werkzeugeinsatz ist als Ein-Kavitätenwerkzeug ausgelegt, da die Größe des Bauteils ein Zwei-Kavitätenwerkzeug zu groß werden lässt und die geforderte Stückzahl von lediglich 44 Bauteilen keine gesteigerte Produktivität durch ein Zwei-Kavitäten-Werkzeug rechtfertigt. Die Angussposition wird innerhalb des polymer-additiven Werkzeugteils gelegt und es wird ein konventioneller Stangenanguss verwendet. Diese Gestaltung ist konstruktiv notwendig, da der verwendete Spannrahmen keine andere Anordnung zulässt. Das Werkzeug verfügt über kein aktives Temperiersystem im Polymerteil und wird im Spannrahmen zur Aufspannung verschraubt. Diese Informationen gehen mit in die Prognose der Werkzeugstandzeit ein und müssen daher angegeben werden. Der konstruierte Werkzeugeinsatz ist in Abbildung 6-6 dargestellt.

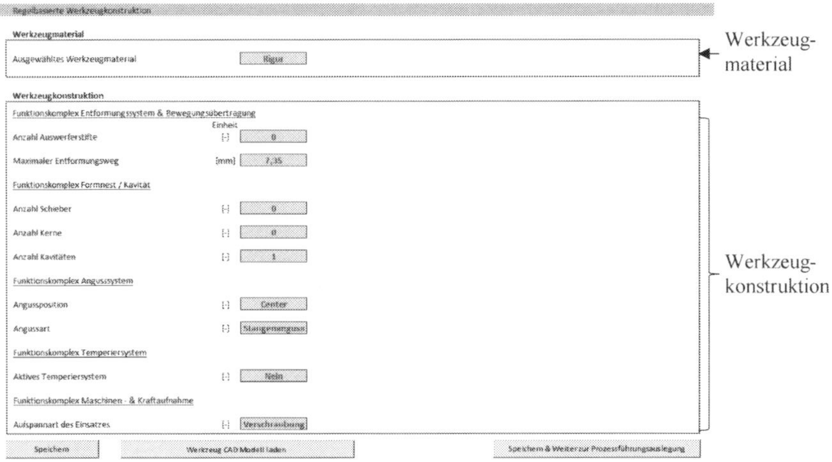

Abbildung 6-5: Anwenderdialog zur geführten Werkzeugkonstruktion

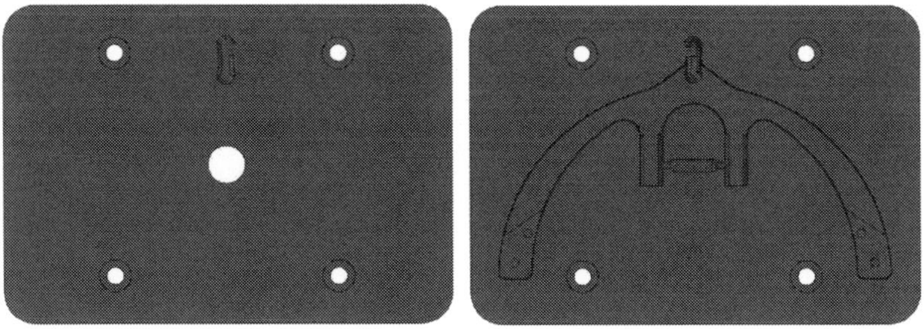

Abbildung 6-6: Konstruierter Werkzeugeinsatz für den Heizungsregler

6.1.1.3 Spritzgießprozessparameter festlegen

Im Anwenderdialog der Spritzgießprozessführung müssen die aufgeführten Parameter für die voraussichtliche Prozessführung während der Spritzgießbauteilherstellung festgelegt werden. Dabei werden basierend auf der hinterlegten Datenbank jeweils Werte empfohlen. Es obliegt dem Anwender, diese gemäß zusätzlichem persönlichem Erfahrungswissen oder äußeren Randbedingungen wie eine spezifische geforderte Zykluszeit anzupassen. Neben den klassischen Prozessparametern wie Einspritztemperatur, -geschwindigkeit und Nachdruck müssen außerdem die Kühlzeit und die resultierende Zykluszeit bestimmt werden, um die Gesamtkosten- und -zeitkalkulation gemäß Kapitel 5.4 durchführen zu können. Für die Bestimmung der Kühlzeit wird die Berechnung durch Näherungsformeln für Basisgeometrien genutzt, um zu einer schnellen Aussage zu gelangen und keine zeitaufwendige FEM-Simulation durchführen zu müssen. Wie in Kapitel 5.2.2 aufgezeigt, ist der Genauigkeitsverlust nicht pauschal für alle Bauteile abschätzbar. Die Abschätzung der durch Abweichungen in der Kühlzeitkalkulation auftretenden Abweichungen in der Gesamtkalkulation werden in den Kapiteln 6.1.1.6, 6.1.2 und 6.1.3 aufgezeigt.

Im in Abbildung 6-7 dargestellten Beispiel werden die empfohlenen Werte für die Prozessführung vom Anwender als Standardverarbeitungsparameter übernommen. Der Werkstoff ABS wird hierbei mit dem am unteren Ende des Verarbeitungsspektrums möglichen Verarbeitungsparameter verspritzt, um die Belastungen auf das Werkzeug so gering wie möglich zu halten. Konkret läuft dies bei einer Temperatur von 240 °C und einer Einspritzgeschwindigkeit von 11,44 cm^3/s ab. Weiterhin wird eine Nachdruckzeit von 5 s vorgesehen, um eine vollständige Füllung des Werkzeuges zu gewährleisten. Zur Kühlzeitberechnung müssen vom Anwender Angaben zur Werkzeugwandtemperatur, der Entformungstemperatur sowie dem Faktor für die Verwendung eines polymer-additiv gefertigten Werkzeugs gemacht werden. Zu allen Angaben werden vom System Werte als Ausgang auf Basis der hinterlegten Materialdatenbank empfohlen. Basierend auf der Bauteilgeometrie muss der Anwender eine möglichst ähnliche Basisgeometrie auswählen. Die Auswahl erfolgt auf Basis der Erfahrung des Anwenders. Für die allermeisten Fälle ist eine Annäherung durch eine ebene Platte mit der entsprechenden Wandstärke eine ausreichend genaue Näherung für die Berechnung der Kühlzeit. Für diese Basisgeometrie kann durch eine entsprechende Näherungsgleichung die Kühlzeit berechnet werden. Die hierzu hinterlegten Formeln sind in Kapitel 5.2.2 und Anhang 8.3 aufgeführt. Auf Basis der Kühlzeit kann abschließend die Zykluszeit berechnet werden. Die hier getätigten und berechneten Angaben sind notwendig für die Durchführung der Prognose und der Gesamtkalkulation von Kosten und Zeit für den angefragten Auftrag.

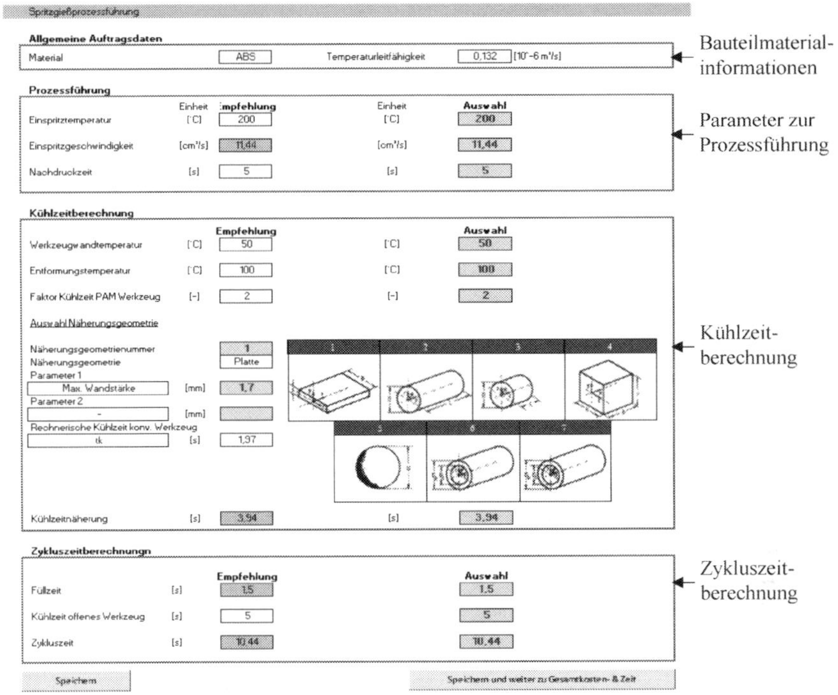

Abbildung 6-7: Spritzgießprozessführung festlegen

6.1.1.4 Werkzeugstandzeit ermitteln

Die im Rahmen der Anwendermodule getätigten und berechneten Werte werden alle in der kennzahlenbasierten Anfragebeschreibung gespeichert und der zugehörigen Auftragsnummer zugeordnet. Diese Beschreibung stellt die Eingangsdaten für die Prognose durch die erstellten Prognosemodelle dar und ist in Abbildung 6-8 dargestellt. Die Gliederung der Eingangsdaten entspricht der in Kapitel 5 eingeführten Gliederung von Produktmerkmalen. Auf Basis dieser Eingangsdaten wird die Prognose für die Standzeit durch die erstellten Prognosemodelle ermittelt und in die Datenbank eingegeben. Die ermittelte Standzeit ist notwendig zur Durchführung des letzten Schritts, der Kalkulation der Gesamtkosten und -zeit des angefragten Auftrags. Die prognostizierte Standzeit in der angefragten Konfiguration beträgt 68 Bauteile. Mit dem in Kapitel 5.3.4 ermittelten MRE von 38,82 % muss für die Berechnung der Gesamtkosten die mögliche Abweichung mit einkalkuliert werden. Dies kann einfach durch eine Berechnung hin zur sicheren Seite durch eine Reduktion der ermittelten Standzeit um den MRE erfolgen. Die Abschätzung zur sicheren Seite ist notwendig, um keine zu optimistische Prognose für die Kalkulation der Gesamtkosten und -zeit zu verwenden und damit eine Fehlkalkulation zu verursachen. Damit ergibt sich die für die Berechnung der Gesamtkosten zu verwendende Werkzeugstandzeit zu 41 Bauteilen, sodass die Anfrage in zwei Werkzeugen abgebildet werden kann.

Auftragsnummer		1
	Einheit	
Beschaffenheitsmerkmale des Bauteils		
Volumen	[mm³]	7560,01
Oberfläche	[mm²]	5806,91
Projizierte Bauteilfläche	[mm²]	1903,74
Mittlere Wandstärke	[mm]	4,13
Gestrecktheit	[-]	0,62
Dünnwandigkeit	[-]	0,97
Verpackungssperrigkeit	[-]	1,21
Oberflächenverhältnis	[-]	0,49
Bauteilmaterial	[-]	ABS
Beschaffenheitsmerkmale des Werkzeugs		
Werkzeugmaterial	[-]	Rigur
Werkzeugvolumen	[mm³]	293727,75
Anzahl Kavitäten	[-]	1
Funktionalitätsmerkmale		
Maximaler Entformungsweg	[mm]	7,35
Anzahl Auswerferstifte	[-]	0
Anzahl Schieber	[-]	0
Anzahl Kerne	[-]	0
Angussposition	[-]	Center
Angussverteilerkanal	[-]	Stangenanguss
Aktives Temperiersystem	[-]	Nein
Aufspannart des Einsatzes	[-]	Verschraubung
Relationsmerkmale		
Einspritztemperatur	[°C]	200
Einspritzvolumenstrom	[cm³/s]	5,04
Kühlzeit	[s]	73,69
Zykluszeit	[s]	80,19

Abbildung 6-8: Kennzahlenbasierte Anfragebeschreibung von Beispielbauteil 1

6.1.1.5 Gesamtkosten und -zeit ermitteln und ausgeben

Im letzten Dialog des Anwendungsmoduls werden nach erfolgter Standzeitprognose die Kosten und Zeit für die Fertigstellung des Auftrags angegeben. Hierdurch kann der Anwender transparent die entstehenden Aufwände und die benötigte Zeit bewerten und entscheiden, ob die Verwendung eines polymer-additiven Werkzeugeinsatzes für die Auftragsanfrage geeignet ist. Im oberen Teil des Anwendungsdialogs erscheinen die allgemeinen Auftragsinformationen sowie die ermittelte Standzeit für den vorliegenden Anwendungsfall. Gleich darunter werden die Gesamtkosten und die Gesamtzeit des Auftrags jeweils aufgeteilt in den Anteil der Werkzeug- und der Bauteilherstellung dargestellt. Im unteren Teil sind einige vertiefende Informationen zum Werkzeug sowie der Bauteilherstellung angegeben, die dem Anwender eine weitere Detaillierung der entstehenden Kosten und Zeit aufzeigen. Weiterhin ist der gesamte Dialog so aufgebaut, dass die Ergebnisse für die konkrete Anfrage im linken Teil dargestellt werden, während im rechten Teil die Stückzahl variiert werden kann, sodass Sprungfixe bestimmt durch die ermittelte Standzeit sichtbar gemacht werden können.

Im vorliegenden Beispiel entstehen für die Durchführung des angefragten Auftrags Gesamtkosten in Höhe von 1003,66 €, die sich in 873,71 € Werkzeugkosten und 129,95 € Bauteilherstellungskosten aufteilen. Insgesamt werden für die Fertigung 7,98 h benötigt, wobei 4 h auf die Werkzeugherstellung und 3,98 h auf die Bauteilherstellung entfallen. Mit diesen vorliegenden Informationen ist der Anwender nun in der Lage, den Vergleich zur Verwendung von konventionellen Werkzeugmaterialien wie Aluminium oder Stahl zu ziehen und darauf aufbauend eine fundierte Entscheidung zu treffen. Es sei angemerkt, dass für die Ermittlung der Zahlenwerte Annahmen zu Stundensätzen und Materialpreisen getroffen werden. Die konkreten Zahlenwerte ändern sich gemäß den getroffenen Annahmen bzw. hinterlegten tatsächlichen Werten. Weiterhin muss angemerkt werden, dass es mittlerweile leistungsstarke online on-demand Portale für die Kalkulation von additiv gefertigten Bauteilen aller Art gibt, sodass man die Werkzeugkosten über ein bestehendes Portal berechnen lassen kann. In dem aufgeführten Modell ist eine einfache Berechnung der Vollständigkeit halber mit aufgenommen. Künftig kann ein Anschluss direkt an eine online Plattform angestrebt werden.

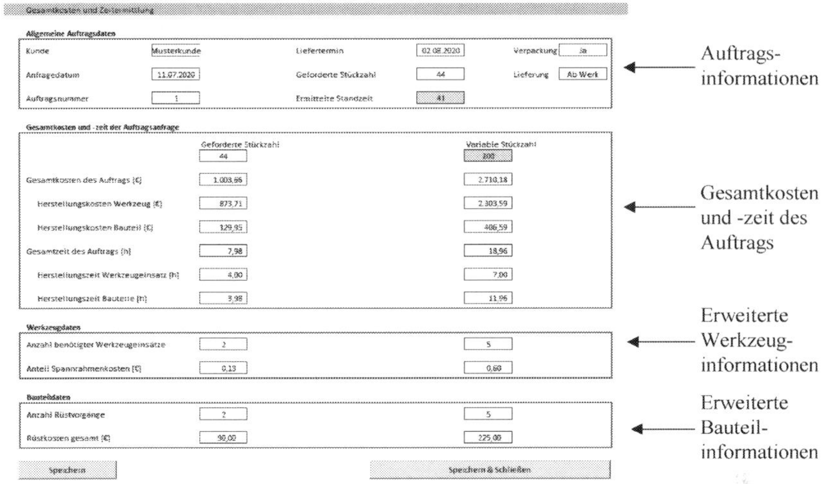

Abbildung 6-9: Gesamtkosten und -zeit des Auftrags

6.1.1.6 Auswertung und Diskussion der Ergebnisse

Die beiden für die Kosten- und Zeitkalkulation relevanten Ergebnisse, welche durch das vorgestellte Modell berechnet werden, sind die Kühlzeit und die Standzeit. Die durch die Näherungsgleichungen berechnete Kühlzeit im vorliegenden Fall beträgt 73,69 Sekunden und resultiert in einer rechnerischen Zykluszeit von 80,19 Sekunden. Die tatsächliche Kühlzeit beträgt bei diesem Bauteil 120 Sekunden, was einer Abweichung zu der kalkulierten Kühlzeit von -38,6 % entspricht. Damit diese Abweichung in den Kontext der Gesamtgenauigkeit gesetzt werden kann, sind in Abbildung 6-10 und Abbildung 6-11 die Zusammenhänge zwischen der Kühlzeit und Gesamtauftragskosten und -zeit jeweils für verschiedene Auftragsgrößen N dargestellt. Hier wird klar ersichtlich, dass die Kühlzeit einen sehr niedrigen Einfluss auf das Gesamtergebnis sowohl bei den Kosten als auch bei der Zeit hat. Dieses Ergebnis ist nicht verwunderlich, da im Bereich kleiner Stückzahlen der Großteil der Kosten auf die Werkzeugherstellung entfällt. Bei der Gesamtauftragszeit liegen Werkzeugherstellungszeit und Bauteilherstellungszeit bereits bei geringen Stückzahlen näher beieinander. Dies hängt jeweils von den beiden Parametern Zykluszeit und Stückzahl ab. Für den betrachteten Auftrag von 44 Bauteilen ist selbst bei einer Abweichung der Kühlzeit von 80 % mit einer maximalen Abweichung von 4,7 % bzw. bei einer Abweichung von -80 % von -5,2 % der Gesamtkosten zu rechnen. Bei der Gesamtauftragszeit liegen diese Werte bei 11,6 % bzw. bei -15,1 %

Die maximale Abweichung der Gesamtkosten durch Variation der Kühlzeit liegt jeweils genau bei der ermittelten Werkzeugstandzeit. Hier hat die Kühlzeit innerhalb der Bauteilherstellungskosten den größten Einfluss auf die Gesamtkosten, da insgesamt die maximale Anzahl an Bauteilen aus dem Werkzeug gefertigt werden, bevor ein neues hergestellt werden muss. Damit ergibt sich eine maximale Summe der Kühlzeit und damit auch der durch die Kühlzeit entstehenden Kosten während der Bauteilherstellung für ein Werkzeug. Bei jedem weiteren Vielfachen der Werkzeugstandzeit kommt durch den zusätzlichen Faktor des Rüstvorganges ein weiterer Posten mit in die Bauteilherstellungskosten und mindert somit den Einfluss der Kühlzeit. Die dargestellten Verläufe in Abbildung 6-10 und Abbildung 6-11 gelten für die ermittelte Standzeit von 68 Bauteilen. Wie weiter oben beschrieben ist daher die größte Abweichung in den Gesamtkosten durch Variation der Kühlzeit bei einer geforderten Stückzahl N = 68 aufgrund des größten Anteils der Kühlzeit und damit der Kühlkosten bezogen auf ein Werkzeug. Für die Auswirkungen auf die Gesamtauftragszeit gilt das gleiche, mit dem Unterschied, dass die Auswirkungen mit zunehmender Stückzahl zusätzlich steigen. Hierdurch ergeben sich immer wieder für jedes neu hinzugekommene Werkzeug jeweils das Maximum der Auswirkung zum exakten Wert der Standzeit. Für den hier vorliegenden Fall ergeben sich für eine Abweichung der Kühlzeit von ± 80 % bei einer Auftragsgröße N gleich der ermittelten Standzeit von 68 Bauteilen eine Abweichung von ± 7,2 % der Gesamtauftragskosten. Dies entspricht einer absoluten Abweichung von ± 40,1 €. Die Abweichung der Gesamtauftragszeit bei Variation der Kühlzeit steigt mit steigender Stückzahl, da auch die Bauteilherstellung einen immer größeren Anteil an der Gesamtauftragszeit einnimmt. Dies ist auch der Grund, warum der Einsatz polymer-additiver Werkzeuge insbesondere im Bereich kleiner Stückzahlen wirtschaftlich ist und bei zunehmender Stückzahl unwirtschaftlich wird: Die Bauteilherstellung dauert im Vergleich zu konventionellen Werkzeugen zu lange. Aus vorangegangenen Studien ist ersichtlich, dass in vielen Fällen nicht mehr als 200 Bauteile wirtschaftlich hergestellt werden können.[273] Daher wird diese Stückzahl zur Abschätzung des Fehlers nach oben verwendet. Für eine Abweichung von ± 80 % der Kühlzeit ergibt sich eine Abweichung für die Gesamtauftragszeit von ± 18,5 %, was einer Abweichung von ± 1,1 h bedeutet.

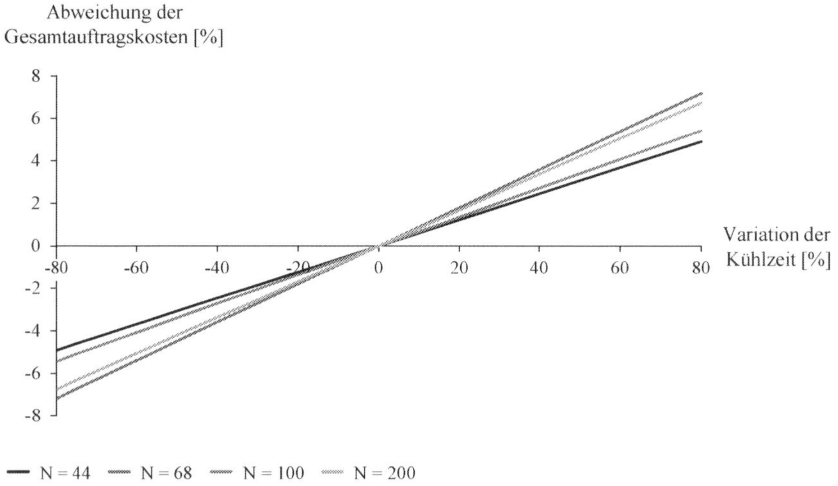

[273] Vgl. Kampker; Ayvaz et al. (Direct Polymer Additive Tooling), 2020

Abbildung 6-10: Zusammenhang zwischen Kühlzeit und Gesamtauftragskosten für Beispielbauteil 1

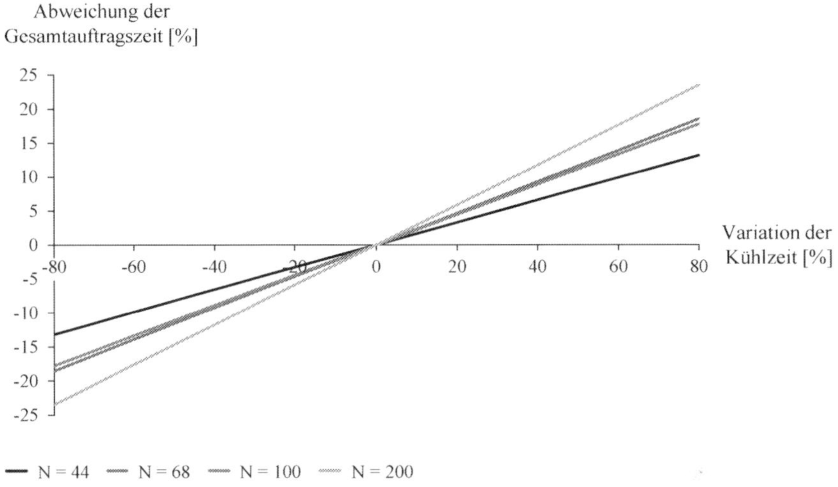

Abbildung 6-11: Zusammenhang zwischen Kühlzeit und Gesamtauftragszeit für Beispielbauteil 1

Die durch das Prognosemodell ermittelte Standzeit von 68 weicht um 23,6 % von der tatsächlichen Standzeit von 55 ab. Damit liegt die Abweichung zunächst innerhalb des bestimmten MRE des Prognosemodells. Um auch die Abweichungen der Werkzeugstandzeiten in den Gesamtkontext einordnen zu können, sind in Abbildung 6-12 und Abbildung 6-13 die Zusammenhänge zwischen der Werkzeugstandzeit und den Gesamtauftragskosten und -zeit für verschiedene Auftragsstückzahlen für das Beispielbauteil 1 dargestellt. Der Treppenstufenverlauf ist auf den Sprungfixenverlauf der Gesamtkostenfunktion in Abhängigkeit der Werkzeugstandzeit zurückzuführen. Übersteigt die Bauteilstückzahl die Werkzeugstandzeit um ein Bauteil, muss zur Erfüllung des Gesamtauftrags ein weiteres Werkzeug gefertigt werden, was in einem sprunghaften Anstieg von Kosten und Zeit resultiert. Eine Abweichung der Standzeit nach unten resultiert in einer Abweichung der durch das Modell berechneten Gesamtauftragskosten nach oben, wohingegen eine Abweichung der Standzeit nach oben in einer Abweichung des Modells nach unten resultiert. Dasselbe gilt für die Gesamtauftragszeit. Dabei ist insbesondere wichtig anzumerken, dass eine Abweichung der Gesamtkosten und -zeit durch das Modell nach oben, d.h. bei einer Variation der Werkzeugstandzeit nach unten, als deutlich weniger kritisch zu bewerten ist als eine Abweichung der Gesamtkosten und -zeit nach unten und damit verbunden einer Abweichung der Werkzeugstandzeit nach oben. Bei einer Abweichung der Kosten und Zeit nach oben wird durch das Modell eine Abschätzung zur sicheren Seite gegeben, da im Zweifel weniger Kosten und Zeit für den Gesamtauftrag anfallen, da die Werkzeugstandzeit höher liegt als prognostiziert. Dies hat lediglich zur Folge, dass die Entscheidung in diesem Fall auf das konventionelle Werkzeug fallen würde, da es dem Modell nach zu günstigeren Kosten bzw. in einer schnelleren Zeit angeboten werden kann. Man vergibt in diesem Fall also lediglich die Option, eine höhere Marge zu erzielen. Diese Abweichung ist daher als nicht kritisch zu bewerten. Nimmt man die Standzeit des Werkzeuges als höher an als sie tatsächlich liegt, so kalkuliert man im Zweifel zu wenig für die anfallenden Kosten und Zeit und trifft damit eine wirtschaftlich nicht korrekte Entscheidung bei der Werkzeugmaterialauswahl. Ob es zu einer Abweichung von Gesamtauftragskosten und -zeit durch eine Variation der Standzeit kommt, hängt davon ab, ob eine Variation der Standzeit dazu führt, dass ein Werkzeug mehr oder weniger gefertigt werden muss. Die Höhe der Abweichung hängt zum einen davon ab, wie weit Auftragsstückzahl und Standzeit voneinander entfernt sind und wie hoch der Anteil der Werkzeugkosten an den Gesamtkosten des Auftrags ist. Je näher die Auftragsstückzahl an der ermittelten Werkzeugstandzeit liegt und je höher der Anteil der Werkzeugkosten an den Gesamtkosten, desto höher die Abweichung. Diese beiden Effekte haben zur Folge, dass eine vergleichsweise hohe Abweichung der Gesamtkosten und -zeit bei vergleichsweise niedrigen Abweichungen der ermittelten Standzeit resultieren. Weiterhin führt der sprungfixe Verlauf dazu, dass die resultierende Abweichung in Kosten und Zeit über weite Abschnitte von Abweichungen in der Standzeit konstant bleiben. In Abbildung 6-12 sind die resultierenden Abweichungen der Gesamtkosten in Abhängigkeit der Variation der ermittelten Standzeit für verschiedene Auftragsgrößen N dargestellt. Weiterhin ist der Bereich des ermittelten MRE des Prognosemodells eingezeichnet. Für den betrachteten Anwendungsfall von N = 44 liegt die durch den MRE des Prognosemodells bedingte Abweichung in den Gesamtkosten bei 92,3 %. Dies liegt daran, dass die ermittelte Standzeit abzüglich des MRE auf einen Wert unterhalb der geforderten Stückzahl fällt. Dadurch wären zwei Werkzeugeinsätze für den Gesamtauftrag notwendig. Eine Abweichung der Standzeit nach oben hat hingegen keinen Einfluss auf die Gesamtkosten, da die Standzeit jeweils immer oberhalb der geforderten Stückzahl liegt. Damit erfolgt nur eine Abschätzung zur sicheren Seite hin. Die Gesamtzeit weicht im betrachteten Auftragsfall mit dem zugrundeliegenden MRE um 45,6 % ab. Die damit höchsten Abweichungen von Gesamtauftragskosten und -zeit in negativer Richtung, d.h. das Modell prognostiziert niedrigere Werte als tatsächlich zu erwarten, liegen für eine prognostizierte Standzeit von 68 bei einer Auftragsstückzahl von 69. Hier wird die Standzeit des Werkzeugs durch die Auftragsstückzahl um ein Bauteil überschritten. Daher sind die Werkzeugkosten im Vergleich zu den Gesamtkosten des Auftrags in dieser Konstellation am höchsten. Die Abweichungen der Gesamtkosten und -zeit steigen mit zunehmender Abweichung der Standzeit sowie zunehmender Stückzahl gemäß dem zuvor beschriebenen Treppenstufenverlauf an.

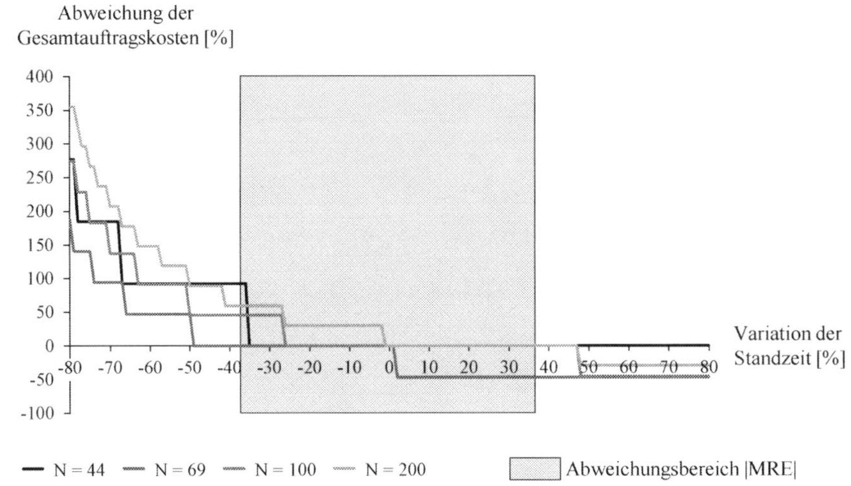

Abbildung 6-12: *Zusammenhang zwischen Standzeit und Gesamtauftragskosten für Beispielbauteil 1*

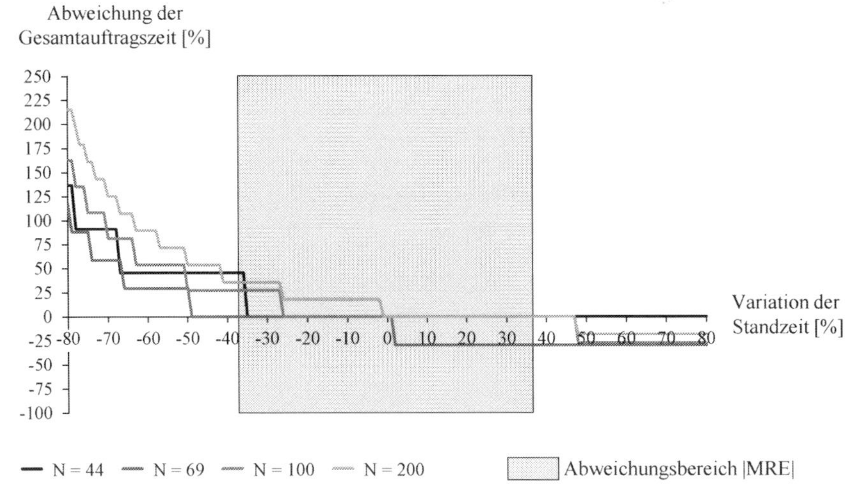

Abbildung 6-13: *Zusammenhang zwischen Standzeit und Gesamtauftragszeit für Beispielbauteil 1*

Die aufgeführten Abweichungen und Sensitivitäten sind für den Anwender vor dem Hintergrund der Werkzeugwerkstoffauswahl entscheidend. Abhängig davon, zu welcher Zeit der Gesamtauftrag und zu welchen Kosten das Bauteil angeboten werden kann, wird entweder ein polymer-additives Werkzeug oder ein Aluminiumwerkzeug verwendet. In Abbildung 2-13 sind die dafür notwendigen Verläufe für

Kosten und Zeit generisch eingeführt worden. Abbildung 6-14 und Abbildung 6-15 zeigen die Potenzialbereiche der Bauteilkosten und Gesamtauftragszeit in Abhängigkeit der Auftragsgröße für die ermittelte Standzeit und jeweils die Abweichung um den MRE in positive und negative Richtung. Als Referenz sind die Kosten und Zeit des Aluminiumwerkzeugs aufgetragen. Sowohl für die Bauteilkosten als auch die Auftragszeit kann mithilfe dieser Betrachtung gezeigt werden, dass auch durch die Abschätzung zur sicheren Seite der Standzeit das polymer-additive Werkzeug einen geringen Kostenvorteil und einen Zeitvorteil gegenüber dem Aluminiumwerkzeug besitzt. Dies stellt die ermittelten Abweichungen in die benötigte Perspektive.

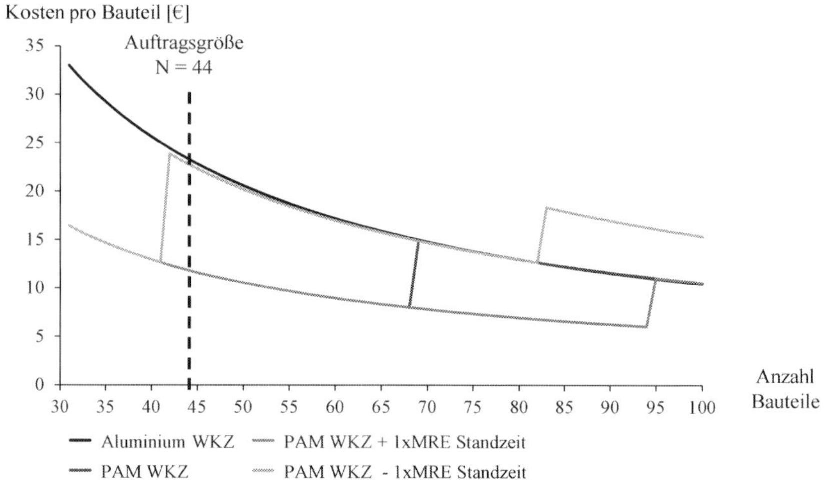

Abbildung 6-14: *Potenzialbereich der Kosten pro Bauteil für Bauteil 1 für verschiedene Standzeiten*

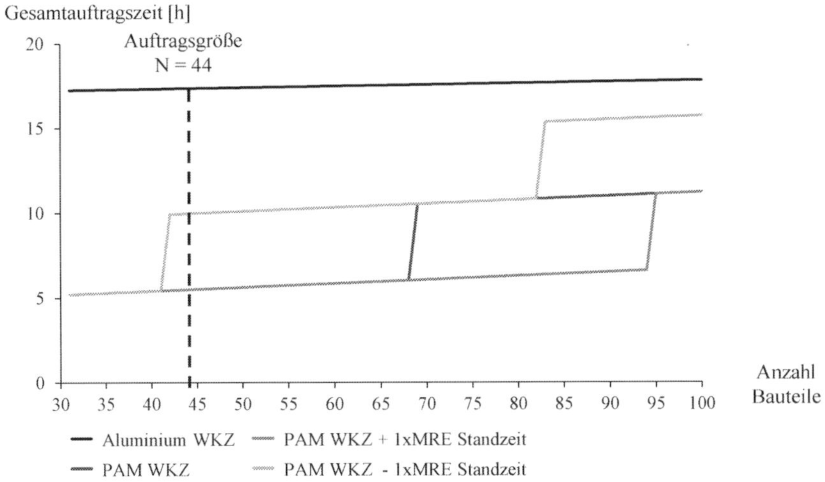

Abbildung 6-15: Potenzialbereich der Gesamtauftragszeit für Bauteil 1 für verschiedene Standzeiten

6.1.2 Beispielbauteil Schnapphaken

Bei Beispielbauteil 2 in Abbildung 6-16 handelt es sich um einen Schnapphaken zum Einsatz in einem leichten Elektrotransporter, der im Rahmen einer Entwicklungsphase einen neuen Entwicklungsstand erhalten hat. Hierzu sollen 31 Bauteile gefertigt werden. Bei der Anfrage wird als Material POM spezifiziert. Die Oberfläche sollte eine Rauheit von $R_a = 600$ µm nicht überschreiten. Hinsichtlich Maßhaltigkeit soll mindestens die Toleranzgruppe TG7 eingehalten werden. Die Spezifika der Bauteilanfrage sind zusammen mit dem Bauteil in Abbildung 6-16 dargestellt. Um die Frage zu beantworten, ob eine Herstellung des Bauteils durch ein polymer-additiv gefertigtes Werkzeug technisch und wirtschaftlich möglich ist, müssen die gleichen Arbeitsschritte wie in den Kapiteln 6.1.1.1 bis 6.1.1.4 durchlaufen werden, sodass die Gesamtkosten und -zeit des Auftrags bestimmt werden können. Auf eine ausführliche Beschreibung analog zu Beispielbauteil 1 sei an dieser Stelle aus Gründen des fehlenden Mehrwerts verzichtet. In Abbildung 6-17 ist stattdessen die kennzahlenbasierte Anfragebeschreibung für das Beispielbauteil 2 zusammengefasst dargestellt.

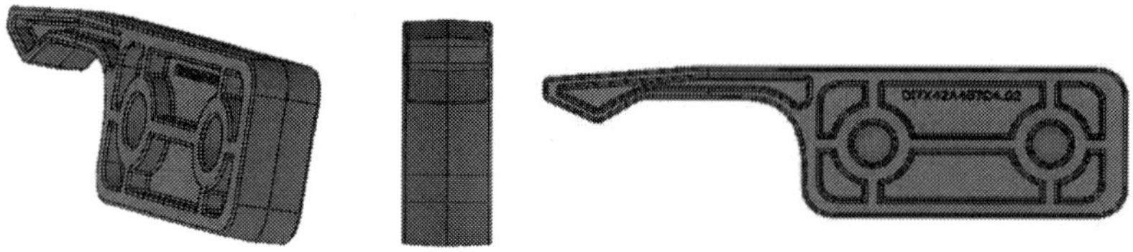

Abbildung 6-16: Beispielbauteil 2 – Schnapphaken

Auftragsnummer	Einheit	1
Beschaffenheitsmerkmale des Bauteils		
Volumen	[mm³]	11384,13
Oberfläche	[mm²]	7392,69
Projizierte Bauteilfläche	[mm²]	1590,57
Mittlere Wandstärke	[mm]	2,63
Gestrecktheit	[-]	0,42
Dünnwandigkeit	[-]	0,93
Verpackungssperrigkeit	[-]	0,36
Oberflächenverhältnis	[-]	0,48
Bauteilmaterial	[-]	POM
Beschaffenheitsmerkmale des Werkzeugs		
Werkzeugmaterial	[-]	Rigur
Werkzeugvolumen	[mm³]	293727,75
Anzahl Kavitäten	[-]	2
Funktionalitätsmerkmale		
Maximaler Entformungsweg	[mm]	6,82
Anzahl Auswerfterstifte	[-]	0
Anzahl Schieber	[-]	0
Anzahl Kerne	[-]	0
Angussposition	[-]	Center
Angussverteilerkanal	[-]	Stangenanguss
Aktives Temperiersystem	[-]	Nein
Aufspannart des Einsatzes	[-]	Verschraubung
Relationsmerkmale		
Einspritztemperatur	[°C]	180
Einspritzvolumenstrom	[cm³/s]	7,59
Kühlzeit	[s]	98,80
Zykluszeit	[s]	105,30

Abbildung 6-17: Kennzahlenbasierte Anfragebeschreibung von Beispielbauteil 2

Aus der kennzahlenbasierten Auftragsbeschreibung heraus wird mit dem in Kapitel 5.3 erstellten Prognosemodellen eine Werkzeugstandzeit von 48 prognostiziert. Damit weicht die Prognose um 23,1 % von der tatsächlichen Standzeit von 39 ab. Mit dem in Kapitel 5.3.4 ermittelten MRE von 38,8 % und der Abschätzung zur sicheren Seite ergibt sich eine anzusetzende Standzeit von 29. Mit diesem Wert ergeben sich für das vorliegende Beispiel Gesamtkosten in Höhe von 236,87 €, die sich in 173,31 € Werkzeugkosten und 63,56 € Bauteilherstellungskosten aufteilen. Insgesamt werden für die Fertigung 8,25 h benötigt, wobei 6,30 h auf die Werkzeugherstellung und 1,95 h auf die Bauteilherstellung entfallen. Mit diesen vorliegenden Informationen ist der Anwender nun in der Lage, den Vergleich zur Verwendung von konventionellen Werkzeugmaterialien wie Aluminium oder Stahl zu ziehen und darauf aufbauend eine fundierte Entscheidung zu treffen. Auch für dieses Bauteil sind die Sensitivitäten der Gesamtkosten und -zeit in Abhängigkeit der Kühlzeit und der Standzeit in Abbildung 6-18 bis Abbildung 6-21 dargestellt. Die Gesamtkosten weichen für den betrachteten Fall von N = 31 bei einer Abweichung der Kühlzeit von ± 80 % um ± 7,7 % ab. Für die Gesamtzeit ergeben sich analog Abweichungen von ±4,1 %. Bei der Variation der Standzeit kommt es unter Verwendung der ermittelten MRE zu

Abweichungen der Gesamtkosten von 92,1 %. Dies ist darauf zurückzuführen, dass die für die Berechnung verwendete Standzeit mit 29 sehr nah an der geforderten Auftragsstückzahl mit 31 liegt. Damit gibt das Modell einen um 92,1 % zu hohen Preis aus. Die Gesamtzeit weicht bei der gleichen Betrachtung um 46,0 % ab. Hierbei ist anzumerken, dass eine Abweichung nach oben sowohl bei Zeit als auch Kosten als nicht so kritisch angesehen wird, da das Modell dadurch im Zweifel zur sicheren Seite abschätzt. Wichtig ist auch hier anzumerken, dass eine Abweichung der Standzeit nach oben für die geforderte Stückzahl von N = 31 zu keiner Abweichung der Gesamtkosten führt, da sowohl die ermittelte Standzeit als auch die Standzeit inkl. der Abweichung bereits oberhalb der geforderten Stückzahl N liegen. Abbildung 6-22 und Abbildung 6-23 zeigen wieder die Potenzialbereiche für Kosten und Zeit für das Beispielbauteil 2 auf. Auch hier ist zu erkennen, dass unter Betrachtung des Gesamtauftrags mit der um den MRE verringerten Standzeit sowohl zeitlich als auch auf Kostenebene sich Vorteile für die Verwendung eines polymer-additiv gefertigten Werkzeugs ergeben. Die Kosten pro Bauteil liegen auch trotz der anzusetzenden geringen Standzeit von 29 mit dem dadurch notwendigen zweiten Werkzeug noch leicht unter denen des Aluminiumwerkzeugs, sodass die Entscheidung bei einer Stückzahl von N = 31 positiv für das polymer-additiv gefertigte Werkzeug ausfällt. Gleiches gilt für die Gesamtauftragszeit.

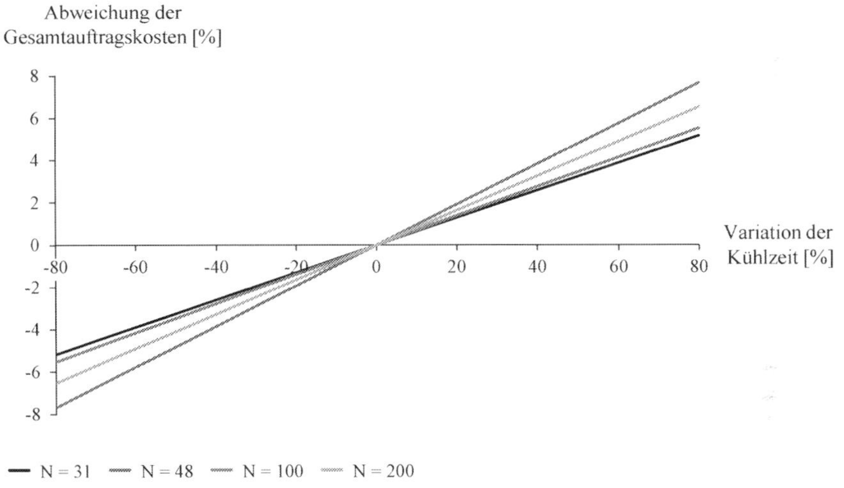

Abbildung 6-18: Sensitivitätsanalyse der Gesamtauftragskosten in Abhängigkeit der Kühlzeit für verschiedene Stückzahlen für Beispielbauteil 2

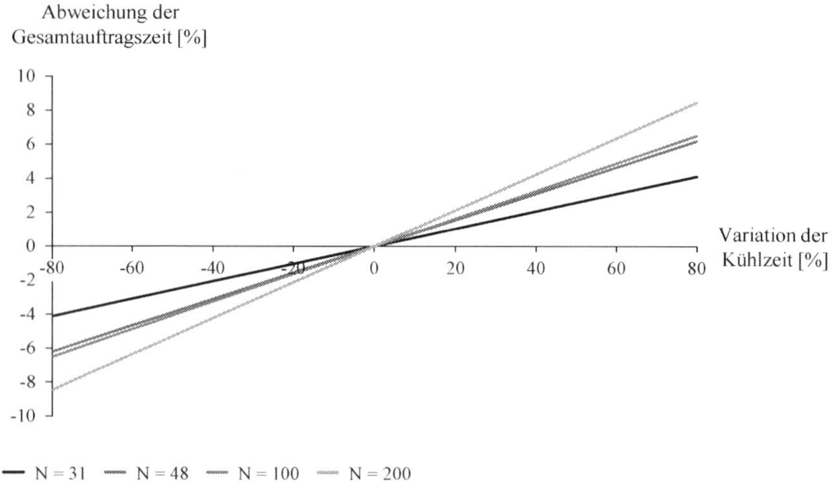

Abbildung 6-19: *Sensitivitätsanalyse der Gesamtauftragszeit in Abhängigkeit der Kühlzeit für verschiedene Stückzahlen für Beispielbauteil 2*

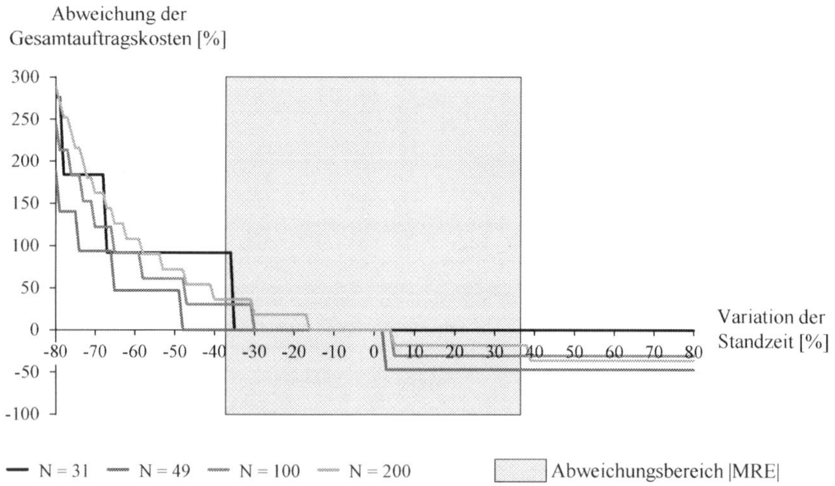

Abbildung 6-20: *Sensitivitätsanalyse der Gesamtauftragskosten in Abhängigkeit der Werkzeugstandzeit für verschiedene Stückzahlen für Beispielbauteil 2*

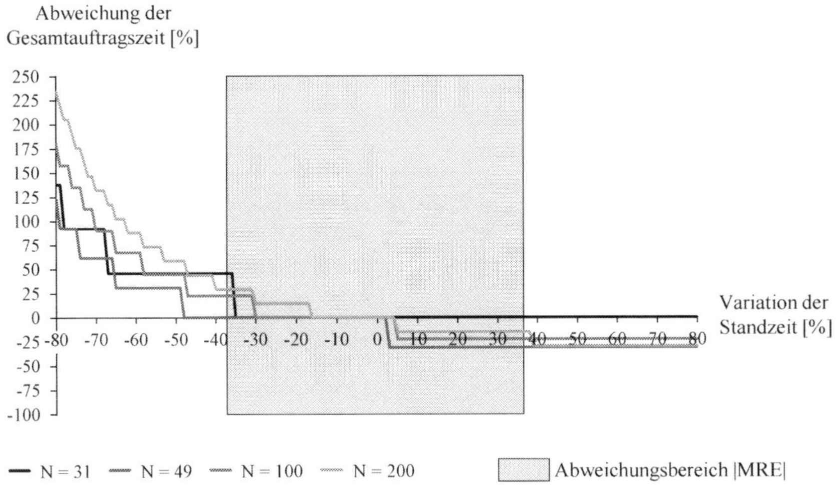

Abbildung 6-21: *Sensitivitätsanalyse der Gesamtauftragszeit in Abhängigkeit der Werkzeugstandzeit für verschiedene Stückzahlen für Beispielbauteil 2*

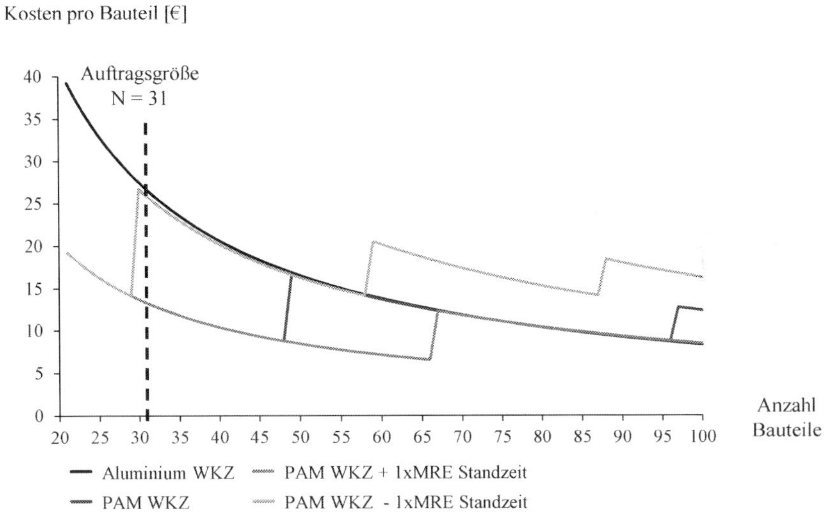

Abbildung 6-22: *Potenzialbereich der Kosten pro Bauteil für Beispielbauteil 2 für verschiedene Standzeiten*

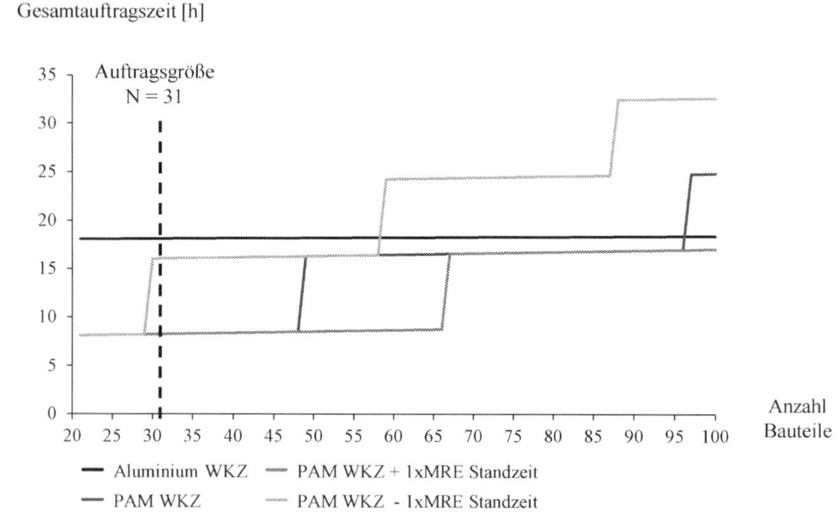

Abbildung 6-23: *Potenzialbereich der Gesamtauftragszeit für Beispielbauteil 2 für verschiedene Standzeiten*

6.1.3 Beispielbauteil Sierpinski-Teppich-Referenzbauteil

Bei Beispielbauteil 3 in Abbildung 6-16 handelt es sich um ein Referenzbauteil, welches in ähnlichen Formen in der Bauteildatenbank vorliegt. Mit diesen Bauteilen innerhalb der Datenbank ist ein Großteil der Standzeitversuche abgedeckt. Der Geometrie des Bauteils liegt die fraktale Geometrie des Sierpinski-Teppichs zugrunde. Das Bauteil kann dadurch parametrisch erstellt werden, sodass systematisch ein Raum von Bauteilen mit unterschiedlichen Komplexitäten erstellt werden kann. Das Vorgehen hierzu wird durch HARTOGH UND VIETOR vorgestellt.[274] Für die Anwendung im Rahmen der Validierung dient dieses Bauteil als Referenz zu den beiden zuvor aufgeführten Beispielbauteilen. Insbesondere die Prognosegüte der Standzeit ist bei diesem Bauteil als deutlich besser zu bewerten. Weiterhin zeigt dieses Bauteil die Auswirkungen auf die Kosten und Zeit für den Gesamtauftrag, wenn durch die Abweichung der Potenzialbereich nicht mehr unterhalb der Kurve des Aluminiumreferenzwerkzeugs liegt. Für den Anwendungsfall soll die Oberfläche eine Rauheit von $R_a = 600$ µm nicht überschreiten. Hinsichtlich Maßhaltigkeit soll mindestens die Toleranzgruppe TG6 eingehalten werden. Das Beispielbauteil ist in Abbildung 6-24 dargestellt. Um die Frage zu beantworten, ob eine Herstellung des Bauteils durch ein polymer-additiv gefertigtes Werkzeug technisch und wirtschaftlich möglich ist, müssen die gleichen Arbeitsschritte wie in den Kapiteln 6.1.1.1 bis 6.1.1.4 durchlaufen werden, sodass die Gesamtkosten und -zeit des Auftrags bestimmt werden können. Auf eine ausführliche Beschreibung analog zu Beispielbauteil 1 sei an dieser Stelle aus Gründen des fehlenden Mehrwerts verzichtet. In Abbildung 6-25 ist stattdessen die kennzahlenbasierte Anfragebeschreibung für das Beispielbauteil 3 zusammengefasst dargestellt.

---

274 Vgl. Hartogh; Vietor (Unterstützung des Entscheidungsprozesses in der Produktentwicklung), 2017, S. 49ff.

Abbildung 6-24: Beispielbauteil 3 – Sierpinski-Teppich

Auftragsnummer	*	1
	Einheit	
Beschaffenheitsmerkmale des Bauteils		
Volumen	[mm³]	2528,40
Oberfläche	[mm²]	8302,22
Projizierte Bauteilfläche	[mm²]	2528,40
Mittlere Wandstärke	[mm]	1,00
Gestrecktheit	[-]	0,56
Dünnwandigkeit	[-]	1,13
Verpackungssperrigkeit	[-]	0,15
Oberflächenverhältnis	[-]	0,97
Bauteilmaterial	[-]	PP
Beschaffenheitsmerkmale des Werkzeugs		
Werkzeugmaterial	[-]	Rigur
Werkzeugvolumen	[mm³]	293727,75
Anzahl Kavitäten	[-]	1
Funktionalitätsmerkmale		
Maximaler Entformungsweg	[mm]	1
Anzahl Auswerferstifte	[-]	0
Anzahl Schieber	[-]	0
Anzahl Kerne	[-]	0
Angussposition	[-]	Outside
Angussverteilerkanal	[-]	Schirmanguss
Aktives Temperiersystem	[-]	Nein
Aufspannart des Einsatzes	[-]	Verschraubung
Relationsmerkmale		
Einspritztemperatur	[°C]	240
Einspritzvolumenstrom	[cm³/s]	1,69
Kühlzeit	[s]	9,71
Zykluszeit	[s]	16,21

Abbildung 6-25: Kennzahlenbasierte Anfragebeschreibung von Beispielbauteil 3

Aus der kennzahlenbasierten Auftragsbeschreibung heraus wird mit den in Kapitel 5.3 erstellten Prognosemodellen eine Werkzeugstandzeit von 89 prognostiziert. Damit weicht die Prognose um 17,1 % von der tatsächlichen Standzeit von 76 ab. Mit dem in Kapitel 5.3.4 ermittelten MRE von 38,8 % und der Abschätzung zur sicheren Seite ergibt sich eine anzusetzende Standzeit von 54. Mit diesem Wert ergeben sich für das vorliegende Beispiel Gesamtkosten in Höhe von 349,46 €, die sich in 293,89 € Werkzeugkosten und 55,57 € Bauteilherstellungskosten aufteilen. Insgesamt werden für die Fertigung 7,58 h benötigt, wobei 5,80 h auf die Werkzeugherstellung und 1,78 h auf die Bauteilherstellung entfallen. Mit diesen vorliegenden Informationen ist der Anwender nun in der Lage, den Vergleich zur Verwendung von konventionellen Werkzeugmaterialien wie Aluminium oder Stahl zu ziehen und darauf aufbauend eine fundierte Entscheidung zu treffen. Auch für dieses Bauteil sind die Sensitivitäten der

Gesamtkosten und -zeit in Abhängigkeit der Kühlzeit und der Standzeit in Abbildung 6-26 bis Abbildung 6-29 dargestellt. Die Gesamtkosten weichen für den betrachteten Fall von N = 62 bei einer Abweichung der Kühlzeit von ± 80 % um ± 1,4 % ab. Für die Gesamtzeit ergeben sich analog Abweichungen von ± 1,8 %. Bei der Variation der Standzeit kommt es unter Verwendung der ermittelten MRE zu Abweichungen der Gesamtkosten von 96,9 % nach oben. Das heißt, das Modell gibt einen um 96,9 % höheren Preis aus als tatsächlich benötigt wird. Die Gesamtzeit weicht bei der gleichen Betrachtung um 50,1 % ab. Wichtig ist auch hier anzumerken, dass eine Abweichung der Standzeit nach oben für die geforderte Stückzahl von N = 62 zu keiner Abweichung der Gesamtkosten führt, da sowohl die ermittelte Standzeit als auch die Standzeit inkl. der Abweichung bereits oberhalb der geforderten Stückzahl N liegen. Abbildung 6-30 und Abbildung 6-31 zeigen, dass in diesem Fall der Potenzialbereich bei Kosten und Zeit nicht für alle Standzeitvariationen unterhalb des Bereichs des Aluminiumwerkzeugs liegt. Für die durch das Prognosemodell ermittelte Standzeit von 89 liegen Kosten- und Zeitkurve eindeutig unterhalb der Aluminium-Referenzkurven. Gleiches gilt für eine um den MRE nach oben abweichende Standzeit. Betrachtet man den um den MRE reduzierten Wert von 54 als Standzeit, sieht man, dass man durch das zweite benötigte Werkzeug nun die Kosten- und Zeitkurve der Aluminiumreferenz kreuzt und damit die Verwendung eines polymer-additiven Werkzeugs teurer und mehr Zeit in Anspruch nehmen wird. Um hier auf Nummer sicher zu gehen, sollte von der Verwendung eines polymer-additiven Werkzeugs abgesehen werden. Es bleibt anzumerken, dass auch die Kühlzeitberechnung bei dem konventionellen Werkzeug einer gewissen Schwankung unterliegt. Der Einfluss der Kühlzeitvariation auf die Gesamtkosten- und die Gesamtzeitkalkulation ist aufgrund der nochmal deutlich höheren Werkzeugherstellungskosten als geringer im Vergleich zu den polymer-additiv gefertigten Werkzeugen zu bewerten. Insbesondere der Bereich der kleinen Stückzahlen als Kernunterschied zu Serienfertigungsprozessen im Spritzgießen verringert den Einfluss der Kühlzeit auf den Gesamtprozess hinsichtlich Kosten und Zeit.

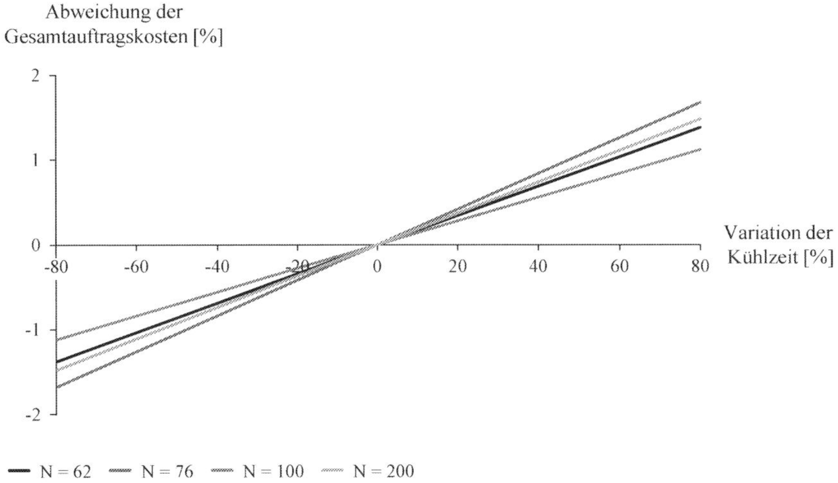

Abbildung 6-26: *Sensitivitätsanalyse der Gesamtauftragskosten in Abhängigkeit der Kühlzeit für verschiedene Stückzahlen für Beispielbauteil 3*

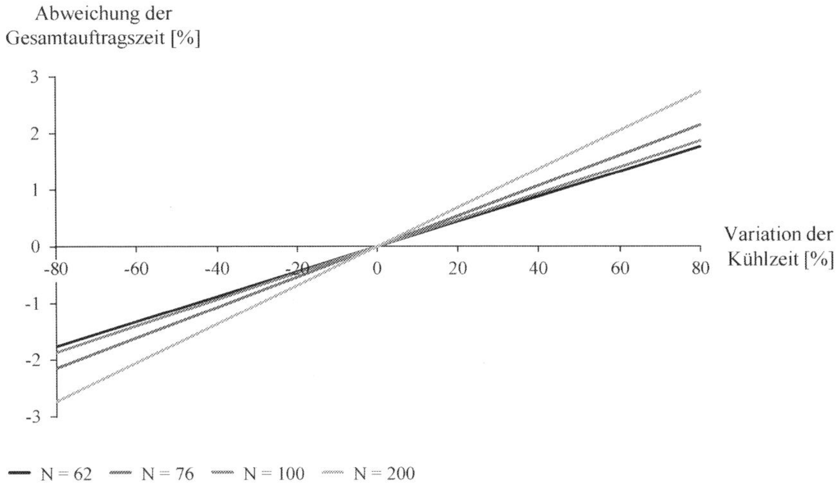

Abbildung 6-27: *Sensitivitätsanalyse der Gesamtauftragszeit in Abhängigkeit der Kühlzeit für verschiedene Stückzahlen für Beispielbauteil 3*

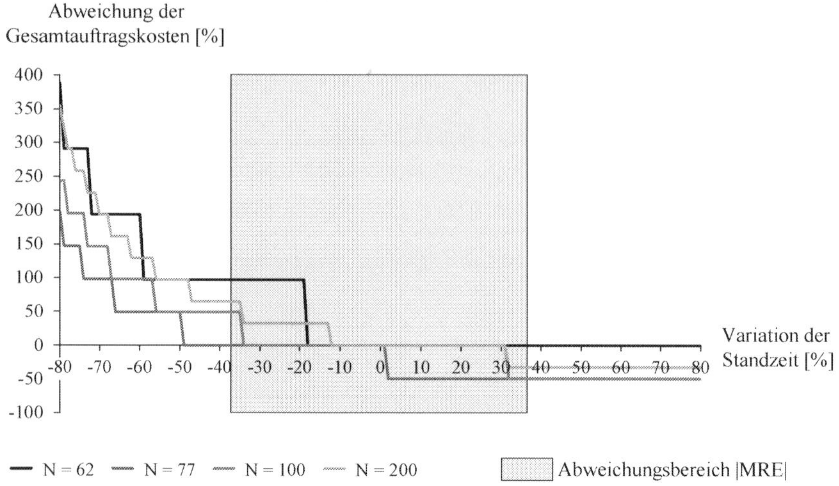

Abbildung 6-28: *Sensitivitätsanalyse der Gesamtauftragskosten in Abhängigkeit der Werkzeugstandzeit für verschiedene Stückzahlen für Beispielbauteil 3*

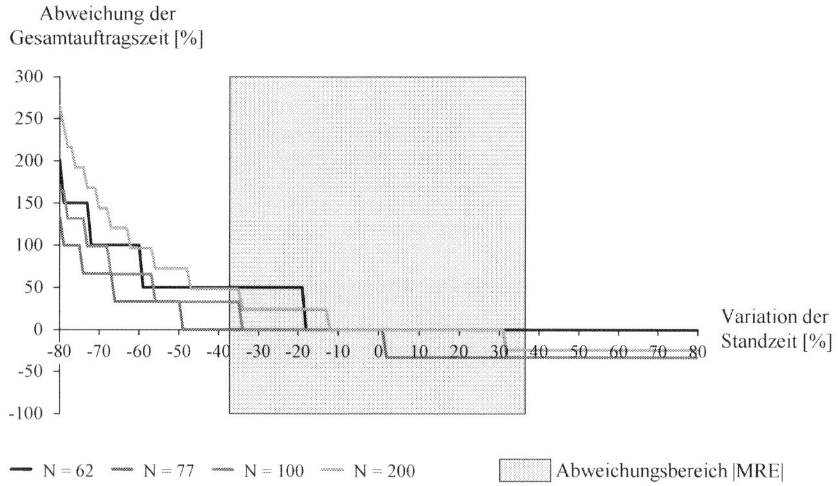

Abbildung 6-29: *Sensitivitätsanalyse der Gesamtauftragszeit in Abhängigkeit der Werkzeugstandzeit für verschiedene Stückzahlen für Beispielbauteil 3*

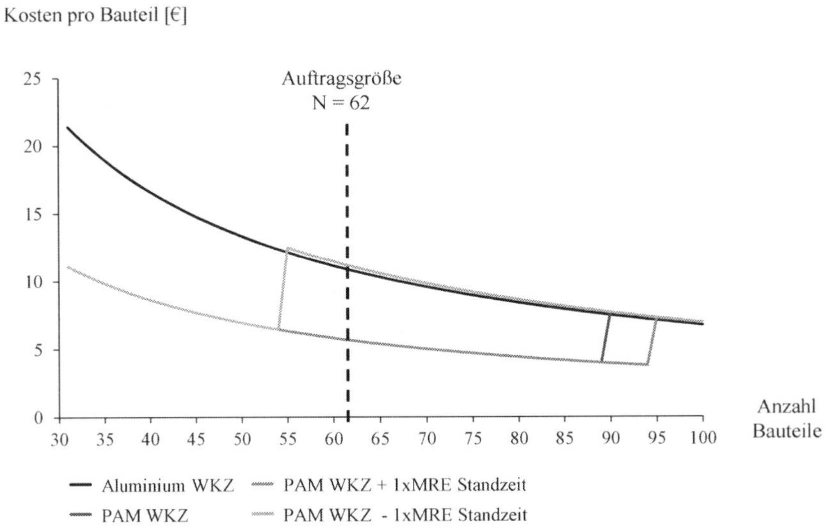

Abbildung 6-30: *Potenzialbereich der Kosten pro Bauteil für Beispielbauteil 3 für verschiedene Standzeiten*

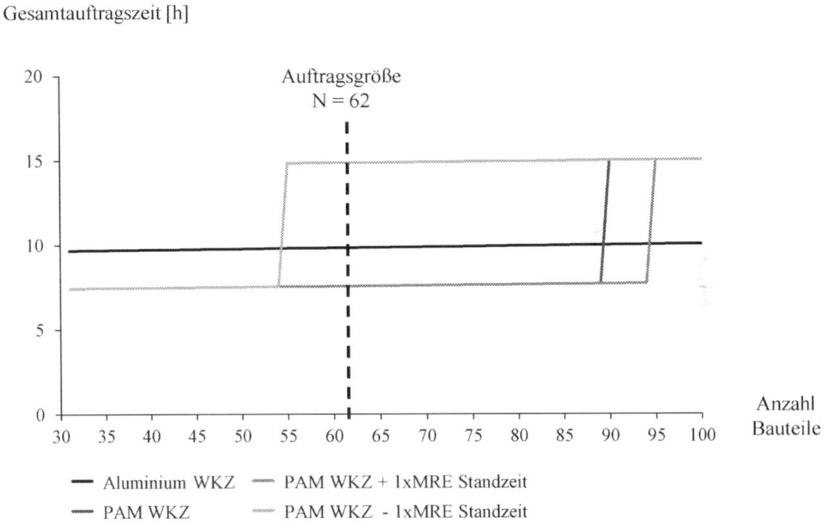

Abbildung 6-31: *Potenzialbereich der Gesamtauftragszeit für Beispielbauteil 3 für verschiedene Standzeiten*

6.2 Kritische Reflexion der Erkenntnisse

Durch das entwickelte Expertensystem ist es möglich, eine fachkundlich fundierte, reproduzierbare und personenunabhängige Ermittlung der Gesamtkosten eines Fertigungsauftrags unter Verwendung von polymer-additiv gefertigten Werkzeugeinsätzen durchzuführen. Dies geschieht im Kern durch eine Prognose der voraussichtlichen Werkzeugstandzeit durch die Nutzung von spezifischen technischen Bauteil- und Werkzeuginformationen. Dem System sind jedoch auch Grenzen gesetzt, die neben dem Nutzen der Methode im Folgenden aufgezeigt werden sollen.

6.2.1 Nutzen der entwickelten Methode

Die in Kapitel 6.1 dargestellten Anwendungen anhand von Beispielbauteilen des entwickelten Expertensystems zeigen, dass die zentrale Idee einer Data Mining-basierten Methode zur Prognose der Werkzeugstandzeit auf Basis von Bauteil- und Werkzeugmerkmalen für polymer-additiv gefertigte Spritzgießwerkzeugeinsätze dafür genutzt werden kann, die Gesamtkosten und -zeit für einen Fertigungsauftrag zu ermitteln. Hierzu wird die Methode in ein Expertensystem überführt und teilweise in einem Demonstrator umgesetzt. Die Anwendung des entwickelten Expertensystems ermöglicht Unternehmen, erstmals eine auf objektiven Informationen basierende Aussage zur Standzeit von polymer-additiven Werkzeugen zu treffen. Damit werden sie befähigt, die anfallenden Kosten und die Zeit für die Fertigstellung eines Auftrags mit einer höheren Sicherheit zu bestimmen und können somit mit einem verringerten Risiko Angebote stellen. Bisher gibt es keinerlei Aussagen bzw. Anhaltspunkte zu Standzeiten von polymer-additiv gefertigten Spritzgießwerkzeugen. Jegliche Vorhersage basiert bisher komplett auf der Erfahrung des jeweiligen Experten. Die Genauigkeit der dadurch resultierenden Vorhersagen kann daher nicht beziffert werden. Es muss aber davon ausgegangen werden, dass es durch diese Expertenschätzung kein systematisches Vorgehen gibt und daher etwaige Prognose stark schwanken.

In Bezug auf die Anfrageaufnahme und Machbarkeitsprüfung zur Erstbewertung entstehen durch den Einsatz des Expertensystems Vorteile in Bezug auf die Objektivität der Prüfung. Zum einen werden immer die gleichen Kenngrößen, wie in den Kapiteln 5.1 und 5.2 für die Bewertung der Machbarkeit, verwendet. Dies sorgt für Objektivität und damit auch eine Reproduzierbarkeit der Aussagen. Zum anderen wird ein Teil der benötigten Informationen durch eine automatisierte Bauteilanalyse extrahiert und aufbereitet. Dadurch werden die verwendeten Kenngrößen jeweils auf die gleiche Art und Weise bestimmt. Zudem liefert das aufgebaute System zum ersten Mal überhaupt eine systematische Aufnahme von Kenngrößen zur Bewertung der Machbarkeit einer Bauteilanfrage.

In Bezug auf die Werkzeugentwicklung sowie die Spritzgießprozessführung entstehen durch die abgeleiteten Gestaltungsrichtlinien mehrere Vorteile. Zum einen können durch das formulierte Regelwerk Konstruktionen standardisiert werden. Funktionen werden immer nach den gleichen, im Unternehmen festgelegten Konstruktionsprinzipien umgesetzt, unabhängig von der durchführenden Person. Dies gilt ebenfalls für die Spritzgießprozessführung. Bauteilanforderungen führen nachvollziehbar zu identischen Prozessparametern, was eine Vergleichbarkeit der Aufträge untereinander verbessert. Ein weiterer Vorteil für anwendende Unternehmen ist das Explizieren von Expertenwissen in Form der zu erstellenden Regelwerke für die Konstruktion und Prozessauslegung. Das hauptsächlich in den Köpfen der Mitarbeiter vorhandene Wissen und die Erfahrung können auf diese Weise anderen Personen im Unternehmen zugänglich gemacht werden. Dadurch wird vorhandenes Expertenwissen konserviert und im Unternehmen gehalten, auch nach Ausscheiden der ausgewiesenen Experten. Zusätzlich wird das Expertenwissen gezielt gesammelt und verbessert mit jedem weiteren Einsatz die Modellgüte. Dieses zusätzliche Wissen in Form neuer ermittelter Datensätze fließt somit zusätzlich in das Modell mit ein.

In Bezug auf die Standzeitprognose sowie die Kosten- und Zeitkalkulation liefert die im Expertensystem umgesetzte entwickelte Methode zum ersten Mal Anhaltspunkte für die erreichbaren Standzeiten mit polymer-additiv gefertigten Werkzeugen. Dies ist im Forschungsfeld des DPAT bisher nicht betrachtet und stellt damit ein Novum dar. Durch das entwickelte Meta-Modell zur Identifizierung des bestmöglichen Machine-Learning Algorithmus für die vorliegende Datenbasis wird gewährleistet, dass die Prognosegüte mit sich verändernder Datenbasis stets aktualisiert wird. Hierdurch können kontinuierlich neue Daten aus den durchgeführten Aufträgen eingepflegt werden, um das Expertensystem möglichst aktuell zu halten. Die auf Basis der Werkzeugstandzeit durchgeführten Kalkulationen liefern damit einen verlässlicheren Wert zur Angebotskalkulation für eine gegebene Anfrage.

Insgesamt ergeben sich somit signifikante Vorteile, die einem anwendenden Unternehmen wirtschaftliche Potenziale durch die Nutzung von polymer-additiven Werkzeugeinsätzen bieten können, da nun mit einer höheren Sicherheit die möglichen Kosten und Zeit für einen Fertigungsauftrag bestimmt werden können. Hierdurch wird vor allem der Angebotserstellungsprozess unterstützt. Weiterhin bietet das in Gestaltungsrichtlinien für Werkzeuge und Prozessführung konservierte Expertenwissen einen zusätzlichen Schutz vor Know-How Verlust und damit wirtschaftlichen Konsequenzen durch das Ausscheiden erfahrener Experten. Prinzipiell kann die entwickelte Methode auch auf andere Fertigungsverfahren wie z.B. das Thermoformen oder die Blechumformung übertragen werden. Das in der entwickelten Methode beschriebene Vorgehen zum Aufbau eines Expertensystems kann in vielen Punkten direkt übernommen werden. Anpassungen müssen insbesondere an den Fertigungsprozess-spezifischen Merkmalen durchgeführt werden. Dies gilt sowohl für die vom Fertigungsprozess abhängigen geometrischen Einflussfaktoren als auch die Prozessparameter, die je nach Fertigungsprozess andere sind und dementsprechend angepasst werden müssen.

6.2.2 Grenzen der entwickelten Methode

Neben den aufgezeigten Vorteilen und dem dadurch resultierenden Nutzen für anwendende Unternehmen existieren ebenfalls Grenzen des entwickelten Expertensystems. Es ist nicht angedacht, dass das entwickelte Expertensystem einen menschlichen Experten komplett ersetzt. Vielmehr soll es als nützliches Hilfsmittel fungieren, das bei der Angebotserstellung Unterstützung und Entlastung durch eine Prognose der Werkzeugstandzeit polymer-additiv gefertigter Werkzeugeinsätze bringt und damit eine belastbare Kalkulation überhaupt erst ermöglicht.

In Bezug auf die Anfrageaufnahme muss angemerkt werden, dass die umgesetzte automatische Bauteilanalyse nur bei einfachen Bauteilen, die keine Hinterschneidungen aufweisen und im Großteil eine zweidimensionale Ausdehnung haben, fehlerfrei funktioniert. Komplexe geometrische Bauteile, die insbesondere räumliche Ausdehnungen haben bzw. Bauteile, die eine eindeutige Identifikation von Features nicht direkt zulassen, müssen über konventionelle CAD-Software manuell analysiert werden. Dies stellt für die Funktionsfähigkeit des Gesamtmodells keine Einschränkung dar, da alle benötigten Werte auch aus konventionellen CAD-Systemen ermittelbar sind. Für eine kommerzielle Umsetzung sollte hier auf klassische CAD-Systeme zurückgegriffen werden. Eine professionelle Umsetzung der einzelnen Feature-Analysen kann den Anwendungsbereich der automatisierten Bauteilanalyse noch erweitern. Insbesondere sind die Erfassung von Pin- und Steg-Features in der aktuellen umgesetzten Ausführung nicht bei allen Bauteilen stabil, besonders dann, wenn das Bauteil durch seine Geometrie eine hohe räumliche Ausdehnung in drei Dimensionen besitzt. Diese Bauteile sind für die Spritzgießanwendung eher die Ausnahme, da typische Spritzgießbauteile flach sind bzw. in einer Dimension deutlich geringer ausgedehnt als in den übrigen zwei Dimensionen. Dazu muss eine automatische 3D-Datenerfassung programmiert werden, die es ermöglicht, auf Basis kleinster Volumenteile beliebige geometrische Formen zu modellieren und zu erkennen.

Weiterhin ist das Expertensystem zunächst nur direkt auf den Wissensbereich anwendbar, für den es entwickelt wurde. Im Wesentlichen ist dieser Wissensbereich durch die vorhandenen und hinterlegten Datenbanken für Spritzgießmaterialien, Werkzeugmaterialien sowie die geometrischen Informationen bereits bekannter Bauteile beschränkt. Zur Erweiterung des Anwendungsbereichs ist es daher zunächst notwendig, diese Wissensbasis in geeigneter Form zu erweitern. Dafür kann zum einen ein Anschluss des Expertensystems an öffentliche Spritzgießmaterialdatenbanken erfolgen. Werkzeugseitig kann ebenfalls ein Anschluss an eine Materialdatenbank von Material für die polymer-additive Fertigung durchgeführt werden. Hierbei sei angemerkt, dass es derzeit keine frei verfügbare öffentliche Datenbank für Materialien der additiven Fertigung gibt. Die wichtigste Erweiterung der Datenbasis besteht in der Durchführung weiterer Versuchsreihen zur Ermittlung der Werkzeugstandzeit in unterschiedlichen Kombinationen aus Spritzgießmaterial, Werkzeugmaterial und Bauteilgeometrie zusammen mit Variationen der Spritzgießprozessparameter. Nur durch diese Erweiterung kann der Anwendungsbereich im Spritzgießen vergrößert werden. Für die Aufnahme anderer Fertigungsverfahren, wie z.B. das Thermoformen oder die Blechumformung, sind darüber hinaus Anpassungen am Regelwerk sowie der Definition der relevanten Merkmale notwendig. Bei der Definition der relevanten Merkmale müssen die in Kapitel 5.1.2 beschriebenen Produktmerkmale entsprechend der aufgezeigten Gliederung für das neue Fertigungsverfahren bestimmt werden. Generische Merkmale wie das Bauteilvolumen können mit übernommen werden. Fertigungsprozessspezifische Merkmale müssen entsprechend individuell an das Fertigungsverfahren angepasst werden. Beim Thermoformen und der Blechumformung kann hier z.B. der Umformgrad als Merkmal aufgenommen werden. Zur Anpassung des Regelwerks müssen die aufgeführten spritzgießspezifischen Gestaltungsrichtlinien in Kapitel 5.2 für Werkzeuge und Prozessführung an die Richtlinien des neuen betrachteten Fertigungsprozesses angepasst werden. Da es sich bei dem benötigten Wissen um Kern-Know-How der Unternehmen handelt, ist die Bereitschaft zur öffentlichen Bereitstellung der für die Erweiterung der Wissensbasis benötigten Informationen nicht im Interesse der Unternehmen. Dies erschwert die Wissensakquisition zusätzlich.

Im Rahmen der Werkzeug-CAD-Modellerstellung erfolgt bisher nur eine Unterstützung der Konstruktion durch die erarbeiteten Regelwerke für die Nutzung polymer-additiv gefertigter Spritzgießwerkzeuge. Auch wenn die meisten gängigen CAD-Systeme sehr leistungsstarke Toolkits zur unterstützenden Gusswerkzeugkonstruktion besitzen, kann eine komplette Automatisierung der Werkzeug-CAD-Modellerstellung durch z.B. eine direkte Integration eines CAD-Systems zusätzliche Unterstützung bringen.

Im Rahmen der Ermittlung der Werkzeugstandzeit steht für die Data Mining-Modelle bisher eine sehr begrenzte Datenbasis zur Verfügung. Dies beschränkt die Aussagekraft der prognostizierten Werkzeugstandzeiten, da Werkzeuge, die bisher überhaupt nicht im vorhandenen Spektrum liegen, durchaus mit unrealistischen Standzeiten prognostiziert werden können. Grundsätzlich steigt die Aussagekraft von Prognosemodellen mit steigender Anzahl Datensätze innerhalb der Datenbasis. Daher muss die Datenbasis kontinuierlich erweitert und somit aktualisiert werden, um damit einen indirekten Wissensrückfluss zu gewährleisten, der wiederum zu verbesserten Prognoseergebnissen führt. Weiterhin kann die Struktur der Datenbasis mit steigender Datensatzanzahl auf weitere mit einzubeziehende Einflussfaktoren, wie z.B. die Prozessparameter während der additiven Fertigung der Werkzeugeinsätze erweitert werden. Hierdurch können zusätzliche Attribute mit einbezogen werden, die die Fertigungshistorie der Werkzeuge beschreiben und somit über einen vergrößerten Teil der Fertigungsprozesskette Einflüsse sichtbar machen. Dadurch kann es möglich werden, aufgrund aufgetretener Fehler bzw. Prozessgrößen innerhalb des Fertigungsprozesses des Werkzeugs Rückschlüsse auf die Werkzeugstandzeit zu ziehen. Erste in dieser Arbeit durchgeführte Versuche haben gezeigt, dass die Wahl der Prozessparameter einen Einfluss auf die Standzeit der Werkzeuge hat. So wirkt sich z.B. die Ausrichtung der Werkzeuge während des Drucks auf der Druckplattform auf die resultierenden mechanischen Eigenschaften aus. Je nach verwendeter additiver Fertigungstechnologie haben auch technologiespezifische Einstellungsparameter wie z.B. der Druckmodus im Falle der PolyJet-Technology Einfluss auf die Werkzeugstandzeit. Da die ermittelten Einflüsse im Vergleich zu anderen Größen wie z.B. dem Werkzeugwerkstoff einen vergleichsweise geringen Einfluss haben, sind diese in der vorliegenden Arbeit konstant gehalten, um das Modell in einem ersten Schritt beherrschbar zu machen. Mit Blick auf die Weiterentwicklung sollten die Prozessparameter während der additiven Fertigung jedoch definitiv betrachtet werden. Mit der kontinuierlich aktualisierten Datenbasis müssen auch die Prognosemodelle gemäß dem in Kapitel 5.3 aufgezeigten Vorgehen neu erstellt werden. Die hierbei notwendige initiale Lernphase kann zur Aufwandsreduktion automatisiert in festgelegten Zyklen erfolgen. So kann beispielsweise eine monatliche Trainingsphase der hinterlegten Modelle kontinuierlich die in einem Betrieb neu erzeugten Auftragsdaten mit einbeziehen und so die Prognosemodelle aktualisieren

7 Zusammenfassung und Ausblick

Wie selten zuvor stehen produzierende Unternehmen bedingt durch den Trend der Individualisierung vor der Herausforderung, in immer kürzer werdenden Zyklen eine steigende Anzahl von Produktvarianten zur Befriedigung von Kundenbedürfnissen herzustellen. Insbesondere für Unternehmen im Werkzeugbau entstehen hierdurch große Herausforderungen, die geforderte immer kürzer werdende Time-to-Market bei gleichzeitig hohen Anforderungen an die Qualität und niedrigen Kosten einzuhalten.

Zum einen müssen Werkzeugbaubetriebe, speziell im Kleinserienbereich, in der Lage sein, ausdetaillierte Angebote schnell stellen zu können. Dabei müssen zu große Abweichungen der Kalkulation und tatsächlich auftretenden Kosten vermieden werden. Zum anderen müssen sich Werkzeugbaubetriebe mit neuen Fertigungstechnologiekombinationen auseinandersetzen, um den Anforderungen an sinkende Preise und kürzere Produktlebenszyklen gerecht werden zu können. Die dafür notwendigen Kalkulationsmethoden decken den durch die Verwendung neuer Technologien benötigten Betrachtungsbereich nicht ausreichend ab, sodass hier ein Bedarf existiert.

Hier setzt die vorliegende Arbeit an und stellt einen Ansatz zur Entwicklung eines Expertensystems für die Ermittlung der Gesamtherstellungskosten von Spritzgießfertigungsaufträgen durch einen datenbasierten Ansatz zur Werkzeugstandzeitermittlung vor. Zunächst werden die wesentlichen benötigten Elemente eines Expertensystems auf Basis des typischen Angebotsprozesses im Rahmen der Auftragsabwicklung definiert. Darauf aufbauend wird die verlässliche Prognose der Werkzeugstandzeit von polymer-additiv gefertigten Spritzgießwerkzeugeinsätzen als Kernherausforderung für die Stellung von belastbaren Angeboten identifiziert. Kernidee des Expertensystems zur Realisierung dieser Herausforderung ist hierbei die Entwicklung einer kennzahlenbasierten Bauteilfertigungsanfragebeschreibung, die als durchgängige, vom Expertensystem interpretierbare Beschreibung der kompletten Anfrage verwendet werden kann. Hierzu werden aus der Literatur und aus praktischen Versuchen die Haupteinflussgrößen auf die Werkzeugbelastungen identifiziert und in eine kennzahlenbasierte Beschreibungslogik umgesetzt. Dabei geben der Aufwand zur Ermittlung sowie die Datenverfügbarkeit zum Zeitpunkt der Angebotsstellung die verfügbaren Kennzahlen vor.

Der Aufbau des Expertensystems gliedert sich hierbei in die typischen Bestandteile bestehend aus Schnittstelle und Dialogsystem des Bedieners zur Anwendung des Systems. Analog existiert eine Schnittstelle für die Experten in Form eines Autorensystems zur Aktualisierung oder Anpassung der Wissensbasis als Kernelement des Expertensystems. Für die Anpassung der Wissensbasis sind die während einer Bauteilherstellung anfallenden Daten in Form der verwendeten Bauteilmaterialien, Werkzeugmaterialien, Prozessparameter und die resultierende Standzeit aufzuzeichnen, sodass in regelmäßigen Abständen die Datenbasis für die Prognosemodelle aktualisiert werden kann. Dieser Aufwand ist als gering zu bewerten, da lediglich existierende Daten aufgezeichnet werden müssen. Je nach Unternehmen kann diese Aufzeichnung automatisiert oder manuell ablaufen. Die Wissensbasis gliedert sich dabei in eine Komponente mit regelhaftem Wissen, in der die ermittelten Gestaltungsrichtlinien zur Werkzeugkonstruktion sowie der Spritzgießprozessführung für polymer-additive Werkzeugeinsätze hinterlegt sind. Das fallspezifische Wissen stellt die zweite Komponente der Wissensbasis dar. Im hier vorliegenden Anwendungsfall ist dies eine Datenbasis, welche die Werkzeugstandzeit von polymer-additiv gefertigten Spritzgießwerkzeugeinsätzen in Abhängigkeit relevanter geometrischer, materialtechnischer und prozessspezifischer Merkmale enthält. Hierdurch können durch Machine Learning Ansätze die impliziten Zusammenhänge identifiziert werden und somit eine Prognose der Werkzeugstandzeit für neue Fertigungsaufträge erstellt werden. Hierzu wird ein Meta-Modell entwickelt, welches die verschiedenen Machine Learning Algorithmen hinsichtlich Prognosegüte für die vorhandene Datenbasis vergleicht, um stets die beste Prognose zu gewährleisten. Anhand der vorliegenden Datenbasis konnten Prognosemodelle erstellt werden, die die Werkzeugstandzeit mit einem mittleren relativen Fehler von 38,8 % prognostizieren. Bezieht man ein, dass es zuvor keine systematische Prognose der Standzeit gegeben hat, kann die erzielte Prognosegüte mit Blick auf die Anzahl der vorliegenden Datensätze als ausreichend bewertet werden. Die in Kapitel 6.1 aufgezeigten Auswirkungen auf die Gesamtkosten und -zeit zeigen zudem, dass mit dieser Prognosegüte bereits Entscheidungen für die Werkzeugwerkstoffauswahl präzise genug getroffen werden können. Trotz der resultierenden Abweichungen in den Gesamtkosten und -zeit kann für die beiden aufgeführten Bauteile 1 und 2 die Entscheidung zur Werkzeugwerkstoffauswahl gefällt werden. Das als Referenz aufgeführte Bauteil 3 zeigt die aktuellen Grenzen auf. Hier kann mit der ermittelten Standzeit-Prognosegüte und den daraus resultierenden Kosten- und Zeitabweichungen keine eindeutige Entscheidung getroffen werden. Diese Information fließt im Rahmen der Angebotsstellung durch eine entsprechende Weiterverarbeitung mit ein und kann damit genutzt werden, Angebote auf fundierter Datenbasis zu erstellen. Je nach Einstellung durch den Anwender kann auf Basis dieser Ergebnisse die Angebotskalkulation vorgenommen werden.

Erwartungsgemäß zeigen die Anwendungsbeispiele, dass die Umsetzung des Expertensystems in einer Excel-Umgebung keine industrialisierbare Lösung darstellt. Der Fokus dieser Arbeit liegt allerdings auf der Entwicklung des konzeptionellen Aufbaus und der Gestaltung der einzelnen Teilmodelle des Gesamtsystems. Eine professionelle softwaretechnische Umsetzung des Expertensystems kann zu Verbesserungspunkten während der Nutzung führen. Zum einen kann eine durchgängige Automatisierung der geometrischen CAD-Bauteilanalyse den Aufwand für die Erfassung der relevanten Bauteilparameter beschleunigen und robuster gestalten. Sobald alle Bauteilgeometrien unabhängig der Komplexität sicher und stabil erfasst werden können und alle beschreibenden Attribute gemäß Kapitel 5.1.2 automatisiert aus den Bauteil-CAD Daten extrahiert werden, können dadurch Abweichungen durch zurzeit zum Teil manuelle Extraktion aus einem CAD-System vermieden werden. Zum anderen kann eine vollautomatisierte Werkzeug-CAD-Modellerstellung den Gesamtablauf beschleunigen und robuster gestalten. Hierdurch können die abgeleiteten Gestaltungsrichtlinien für die Konstruktion der polymer-additiv gefertigten Werkzeuge in systematisch durch einen Algorithmus interpretierbare Regeln formuliert werden. Dies trägt zusätzlich zur Steigerung des im Expertensystem gespeicherten Wissens bei. Weiterhin können die hinterlegten Datenbanken zu Informationen zu Spritzgießmaterialien sowie Werkzeugmaterialien beliebig erweitert werden, sodass eine breitere Auswahl an Spritzgieß- und Werkzeugmaterialien zur Verfügung stehen. Damit diese größere Datenbasis verwendet werden kann, müssen hierzu Versuche zur Standzeitermittlung durchgeführt werden, um den Datensatz mit weiteren Werten für Standzeiten anzureichern.

Weiterer Forschungsbedarf besteht in der Erweiterung der vorhandenen Datenbasis für die Werkzeugstandzeitprognose. Diese kann im Wesentlichen auf zwei Wegen erfolgen. Zum einen sollte die bestehende Datenbasis mit weiteren Datensätzen erweitert werden und die Prognosemodelle regelmäßig mit der aktualisierten Datenbasis neu trainiert werden. Hierdurch wird gewährleistet, dass das vorhandene implizite Wissen auf dem neuesten Stand gehalten wird und die Prognosegüte kontinuierlich verbessert wird. Im Extremfall wird ein Bauteil angefragt, welche zu einem früheren Zeitpunkt bereits einmal von dem Unternehmen gefertigt worden ist. Das Modell würde dann auf Basis der hinterlegten Daten eine exakte Prognose der Werkzeugstandzeit geben können. Zum anderen kann mit zunehmender Datensatzverfügbarkeit die Struktur der Datenbasis in Form der einzelnen verwendeten Attribute erweitert bzw. variiert werden. So kann z.B. der bisher noch nicht betrachtete Faktor der Werkzeugherstellung mit seinen Einflussgrößen betrachtet werden, um weitere Zusammenhänge zu erkennen und die Prognosegüte zu verbessern. Weiterhin besteht Forschungsbedarf zur Übertragung dieses Vorgehens zur Erstellung eines Expertensystems auf weitere werkzeuggebundene Fertigungsverfahren, bei denen bereits erfolgreich polymer-additive Werkzeuge eingesetzt werden und die Werkzeugstandzeit der limitierende Faktor ist. Zu diesen Fertigungsverfahren gehören z.B. die Blechumformung, die Innenhochdruckrohrumformung oder das Prägen. Auf diese Weise kann das Konzept auch für weitere Anwendungsfälle verfügbar gemacht werden.

8 Anhang

8.1 Gestaltungsrichtlinien für Spritzgießbauteile

8.1.1 Gestaltungsrichtlinien zur Auslegung von Rippen-Features

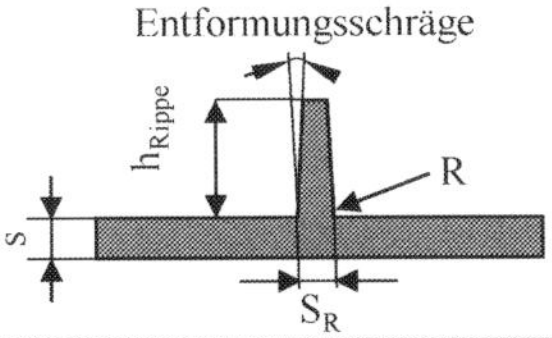

<table>
<tr><th colspan="3">Spritzgießmaterial PP</th></tr>
<tr><th>Fehler</th><th>Abstellmaßnahme</th><th>Gestaltungsrichtlinie</th></tr>
<tr><td rowspan="2">Unvollständig gefüllte Spritzgussbauteile</td><td>Aspektverhältnis (AV) anpassen</td><td>AV < 3</td></tr>
<tr><td>Entlüftungsspalte vorsehen</td><td>Entlüftungsspaltbreite < 0,1 mm
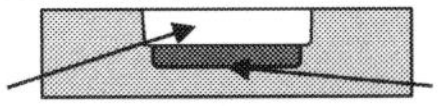
</td></tr>
<tr><td rowspan="3">Entformungsprobleme (Rippen verbleiben im Werkzeug)</td><td>Kühlzeit erhöhen</td><td rowspan="2"><table><tr><th>AV</th><th>Kühlzeit [s]</th><th>Entformungs-schräge [°]</th></tr><tr><td>< 1</td><td>40</td><td>1</td></tr><tr><td>1-2</td><td>60</td><td>1</td></tr><tr><td>2-3</td><td>80</td><td>3</td></tr><tr><td>> 3</td><td>100</td><td>>3</td></tr></table></td></tr>
<tr><td>Entformungsschräge erhöhen</td></tr>
<tr><td>Radien an Ecken und Kanten vorsehen</td><td>0,2 mm < R < 0,5 mm
(höhere Radien verringern die Entformungsprobleme)</td></tr>
<tr><td rowspan="2">Einfallstellen</td><td>Rippendicken- (S_R) / Grundwandstärkenverhältnis (S) anpassen</td><td>$S_R \leq 0,6$ S</td></tr>
<tr><td>Rippenhöhe anpassen</td><td>H ≤ 2 S</td></tr>
<tr><th colspan="3">Spritzgussmaterial PA 66</th></tr>
<tr><th>Fehler</th><th>Abstellmaßnahme</th><th>Gestaltungsrichtlinie</th></tr>
<tr><td rowspan="2">Unvollständig gefüllte Spritzgussbauteile</td><td>Aspektverhältnis (AV) anpassen</td><td>AV < 3</td></tr>
<tr><td>Entlüftungsspalte vorsehen</td><td>Entlüftungsspaltbreite < 0,1 mm
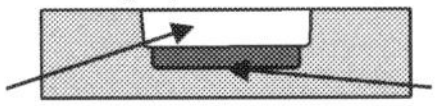
</td></tr>
<tr><td>Entformungsprobleme (Rippen verbleiben im Werkzeug)</td><td colspan="2">Es können keine Entformungsprobleme festgestellt werden.</td></tr>
<tr><td>Einfallstellen</td><td colspan="2">Es können keine Einfallstellen festgestellt werden.</td></tr>
</table>

Abbildung 8-1: Gestaltungsrichtlinien für Rippen-Features für PP und PA66 Bauteilmaterialien

8.1.2 Gestaltungsrichtlinien zur Auslegung von Pin-Features

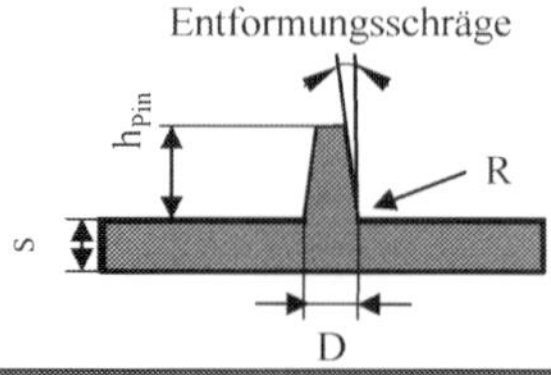

<table>
<tr><th colspan="3">Spritzgießmaterial PP</th></tr>
<tr><th>Fehler</th><th>Abstellmaßnahme</th><th>Gestaltungsrichtlinie</th></tr>
<tr><td rowspan="2">Unvollständig gefüllte Spritzgussbauteile</td><td>Aspektverhältnis (AV) anpassen</td><td>AV < 3</td></tr>
<tr><td>Entlüftungsspalte vorsehen</td><td>Entlüftungsspaltbreite < 0,1 mm
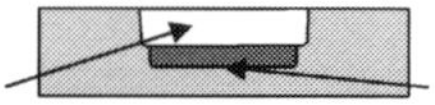</td></tr>
<tr><td rowspan="3">Entformungsprobleme (Rippen verbleiben im Werkzeug)</td><td>Kühlzeit erhöhen</td><td rowspan="2">AV | Kühlzeit [s] | Entformungs-schräge [°]
<1 | 40 | 1
1-2 | 60 | 1
2-3 | 80 | 3
>3 | 100 | >3</td></tr>
<tr><td>Entformungsschräge erhöhen</td></tr>
<tr><td>Radien an Ecken und Kanten vorsehen</td><td>0,2 mm < R < 0,5 mm
(höhere Radien verringern die Entformungsprobleme)</td></tr>
<tr><td>Einfallstellen</td><td colspan="2">Es können keine Einfallstellen festgestellt werden.</td></tr>
</table>

<table>
<tr><th colspan="3">Spritzgießmaterial PA 66</th></tr>
<tr><th>Fehler</th><th>Abstellmaßnahme</th><th>Gestaltungsrichtlinie</th></tr>
<tr><td rowspan="2">Unvollständig gefüllte Spritzgussbauteile</td><td>Aspektverhältnis (AV) anpassen</td><td>AV < 3</td></tr>
<tr><td>Entlüftungsspalte vorsehen</td><td>Entlüftungsspaltbreite < 0,1 mm
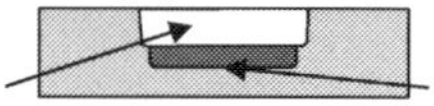</td></tr>
<tr><td>Entformungsprobleme (Rippen verbleiben im Werkzeug)</td><td colspan="2">Es können keine Entformungsprobleme festgestellt werden.</td></tr>
<tr><td>Einfallstellen</td><td colspan="2">Es können keine Einfallstellen festgestellt werden.</td></tr>
</table>

Abbildung 8-2: Gestaltungsrichtlinien für Pin-Features für PP und PA66 Bauteilmaterialien

8.1.3 Gestaltungsrichtlinie zur Auslegung von Loch-Features

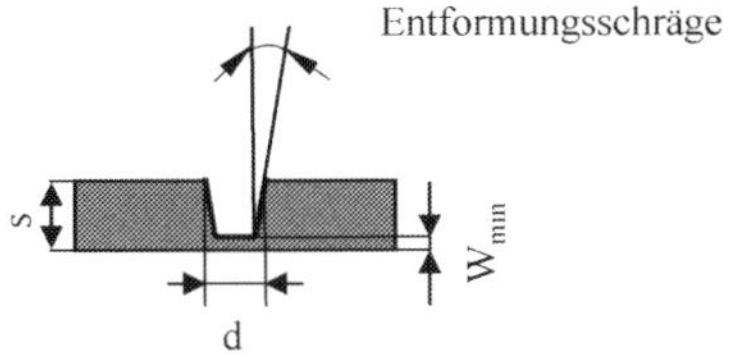

Spritzgießmaterial PP		
Fehler	Abstellmaßnahme	Gestaltungsrichtlinie
Unvollständig gefüllte Spritzgussbauteile	Minimale Wandstärke berücksichtigen	$W_{min} > 0{,}75$ mm
Entformungs-probleme	Es können keine Entformungsprobleme festgestellt werden.	
Einfallstellen	Es können keine Einfallstellen festgestellt werden.	
Spritzgießmaterial PA 66		
Fehler	Abstellmaßnahme	Gestaltungsrichtlinie
Unvollständig gefüllte Spritzgussbauteile	Minimale Wandstärke berücksichtigen	$W_{min} > 0{,}75$ mm
Entformungs-probleme	Es können keine Entformungsprobleme festgestellt werden.	
Einfallstellen	Es können keine Einfallstellen festgestellt werden.	

Abbildung 8-3: Gestaltungsrichtlinien für Loch-Features für PP und PA66 Bauteilmaterialien

8.1.4 Gestaltungsrichtlinie zur Auslegung von Steg-Features

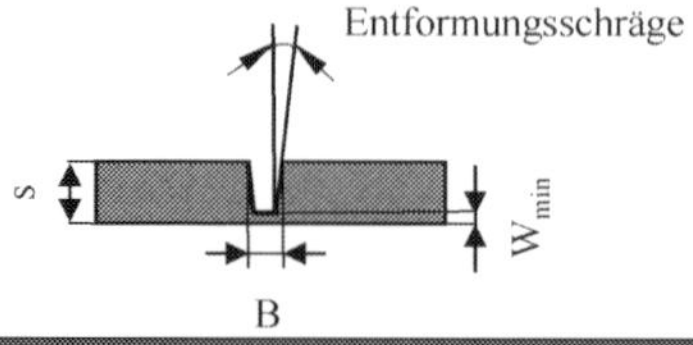

Spritzgießmaterial PP		
Fehler	Abstellmaßnahme	Gestaltungsrichtlinie
Unvollständig gefüllte Spritzgussbauteile	Minimale Wandstärke berücksichtigen	$W_{min} > 0{,}75$ mm
Entformungs-probleme	Es können keine Entformungsprobleme festgestellt werden.	
Einfallstellen	Es können keine Einfallstellen festgestellt werden.	
Spritzgießmaterial PA 66		
Fehler	Abstellmaßnahme	Gestaltungsrichtlinie
Unvollständig gefüllte Spritzgussbauteile	Minimale Wandstärke berücksichtigen	$W_{min} > 0{,}75$ mm
Entformungs-probleme	Es können keine Entformungsprobleme festgestellt werden.	
Einfallstellen	Es können keine Einfallstellen festgestellt werden.	

Abbildung 8-4: Gestaltungsrichtlinien für Steg-Features für PP und PA66 Bauteilmaterialien

8.2 Gestaltungsrichtlinien für Werkzeuge

8.2.1 Funktionskomplex Entformungssystem & Bewegungsübertragung

	Merkmal	Resultierende Werkzeugbelastung	Gestaltungsrichtlinie / Piktogramm
Funktionskomplex Entformungssystem & Bewegungsübertragung	$AN_{Auswerfer}$	Übergangsflächen zwischen Werkzeug und Auswerferstiften bieten Angriffspunkte für Zerstörung der Werkzeugeinsätze	Anzahl der Auswerferstifte minimieren Größe der Auswerferstifte nicht unter Mindestmaß
			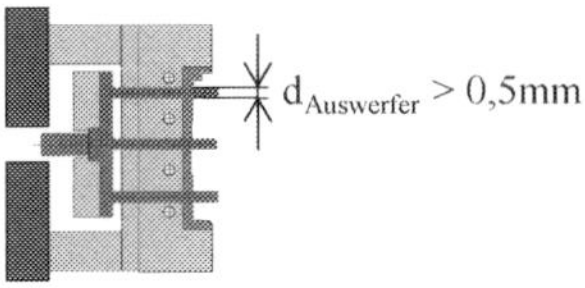
	$l_{Entformung}$	Erhöhte Entformungskräfte durch lange Entformungswege	Entformungswege durch geeignete Lage der Trennebene möglichst gering halten
			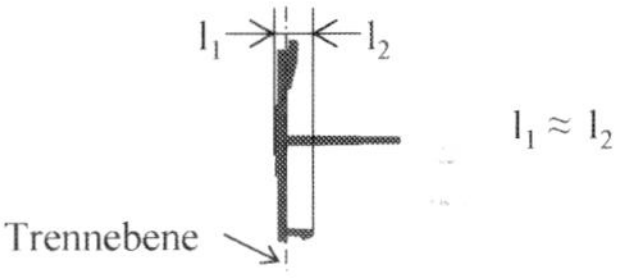

Abbildung 8-5: Gestaltungsrichtlinien für die Auslegung von polymer-additiv gefertigten Werkzeugeinsätzen – Funktionskomplex Entformungssystem & Bewegungsübertragung

8.2.2 Funktionskomplex Formnest & Kavität

Funktionskomplex Formnest & Kavität

Merkmal	Resultierende Werkzeugbelastung	Gestaltungsrichtlinie / Piktogramm
$AN_{Schieber}$ AN_{Kerne}	Steigende Anzahl Kanten an Kontaktflächen als durch die Schmelze stark belastete Stellen	Anzahl der Schieber und Kerne sollte in einem Werkzeug möglichst reduziert werden
Entlüftungsspalte	Steigender Werkzeuginnendruck während Füllphase bei unzureichender Entlüftung	Ausreichende Entlüftungsflächen auf den Werkzeugeinsätzen vorsehen 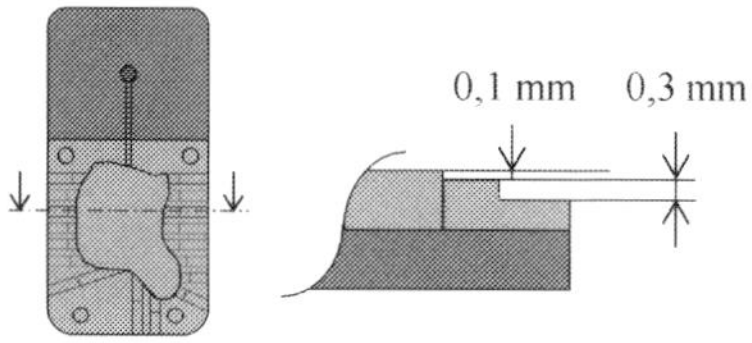
Kavitätsaufmaß	Überspritzen des Bauteils durch nicht ausreichende Abdichtung über Dichtflächen bedingt durch Kompressibilität der Werkzeugeinsätze	Aufmaß an den Werkzeugeinsätzen gegenüber Spannrahmensystem vorsehen 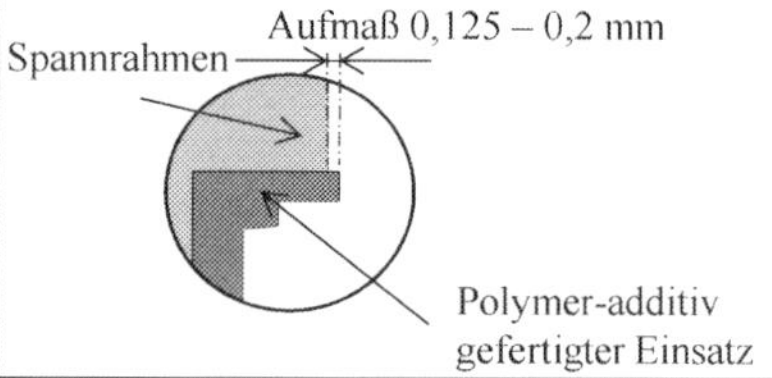
$AN_{Kavität}$	Steigerung der Belastung durch Vergrößerung der Werkzeugeinsätze	Anzahl der Kavitäten innerhalb eines Werkzeugeinsatzes sollte möglichst so gewählt werden, dass der Werkzeugeinsatz insgesamt eine möglichst geringe Größe aufweist
$t_{Werkzeug}$	Überlastung der Werkzeugwand bei zu geringer Dicke durch fehlenden Wärmeabtransport und Spannungsaufnahme	Werkzeugwanddicke darf einen Minimalwert nicht unterschreiten 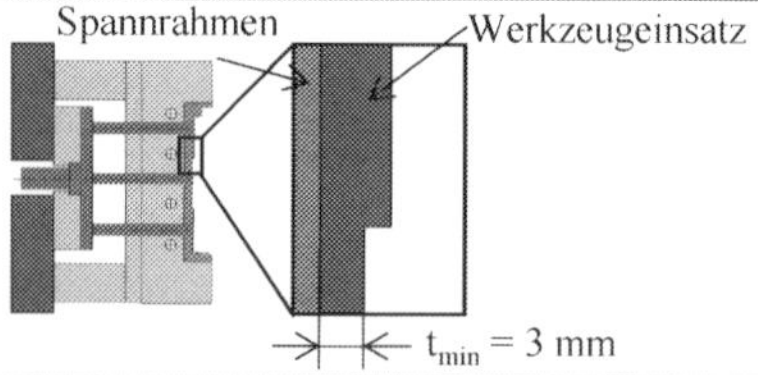

Abbildung 8-6: Gestaltungsrichtlinien für die Auslegung von polymer-additiv gefertigten Werkzeugeinsätzen – Funktionskomplex Formnest / Kavität

8.2.3 Funktionskomplex Angusssystem

<table>
<tr><th></th><th>Merkmal</th><th>Resultierende Werkzeugbelastung</th><th>Gestaltungsrichtlinie / Piktogramm</th></tr>
<tr><td rowspan="4">Funktionskomplex Angusssystem</td><td rowspan="2">$AG_{Positon}$</td><td rowspan="2">Thermische und mechanische Spitzenbelastung des Werkzeugeinsatzes am Einspritzpunkt</td><td>Verlagerung der Angussposition außerhalb des polymer-additiv gefertigten Werkzeugeinsatzes</td></tr>
<tr><td>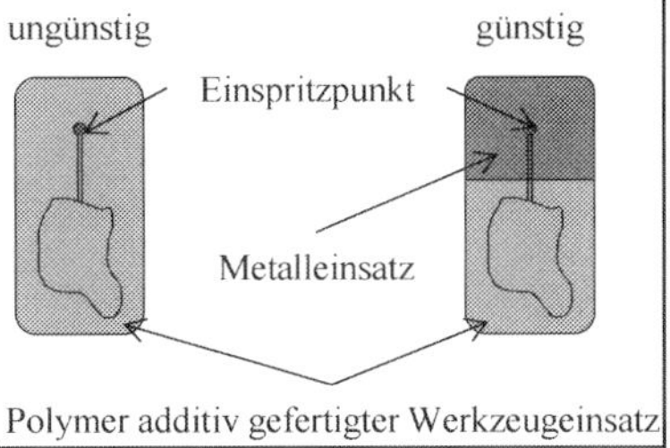
</td></tr>
<tr><td rowspan="2">AG_{Art}</td><td rowspan="2">Erhöhte thermische und mechanische Belastung durch ungünstige Strömungszustände, die durch die Angussart bestimmt werden</td><td>Nach Möglichkeit den einfachen Stangenanguss verwenden. Ein Bandanguss kann ebenfalls verwendet werden</td></tr>
<tr><td>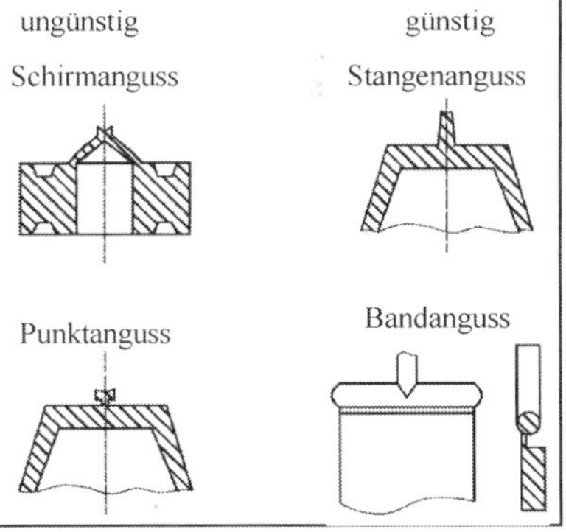
</td></tr>
</table>

Abbildung 8-7: Gestaltungsrichtlinien für die Auslegung von polymer-additiv gefertigten Werkzeugeinsätzen – Funktionskomplex Angusssystem

8.2.4 Funktionskomplex Temperiersystem

	Merkmal	Resultierende Werkzeugbelastung	Gestaltungsrichtlinie / Piktogramm
Funktionskomplex Temperiersystem	$AT_{Vorhanden}$	Thermische Belastung durch zyklische Erwärmung des Werkzeugs während des Bauteilherstellungsprozesses	Keine aktiven Temperiersysteme innerhalb der Werkzeugeinsätze, um mechanische Struktur der Werkzeuge nicht zu schwächen. Temperierung sollte passiv durch eine Spannrahmenkühlung bzw. Druckluftkühlung erfolgen

Abbildung 8-8: Gestaltungsrichtlinien für die Auslegung von polymer-additiv gefertigten Werkzeugeinsätzen – Funktionskomplex Temperiersystem

8.2.5 Funktionskomplex Maschinen- & Kraftaufnahme

	Merkmal	Resultierende Werkzeugbelastung	Gestaltungsrichtlinie / Piktogramm
Funktionskomplex Maschinen- & Kraftaufnahme	$Art_{Aufspannung}$	Mechanische Belastung auf den Werkzeugeinsatz während der Entformung	Verschraubung der Werkzeugeinsätze innerhalb der Spannrahmung unter Einhaltung der Mindestmaße für Abstand zur Kavität und Wandstärke zum Spannrahmen 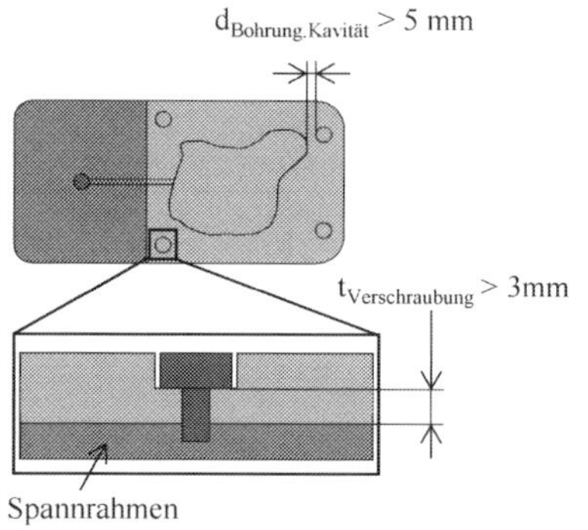

Abbildung 8-9: Gestaltungsrichtlinien für die Auslegung von polymer-additiv gefertigten Werkzeugeinsätzen – Funktionskomplex Maschinen & Kraftaufnahme

8.3 Kühlzeitgleichungen

Geometrie	Randbedingungen	Gleichung
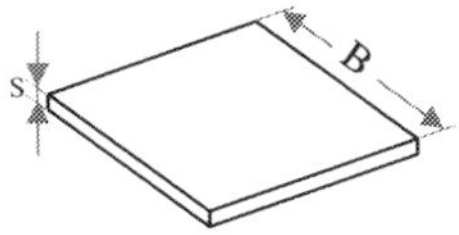	Platte $Q_z = 0$ $Q_x = 0$	$t_k = \frac{s^2}{\pi^2 * a} * \ln(\frac{8}{\pi^2} * \frac{\vartheta_M - \bar{\vartheta}_W}{\bar{\vartheta}_E - \bar{\vartheta}_W})$
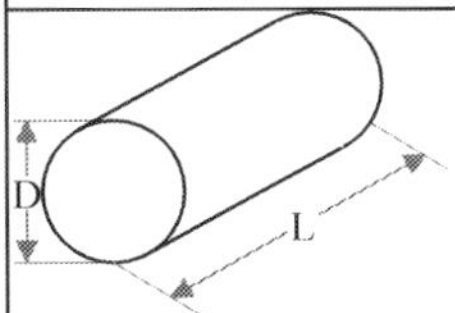	Zylinder $Q_\varphi = 0$ $Q_z = 0$ L >> D	$t_k = \frac{D^2}{23{,}14 * a} * \ln(0{,}692 * \frac{\vartheta_M - \bar{\vartheta}_W}{\bar{\vartheta}_E - \bar{\vartheta}_W})$
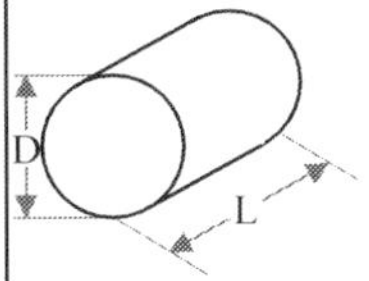	Zylinder $Q_\varphi = 0$ L ~ D	$t_k = \frac{1}{(\frac{23{,}14}{D^2} + \frac{\pi^2}{L}) * a} * \ln(0{,}561 * \frac{\vartheta_M - \bar{\vartheta}_W}{\bar{\vartheta}_E - \bar{\vartheta}_W})$
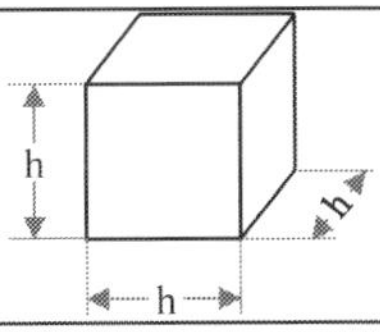	Würfel	$t_k = \frac{h^2}{3 * \pi^2 * a} * \ln(0{,}533 * \frac{\vartheta_M - \bar{\vartheta}_W}{\bar{\vartheta}_E - \bar{\vartheta}_W})$
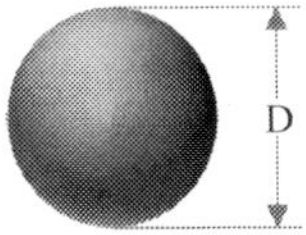	Kugel	$t_k = \frac{D^2}{4 * \pi^2 * a} * \ln(2 * \frac{\vartheta_M - \bar{\vartheta}_W}{\bar{\vartheta}_E - \bar{\vartheta}_W})$
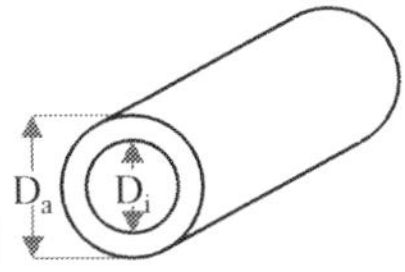	Hohlzylinder $Q_\varphi, Q_z = 0$ $r < \frac{Di}{2}: Q_r = 0$	Wie Platte mit $s = D_a - D_i$
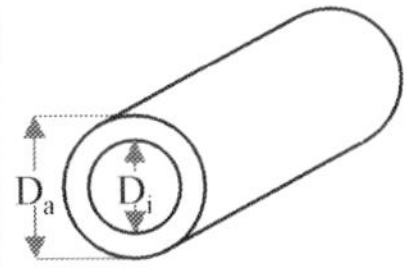	Hohlzylinder $Q_\varphi, Q_z = 0$	Wie Platte mit $s = (D_a - D_i)/2$

Abbildung 8-10: Näherungsgleichungen für die Kühlzeitberechnung für Grundgeometrien

8.4 Hinterlegte Kostensätze

Unternehmensdaten und weitere Konstante Daten zur Anpassung

Kostensätze

Personalstundensätze			Kommentar
Konstrukteur	80,00	€/h	Kostensatz
Werkzeugbauer	50,00	€/h	Kostensatz, Polieren erfolgt von Hand durch Werkzeugbauer
Maschinenbediener	30,00	€/h	Kostensatz
Maschinenstundensätze			
Fräse	60,00	€/h	Kostensatz
Drucker	35,00	€/h	Objet 260 Connex1
Ofen	5,00	€/h	inkl. "Anwerfen" durch Bediener
Spritzgießmaschine	30,00	€/h	Kostensatz
Schleifmaschine	20,00	€/h	Kostensatz

Einrichtungszeiten

Rüstzeit Spritzgießmaschine	1,50	h	Erfahrungswert

Weitere Konstanten und Pauschalen

Versand und Handling	20%	%	Pauschale auf Kosten von Zukaufmaterial & -komponenten
Lebensdauer des Spannrahmens	2.000.000,00	Schuss Bauteile	Angenommene Lebensdauer des Spannrahmens
Kosten des Spannrahmens	5.982,00	€	Preis des verwendeten Spannrahmensystems
Mittlere Bedienerauslastung	20%	%	Erfahrungswert

8.5 Hinterlegte Bauteilmaterialdatenbank

AM -Material	Max. Einspritztemperatur [°C]	Höchste Oberflächengüte [µm]	Höchste Toleranzklasse [TG]	Max. Bauteilvolumen [mm³]	Max. Proj. Fläche [mm²]	Dünnster Steg [mm]	Höchstes Steg Aspektverhältnis [-]	Dünnster Pin [mm]	Höchstes Pin Aspektverhältnis [-]	Materialpreis 1 [€/kg]	Materialpreis 2 [€/kg]	Supportmaterialpreis [€/kg]
Digital ABS	310	500	6	25776,41	5501,12	3	2,6	2,5	2,4	181,28	162,5	25
Rigur	300	400	6	38750,73	9291,89	3	2,6	2,5	2,4	161,17		25
Perform	350	300	5	56000,00	10000,00	2,5	3	2,5	3	200		200

8.6 Hinterlegte Werkzeugmaterialdaten

Kurzzeichen	Min. Temperaturleitfähigkeit [10^-6 m²/s]	Max. Temperaturleitfähigkeit [10^-6 m²/s]	mittlere Temperaturleitfähigkeit [10^-6 m²/s]	min Werkzeugwandtemperatur [°C]	max Werkzeugwandtemperatur [°C]	min Einspritztemperatur [°C]	max Einspritztemperatur [°C]	min Entformungstemperatur [°C]	max Entformungstemperatur [°C]	Mittlere Dichte [g/cm³]	Materialpreis [€/kg]
PE-LD	0,138	0,208	0,173	20	70	220	270	50	90	0,79	
PE-HD	0,147	0,258	0,2025	10	90	220	300	60	110	0,82	
EVA	0,16	0,165	0,1625	10	50	130	240				
PP	0,094	0,122	0,108	20	100	240	300	60	100	0,83	4
PS	0,132	0,132	0,132	10	60	220	280	60	100	1,01	
SB	0,132	0,132	0,132	30	60	220	280				
SAN	0,128	0,128	0,128	30	80	200	260	60	110	1,05	
ABS	0,131	0,133	0,132	40	60	200	260	60	100	1,03	6
ASA	0,133	0,133	0,133	40	60	220	260				
PVC-U	0,1	0,014	0,057	20	60	180	210	60	100	1,35	
PVC-P	0,062	0,144	0,103	20	60	150	190	60	100	1,23	
PTFE	0,114	0,116	0,115								
FEP	0,103	0,105	0,104	93	250	310	400				
PCTFE	0,115	0,116	0,1155	80	130	270	280				
ETFE	0,15	0,15	0,15	80	150	330	340				
PMMA	0,102	0,105	0,1035	40	80	190	290	70	110	1,14	
POM	0,121	0,146	0,1335	40	120	180	230				
PC	0,15	0,15	0,15	80	120	270	380	90	140	1,14	
PA 6	0,151	0,151	0,151	60	100	240	290	70	110	1,05	5
PA 66	0,119	0,119	0,119	40	90	25	300	80	140	1,05	5
PA 11	0,176	0,176	0,176	40	80	200	270				4,5
PA 12	0,179	0,179	0,179	20	100	200	270				4,5
PA 6-3-T	0,128	0,128	0,128	70	80	305	320				5
CAB	0,111	0,111	0,111	40	80	160	220				
CA	0,106	0,106	0,106	40	80	185	220				
CP	0,1	0,104	0,102	40	80	190	230				
PPE	0,155	0,155	0,155	80	105	230	300				
PSU	0,173	0,173	0,173	95	160	300	390				
PES	0,119	0,119	0,119	100	160	320	390				
PAE	0,156	0,156	0,156								
PMP	0,094	0,094	0,094	40	60						
PET	0,167	0,167	0,167	90	140	250	260				
PBT	0,123	0,123	0,123	80	140	245	260				

9 Literaturverzeichnis

3Yourmind GmbH (3Yourmind):
3Yourmind. *URL:* https://www.3yourmind.com/de/. Zuletzt geprüft am: 20.11.2020.

Abraham, A; Pedregosa, F; Eickenberg, M; Gervais, P; Mueller, A; Kossaifi, J; Gramfort, A; Thirion, B; Varoquaux, G. (Machine learning for neuroimaging):
Machine learning for neuroimaging with scikit-learn, In: *Frontiers in neuroinformatics*, Jg. 8, 2014, S. 2–10.

Almaghariz, E. S; Conner, B. P; Lenner, L; Gullapalli, R; Manogharan, G. P; Lamoncha, B; Fang, M. (Quantifying the role of part design complexity):
Quantifying the role of part design complexity in using 3D sand printing for molds and cores, In: *Inter Metalcast*, Jg. 10, 2016, Nr. 3, S. 240–252.

Arlot, S; Celisse, A. (A survey of cross-validation procedures):
A survey of cross-validation procedures for model selection, In: *Statist. Surv.*, Jg. 4, 2010, S. 40–79.

Askri, M. A; Overmeyer, L. (Funktionsbasierte Strukturen):
Funktionsbasierte Strukturen in der Angebotskalkulation, In: *ZWF*, Jg. 105, 2010, Nr. 11, S. 1016–1022.

Beaumont, J. P. (Optimale Auslegung von Anguss und Angusskanal):
Optimale Auslegung von Anguss und Angusskanal. Spritzgießwerkzeuge erfolgreich einsetzen 1. Aufl. München: Carl Hanser Verlag, 2012.

Beierle, C; Kern-Isberner, G. (Methoden wissensbasierter Systeme):
Methoden wissensbasierter Systeme. Grundlagen, Algorithmen, Anwendungen (Computational Intelligence). 5. Aufl. Wiesbaden: Springer Vieweg, 2014.

Bishop, C. M. (Pattern recognition and Machine Learning):
Pattern recognition and Machine Learning 1. Aufl. New York: Springer Science+Business Media LLC, 2006.

Bisping, M. (Integrierte Produktstrukturen für den Werkzeugbau):
Integrierte Produktstrukturen für den Werkzeugbau (Berichte aus dem IFW, 2003,5). Hannover: PZH Produktionstechnisches Zentrum, 2003. Zugl: Hannover, Univ., Diss., 2003.

BMW AG (Mini yours customised):
Mini yours customised: Vom Original zum persönlich gestalteten Unikat. *URL:* https://www.press.bmwgroup.com/deutschland/article/detail/T0276990DE/mini-yours-customised:-vom-original-zum-persoenlich-gestalteten-unikat?language=de. Zuletzt geprüft am: 01.06.2020.

Bodendorf, F. (Daten- und Wissensmanagement):
Daten- und Wissensmanagement (Springer-Lehrbuch). 2., aktualisierte und erweiterte Auflage Aufl. Berlin, Heidelberg: Springer-Verlag Berlin Heidelberg, 2006.

Bonten, C. (Kunststofftechnik):
Kunststofftechnik. Einführung und Grundlagen 1. Aufl. Aufl. s.l.: Carl Hanser Fachbuchverlag, 2014.

Boos, W. (Methodik zur Gestaltung und Bewertung von modularen Werkzeugen):
Methodik zur Gestaltung und Bewertung von modularen Werkzeugen (Ergebnisse aus der Produktionstechnik Produktionssystematik, 2008,1). Aachen: Apprimus-Verl., 2008. Zugl.: Aachen, Techn. Hochsch., Diss., 2008.

Boos, W; Arntz, K; Johannsen, L; Dröscher, T; Wollbrink, M; Prümmer, M. (Erfolgreich Fertigungstechnologien Einsetzen):
Erfolgreich Fertigungstechnologien Einsetzen. im Werkzeugbau 1. Aufl. Aachen, 2017.

Boos, W; Pitsch, M; Salmen, M; Wiese, J; Kelzenberg, C; Lange, J. d. (Erfolgreich Kalkulieren):
Erfolgreich Kalkulieren. im Werkzeugbau 1. Aufl. Aachen, 2015.

Bouaziz, Z; Ben Younes, J; Zghal, A. (Cost estimation system of dies manufacturing):
Cost estimation system of dies manufacturing based on the complex machining features, In: *The International Journal of Advanced Manufacturing Technology*, Jg. 28, 2006, Nr. 3, S. 262–271.

Brankamp, K. (Organisation des Betriebsmittelbaus):
Organisation des Betriebsmittelbaus Essen: Girardet, 1981.

Breiman, L. (Random forests):
Random forests, In: *Machine Learning*, Jg. 45, 2001, Nr. 1, S. 5–32.

Bronner, A. (Angebots- und Projektkalkulation):
Angebots- und Projektkalkulation. Leitfaden für Praktiker (VDI-Buch). 3. Aufl. Berlin, Heidelberg: Springer Berlin Heidelberg, 2008.

Bruder, U. (Kunststofftechnik leicht gemacht):
Kunststofftechnik leicht gemacht München: Hanser, 2016.

Brunkhorst, U. (Integrierte Angebots- und Auftragsplanung im Werkzeug- und Formenbau):
Integrierte Angebots- und Auftragsplanung im Werkzeug- und Formenbau (Berichte aus dem Institut für Fertigungstechnik und Spanende Werkzeugmaschinen, Universität Hannover, 366). Düsseldorf: VDI-Verl., 1995. Zugl.: Hannover, Univ., Diss., 1995.

Cardone, A; Gupta, S. K; Karnik, M. (Survey of shape similarity assessment algorithms):
A survey of shape similarity assessment algorithms for product design and manufacturing applications, In: *Journal of Computing and Information Science in Engineering*, Jg. 3, 2003, Nr. 2, S. 109–118.

Chan, S. F; Law, C. K; Chan, K. K. (Computerised price quoting system):
Computerised price quoting system for injection mould manufacture, In: *Journal of Materials Processing Technology*, Jg. 139, 2003, Nr. 1, S. 212–218.

Chandrashekar, G; Sahin, F. (Survey on feature selection methods):
A survey on feature selection methods, In: *Computers & Electrical Engineering*, Jg. 40, 2014, Nr. 1, S. 16–28.

Charalambis, A; Kerbache, L; Tosello, G; Pedersen, D; Mischkot, M. (Economic analysis of additive manufacturing integration in injection molding process chain):
Economic analysis of additive manufacturing integration in injection molding process chain, In: Bousonville, T; Melo, T; Rezg, N; Vernadat, F. (Hrsg.): Proceedings of International Conference on Industrial Engineering and Systems Management (Bd. 1). 1 Aufl., 2017.

Charalambis, A; Kerbache, L; Tosello, G; Pedersen, D; Mischkot, M; Hansen, H. (Economic trade-offs of additive manufacturing integration in injection moulding process chain):
Economic trade-offs of additive manufacturing integration in injection moulding process chain,

In: Dewulf, W; Qian, J; Hansen, H. N; Leach, R; Taylor, J. (Hrsg.): Proceedings of Joint Special Interest Group meeting between euspen and ASPE Dimensional Accuracy and Surface Finish in Additive Manufacturing (Bd. 1). 1 Aufl., 2017.

Chin, K.-S; Wong, T. N. (Knowledge-based injection mould cost estimation system):
Developing a knowledge-based injection mould cost estimation system by decision tables, In: *Int J Adv Manuf Technol*, Jg. 11, 1996, Nr. 5, S. 353–365.

Chougule, R. G; Ravi, B. (Casting cost estimation):
Casting cost estimation in an integrated product and process design environment, In: *International Journal of Computer Integrated Manufacturing*, Jg. 19, 2006, Nr. 7, S. 676–688.

Dangel, R. (Spritzgießwerkzeuge für Einsteiger):
Spritzgießwerkzeuge für Einsteiger 2. Aufl. München: Carl Hanser Verlag, 2017.

Dehen, F. (Bayes-Netzwerke für die Kostenprognose):
Bayes-Netzwerke für die Kostenprognose in der frühen Phase der Produktentwicklung (Schriftenreihe Produktentwicklung und Konstruktionsmethodik, 13). Aachen, 2012. Zugl.: Aachen, Techn. Hochsch., Diss., 2012.

Denkena, B; Schürmeyer, J. (Geometriebasierte Angebotskalkulation):
Geometriebasierte Angebotskalkulation. Regelbasierte Verarbeitung der Gussteilgeometrie zur verursachungsgerechten Kalkulation von Druckgussformen, In: *wt Werkstatttechnik-online*, Jg. 98, 2008, Nr. 11, S. 903–908.

Denkena, B; Schürmeyer, J; Böß, V; Kaddour, R. (CAD-based cost calculation of mould cavities):
CAD-based cost calculation of mould cavities, In: *Prod. Eng. Res. Devel.*, Jg. 5, 2011, Nr. 1, S. 73–79.

Deutsches Institut für Normung e.V. (DIN 24450):
Maschinen zum Verarbeiten von Kunststoffen und Kautschuk, 1987.

Deutsches Institut für Normung e.V. (DIN 32 992 Teil 1):
Berechnungsgrundlagen Kalkulationsarten und -verfahren, 1989.

Deutsches Institut für Normung e.V. (DIN 2330):
Begriffe und Benennungen, Allgemeine Grundsätze, 1993.

Deutsches Institut für Normung e.V. (DIN 32 992 Teil 2):
Berechnungsgrundlagen Verfahren der Kurzkalkulation, 1993.

Deutsches Institut für Normung e.V. (DIN 8580):
Fertigungsverfahren, 2003.

Deutsches Institut für Normung e.V. (DIN 16742):
Kunststoff-Formteile - Toleranzen und Abnahmebedingungen, 2013.

Dittmann, L. U. (OntoFMEA):
OntoFMEA. Ontologiebasierte Fehlermöglichkeits- und Einflussanalyse (Information - Organisation - Produktion). 1. Aufl. Wiesbaden: DUV Deutscher Universitäts-Verlag, 2007.

Do, A. K; Wright, P. K; Sequin, C. H. (Latest-generation SLA resins enable Direct Tooling):
Latest-generation SLA resins enable Direct Tooling for injection molding, In: *Technical Paper - Society of Manufacturing Engineers*, 2006.

Döring, S. T. (Konfliktmanagement in der technischen Auftragsabwicklung):
Konfliktmanagement in der technischen Auftragsabwicklung im Werkzeugbau (Ergebnisse aus

der Produktionstechnik Produktionssystematik, 20/2010). 1. Aufl. Aachen: Apprimus-Verl., 2010. Zugl.: Aachen, Techn. Hochsch., Diss., 2010.

Dreyer, J. (Leistungs- und wirtschaftlichkeitsorientierte Anlagenkonfiguration): *Leistungs- und wirtschaftlichkeitsorientierte Anlagenkonfiguration mit Methoden des Data Mining* (Berichte aus dem IPH, 2/2010). Garbsen: PZH Produktionstechn. Zentrum, 2010. Zugl.: Hannover, Univ., Diss., 2010.

Ehrlenspiel, K. (Integrierte Produktentwicklung): *Integrierte Produktentwicklung. Denkabläufe, Methodeneinsatz, Zusammenarbeit* 4. Aufl. München: Carl Hanser Verlag, 2009.

Eilert, B. (Merkmalbasierte Herstellkostenermittlung): *Merkmalbasierte Herstellkostenermittlung im Werkzeugbau* (Berichte aus dem IPH, 1/2015), 2015. Zugl.: Hannover, Univ., Diss., 2015.

Eitrich, O. (Prozessorientiertes Kostenmodell): *Prozessorientiertes Kostenmodell für die entwicklungsbegleitende Vorkalkulation* (Forschungsberichte aus dem Institut für Werkzeugmaschinen und Betriebstechnik der Universität Karlsruhe, 67). Karlsruhe: Inst. für Werkzeugmaschinen und Betriebstechnik, Univ., 1996. Zugl.: Karlsruhe, Univ., Diss., 1996.

Elinson, A; Nau, D. S; Regli, W. C. (Feature-based similarity assessment): Feature-based similarity assessment of solid models, In: Hoffmann, C. (Hrsg.): Proceedings of the fourth ACM symposium on Solid modeling and applications New York, NY: ACM, 1997, S. 297–310.

Equbal, A; Sood, A. K; Shamim, M. (Rapid tooling): Rapid tooling. A major shift in tooling practice, In: *Journal of Manufacturing and Industrial Engineering*, Jg. 14, 2015, Nr. 3, S. 1–9.

Ertel, W. (Grundkurs Künstliche Intelligenz): *Grundkurs Künstliche Intelligenz. Eine praxisorientierte Einführung* (Computational Intelligence). 4. Aufl. Wiesbaden: Springer Vieweg, 2016.

Eversheim, W. (Organisation in der Produktionstechnik): *Organisation in der Produktionstechnik. Arbeitsvorbereitung* (Studium und Praxis, 3). 2. Aufl. Berlin, Heidelberg: Springer Berlin Heidelberg, 1989.

Eversheim, W. (Organisation in der Produktionstechnik): *Organisation in der Produktionstechnik. Grundlagen* (Studium und Praxis, 1). 3. Aufl. Berlin, Heidelberg: Springer Berlin Heidelberg, 1996.

Eversheim, W; Klocke, F. (Werkzeugbau mit Zukunft): *Werkzeugbau mit Zukunft. Strategie und Technologie* (VDI-Buch). Berlin: Springer, 1998.

Eversheim, W; Minolla, W; Fischer, W. (Angebotskalkulation mit Kostenfunktionen): *Angebotskalkulation mit Kostenfunktionen. in der Einzel- und Kleinserienfertigung* (Betriebstechnische Reihe). Berlin: Beuth, 1977.

Fagade, A. A; Kazmer, D. (Early cost estimation for injection molded components): Early cost estimation for injection molded components, In: *Journal of Injection Molding Technology*, Jg. 4, 2000, Nr. 3, S. 97–106.

Fallböhmer, M. (Generieren alternativer Technologieketten): *Generieren alternativer Technologieketten in frühen Phasen der Produktentwicklung* (Berichte aus der Produktionstechnik, 23/2000). Aachen: Shaker, 2000. Zugl.: Aachen, Techn. Hochsch., Diss., 2000.

Farineau, T; Rabenasolo, B; Castelain, J. M; Meyer, Y; Duverlie, P. (Use of parametric models during design phase):
Use of parametric models in an economic evaluation step during the design phase, In: *The International Journal of Advanced Manufacturing Technology*, Jg. 17, 2001, Nr. 2, S. 79–86.

Fayyad, U. M. (Hrsg.) (Advances in knowledge discovery and data mining):
Advances in knowledge discovery and data mining, Menlo Park, Calif.: AAAI Press, 1996.

Fernandes, A. D. C; Souza, A. F. D; Howarth, J. L. L. (Mechanical and dimensional characterisation of polypropylene injection moulded parts):
Mechanical and dimensional characterisation of polypropylene injection moulded parts in epoxy resin/aluminium inserts for rapid tooling, In: *The International Journal of Materials and Product Technology*, Jg. 52, 2016, Nr. 1, S. 37–52.

Fischer, J. O. (Softwareunterstützte Angebotskalkulation):
Softwareunterstützte Angebotskalkulation mit Kostenfunktionen, In: *ZWF Zeitschrift für wirtschaftlichen Fabrikbetrieb*, Jg. 102, 2007, Nr. 4, S. 233–238.

Fischer, J. O. (Kostenbewusstes Konstruieren):
Kostenbewusstes Konstruieren. Praxisbewährte Methoden und Informationssysteme für den Konstruktionsprozess Berlin: Springer, 2008.

Fockel, R; Nüsser, W. (Hrsg.) (Methoden des Data Mining):
Methoden des Data Mining im praktischen Einsatz. FHDW-Fachbericht / Fachhochschule der Wirtschaft, 1/2009, Aachen: Shaker, 2009.

Fonseca, M. J; Henriques, E; Ferreira, A; Jorge, J. (Assisting mould quotation):
Assisting mould quotation through retrieval of similar data, In: Cunha, P. F; Maropoulos, P. G. (Hrsg.): Digital Enterprise Technology: *Perspectives and Future Challenges* Boston, MA: Springer Science+Business Media LLC, 2007, S. 527–534.

Frawley, W. J; Piatetsky-Shapiro, G; Matheus, C. J. (Knowledge Discovery in Databases):
Knowledge Discovery in Databases. An Overview, In: *AI Magazine*, Jg. 13, 1992, Nr. 3, S. 57–70.

Frech, J. T. (Verfahren zur integrierten, prozessbegleitenden Vorkalkulation):
Ein Verfahren zur integrierten, prozessbegleitenden Vorkalkulation für die kostengerechte Konstruktion (IPA-IAO - Forschung und Praxis, Berichte aus dem Fraunhofer-Institut für Produktionstechnik und Automatisierung (IPA) und dem Fraunhofer-Institut für Arbeitswirtschaft und Organisation (IAO), 274). Berlin, Heidelberg: Springer, 1998.

Frenzel, M; Frank, D; Haasis, S; Layer, A; Schulze, H. (Lösungsansatz für Feature- und Web-basierte Kostenkalkulation):
Lösungsansatz für Feature- und Web-basierte Kostenkalkulation am Beispiel Betriebsmittelbau, In: *wt Werkstatttechnik-online*, Jg. 91, 2001, Nr. 06, S. 349–351.

Frick, L. (Erfolgreiche Geschäftsmodelle im Werkzeugbau):
Erfolgreiche Geschäftsmodelle im Werkzeugbau (Berichte aus der Produktionstechnik, 5/2006). Aachen: Shaker. Zugl.: Aachen, Techn. Hochsch., Diss., 2006.

Fuh, J. Y. H. (Computer-aided injection mold design):
Computer-aided injection mold design and manufacture (Plastics engineering, 69). New York: Dekker, 2004.

Gebhardt, A. (Additive Fertigungsverfahren):
Additive Fertigungsverfahren. Additive Manufacturing und 3D-Drucken für Prototyping - Tooling - Produktion 5. Aufl. München: Hanser, 2016.

Gonçalves Martinho, P; Jorge Bártolo, P; Sérgio Pouzada, A. (Hybrid moulds):
Hybrid moulds. Effect of the moulding blocks on the morphology and dimensional properties, In: *Rapid Prototyping Journal*, Jg. 15, 2009, Nr. 1, S. 71–82.

Grabowski, H; Kambartel, K.-H. (Rationelle Angebotsbearbeitung):
Rationelle Angebotsbearbeitung in Unternehmen mit Auftragsfertigung (Schwerpunkt industrielle Produktion). Essen: Girardet, 1978.

Gröner, L. (Entwicklungsbegleitende Vorkalkulation):
Entwicklungsbegleitende Vorkalkulation (Betriebs- und Wirtschaftsinformatik, 45). Berlin, Heidelberg: Springer, 1991.

Grundmann, M. (Entwicklung eines Kalkulationsinstrumentariums auf Basis von Ähnlichkeitsbetrachtungen):
Entwicklung eines Kalkulationsinstrumentariums für Spritzgußbetriebe auf der Basis von Ähnlichkeitsbetrachtungen (Aachener Beiträge zur Kunststoffverarbeitung, 20). Aachen: Verl. d. Augustinus-Buchh, 1993. Zugl.: Aachen, Techn. Hochsch., Diss. 1993.

Guyon, I; Elisseeff, E. (Introduction to variable and feature selection):
An introduction to variable and feature selection, In: *Journal of Machine Learning Research*, Jg. 1, 2003, S. 1157–1182.

Hall, M. A. (Correlation-based feature selection):
Correlation-based feature selection for machine learning Waikato, 1999. Dissertation.

Harris, R; Newlyn, H; Hague, R; Dickens, P. (Part shrinkage anomilies from stereolithography injection mould tooling):
Part shrinkage anomilies from stereolithography injection mould tooling, In: *International Journal of Machine Tools and Manufacture*, Jg. 43, 2003, Nr. 9, S. 879–887.

Harris, R. A; Hague, R; Dickens, P. M. (The structure of parts produced by stereolithography injection mould tools):
The structure of parts produced by stereolithography injection mould tools and the effect on part shrinkage, In: *International Journal of Machine Tools and Manufacture*, Jg. 44, 2004, Nr. 1, S. 59–64.

Harris, R. A; Hague, R. J. M; Dickens, P. M. (Crystallinity control in parts):
Crystallinity control in parts produced from stereolithography injection mould tooling, In: *Proceedings of the Institution of Mechanical Engineers, Part L: Journal of Materials: Design and Applications*, Jg. 217, 2003, Nr. 4, S. 269–276.

Harris, R. A; Hague, R. J. M; Dickens, P. M. (Thermal conditions in stereolithography injection mould tooling):
Thermal conditions in stereolithography injection mould tooling and their use for polyether-ether-ketone moulding, In: *International Journal of Production Research*, Jg. 42, 2004, Nr. 1, S. 119–129.

Harris, R. A; Newlyn, H. A; Dickens, P. M. (Selection of mould design variables in direct stereolithography injection mould tooling):

Selection of mould design variables in direct stereolithography injection mould tooling, In: *Proceedings of the Institution of Mechanical Engineers, Part B: Journal of Engineering Manufacture*, Jg. 216, 2005, Nr. 4, S. 499–505.

Hartogh, P; Vietor, T. (Unterstützung des Entscheidungsprozesses in der Produktentwicklung): Unterstützung des Entscheidungsprozesses in der Produktentwicklung additiv herzustellender Produkte mithilfe von Ähnlichkeitskennzahlen, In: Lachmayer, R; Lippert, R. B. (Hrsg.): Additive Manufacturing Quantifiziert Berlin, Heidelberg: Springer Berlin Heidelberg, 2017, S. 49–68.

Hauschild, G. (Entwicklung eines Verfahrens zur dynamischen Angebotskalkulation): *Entwicklung eines Verfahrens zur dynamischen Angebotskalkulation für Unternehmen der Einzel- und Kleinserienfertigung* (Berichte aus dem Maschinenbau). Aachen: Shaker, 1994. Zugl.: Aachen, Techn. Hochsch., Diss., 1994.

Heeschen, D. (Kennzahlenbasierte Auswahl der Fertigungstechnologien und -ressourcen): *Kennzahlenbasierte Auswahl der Fertigungstechnologien und -ressourcen im industriellen Werkzeugbau* (Edition Wissenschaft Apprimus, 18/2015). 1. Aufl. Aachen: Apprimus-Verl., 2015. Zugl.: Aachen, Techn. Hochsch., Diss., 2015.

Heiob, W. (Einsatz dialogorientierter Entscheidungstabellentechnik): *Einsatz dialogorientierter Entscheidungstabellentechnik in der Angebots- und Auftragsbearbeitung in Unternehmen mit auftragsgebundener Produktion* (Fortschrittberichte / VDI Reihe 10, Informatik, Kommunikationstechnik, Nr. 15). Düsseldorf: VDI-Verl., 1982. Zugl.: Karlsruhe, Univ., Diss 1982.

Ho, T. K. (Random decision forests): Random decision forests: Proceedings of the third International Conference on Document Analysis and Recognition: *August 14-16, 1995, Montréal, Canada* (Reihe: ICDAR '95, Bd. 1). Los Alamitos, Calif: IEEE Computer Society Press, 1995, S. 278.

Ho, T. K. (Random subspace method for constructing decision forests): The random subspace method for constructing decision forests, In: *IEEE Transactions on Pattern Analysis and Machine Intelligence*, Jg. 20, 1998, Nr. 8, S. 832–844.

Hopkinson, N; Dickens, P. (A comparison between stereolithography and aluminium injection moulding tooling): A comparison between stereolithography and aluminium injection moulding tooling, In: *Rapid Prototyping Journal*, Jg. 6, 2000, Nr. 4, S. 253–258.

Hopmann, C. (Technologie des Spritzgießens): *Technologie des Spritzgießens. Lern- und Arbeitsbuch* 4. Aufl. München: Hanser, 2017.

Hopmann, C; Menges, G; Michaeli, W; Mohren, P. (Spritzgießwerkzeuge): *Spritzgießwerkzeuge. Auslegung, Bau, Anwendung* 7. Aufl. München: Carl Hanser Verlag, 2018.

Hopmann, C; Michaeli, W. (Einführung in die Kunststoffverarbeitung): *Einführung in die Kunststoffverarbeitung* 7. Aufl. Aufl. München: Carl Hanser Verlag, 2015.

Ittner, T. (Quantitative Bewertung von Kernkompetenzen in der Automobilzulieferindustrie): *Quantitative Bewertung von Kernkompetenzen in der Automobilzulieferindustrie am Beispiel des Presswerkzeugbaus* (Darmstädter Forschungsberichte für Konstruktion und Fertigung). Aachen: Shaker, 2004. Zugl.: Darmstadt, Techn. Univ., Diss., 2004.

Janczyk, M; McLaughlin, R; McCarthy, S. P. (Stereolithography for rapid tooling for injection molding):

Stereolithography for rapid tooling for injection molding: The effect of cooling channel geometry, In: Society for Imaging Science and Technology (Hrsg.): A celebration of all of imaging: *IS&T's 50th annual conference, May 18 - 23, 1997. Hyatt Regency Hotel, Cambridge, Massachusetts : final program and proceedings* (Reihe: Annual conference / IS&T, the Society for Imaging Science and Technology, Bd. 50). Springfield, Va.: IS&T, 1997, S. 72–78.

Jaroschek, C. (Spritzgießen für Praktiker):
Spritzgießen für Praktiker 3. Aufl. München: Carl Hanser Verlag, 2013.

Johannaber, F; Michaeli, W. (Handbuch Spritzgießen):
Handbuch Spritzgießen 2. Aufl. München: Carl Hanser Verlag, 2014.

Joshi, D; Ravi, B. (Quantifying the shape complexity):
Quantifying the shape complexity of cast parts, In: *Computer-Aided Design and Applications*, Jg. 7, 2010, Nr. 5, S. 685–700.

Kaiser, H. (Konstruieren im Verbund):
Konstruieren im Verbund von Expertensystem, CAD-System, Datenbank und Wiederholteilsuchsystem (Berichte aus dem Institut für Maschinenelemente, 54). Stuttgart: IMA, 1995. Zugl.: Stuttgart, Univ., Diss., 1995.

Kampker, A; Ayvaz, P; Lukas, G. (Direct Polymer Additive Tooling):
Direct Polymer Additive Tooling - Economic analysis of additive manufacturing technologies for fabrication of polymer tools for injection molding, In: *Key Engineering Materials*, Jg. 843, 2020, S. 9–18.

Kampker, A; Burggräf, P; Deutskens, C; Maue, A; Förstmann, R. (Integrated product and process development):
Integrated product and process development. Modular production architectures based on process requirements, In: *Procedia CIRP*, Jg. 20, 2014, S. 109–114.

Kampker, A; Burggräf, P; Wesch-Potente, C; Petersohn, G; Krunke, M. (Life cycle oriented evaluation of flexibility):
Life cycle oriented evaluation of flexibility in investment decisions for automated assembly systems, In: *CIRP Journal of Manufacturing Science and Technology*, Jg. 6, 2013, Nr. 4, S. 274–280.

Kampker, A; Förstmann, R; Kawollek, S; Bride, B. (Additive Tooling):
Additive Tooling für kunststoffbasierte Urformverfahren, In: *Lightweight Design*, Jg. 9, 2016, S. 38–43.

Kampker, A; Triebs, J; Ford, B. A; Kawollek, S; Ayvaz, P. (Potential analysis of additive manufacturing technologies for fabrication of polymer tools for injection moulding):
Potential analysis of additive manufacturing technologies for fabrication of polymer tools for injection moulding – A comparative study: 2018 IEEE International Conference on Advanced Manufacturing (ICAM) , 2018, S. 49–52.

Kampker, A; Triebs, J; Kawollek, S; Ayvaz, P. (Direct Polymer Additive Tooling):
Direct Polymer Additive Tooling – Verwendung von Polymerwerkzeugen für den Einsatz im Kleinserien Spritzguss, In: Kynast, M; Eichmann, M; Witt, G. (Hrsg.): Rapid.Tech + FabCon 3.D – International Trade Show & Conference for Additive Manufacturing: *Proceedings of the 15th Rapid.Tech Conference. Erfurt, Germany, 5 – 7 June 2018* München: Hanser, 2018, S. 45–62.

Kampker, A; Triebs, J; Kawollek, S; Ayvaz, P; Beyer, T. (Direct polymer additive tooling):
Direct polymer additive tooling – effect of additive manufactured polymer tools on part material

properties for injection moulding, In: *Rapid Prototyping Journal*, Jg. 25, 2019, Nr. 10, S. 1575–1584.

Kleinaltenkamp, M; Plinke, W; Geiger, I. (Hrsg.) (Auftrags- und Projektmanagement): Auftrags- und Projektmanagement. *Mastering Business Markets.* 2. Aufl. , Wiesbaden: Springer Gabler, 2013.

Klocke, F; Schuh, G; Zohm, F; Fricker, I. C; Sauer, A; Wegehaupt, P. (Zukunftsstudie im Werkzeug- und Formenbau):
Zukunftsstudie im Werkzeug- und Formenbau Aachen: WZL, 2005.

Klotzbach, C. (Gestaltungsmodell für den industriellen Werkzeugbau):
Gestaltungsmodell für den industriellen Werkzeugbau (Berichte aus der Produktionstechnik, 1/2007). Aachen: Shaker, 2007. Zugl.: Aachen, Techn. Hochsch., Diss., 2006.

Knoblach, N. J. (Beitrag zur rechnerunterstützten verursachungsgerechten Angebotskalkulation):
Beitrag zur rechnerunterstützten verursachungsgerechten Angebotskalkulation von Blechteilen mit Hilfe wissensbasierter Methoden. Bericht aus dem Lehrstuhl für Fertigungstechnologie (Fertigungstechnik - Erlangen, 98). Bamberg: Meisenbach, 1999. Zugl.: Erlangen-Nürnberg, Univ., Diss., 1999.

Koltzenburg, S; Maskos, M; Nuyken, O; Mülhaupt, R. (Polymere):
Polymere. Synthese, Eigenschaften und Anwendungen Berlin: Springer Spektrum, 2014.

Kotthoff, L. (Algorithm Selection for Combinatorial Search Problems: A Survey):
Algorithm Selection for Combinatorial Search Problems: A Survey, In: Bessière, C; Raedt, L. de; Kotthoff, L; Nijssen, S; O'Sullivan, B; Pedreschi, D. (Hrsg.): Data Mining and constraint programming: *Foundations of a cross-disciplinary approach* (Reihe: Lecture notes in computer science Lecture notes in artificial intelligence, Bd. 10101). Cham: Springer International Publishing AG, 2016, S. 49–90.

Krannich, M. (Tool cost calculation):
Tool cost calculation using neural networks, In: Kals, H. J. J. (Hrsg.): Sheet metal 1998: *Proceedings of the 6th International Conference, held at the University of Twente, The Netherlands, 6 - 8 April 1998* Twente, 1998, II-221-II-230.

Kratz, J. (Der Interaktionsprozess beim Kauf von einzeln gefertigten Investitionsgütern):
Der Interaktionsprozess beim Kauf von einzeln gefertigten Investitionsgütern Bochum: Studienverlag Dr. N. Brockmeyer, 1975. Zugl.: Bochum, Univ., Diss., 1975.

Kümper, R. (Kostenmodell zur verursachungsgerechten Vorkalkulation):
Ein Kostenmodell zur verursachungsgerechten Vorkalkulation (Berichte aus der Produktionstechnik, 18/1996). Aachen: Shaker, 1996. Zugl.: Aachen, Techn. Hochsch., Diss., 1996.

Lampkemeyer, U. (Objektschemata und Methoden für ein rechnerintegriertes Angebotsplanungssystem):
Objektschemata und Methoden für ein rechnerintegriertes Angebotsplanungssystem im Werkzeug- und Formenbau (IFW-Produktionstechnik, 279). Düsseldorf: VDI-Verl., 1992. Zugl.: Hannover, Univ., Diss 1992.

Leidich, E; Götze, U; Ruffert, J; Konarsky, M. (Produktkostenmanagement im Werkzeug- und Formenbau):
Produktkostenmanagement im Werkzeug- und Formenbau, In: *Zeitschrift für wirtschaftlichen Fabrikbetrieb*, Jg. 106, 2011, Nr. 11, S. 873–877.

Levy, G. N; Schindel, R. (Overview of layer manufacturing technologies):
Overview of layer manufacturing technologies, opportunities, options and applications for rapid tooling, In: *Proceedings of the Institution of Mechanical Engineers, Part B: Journal of Engineering Manufacture*, Jg. 216, 2005, Nr. 12, S. 1621–1634.

Levy, G. N; Schindel, R; Kruth, J. P. (Rapid manufacturing and rapid tooling with layer manufacturing (LM) technologies):
Rapid manufacturing and rapid tooling with layer manufacturing (LM) technologies, state of the art and future perspectives, In: *CIRP Annals*, Jg. 52, 2003, Nr. 2, S. 589–609.

Lux, S. (Entwicklung rechnerunterstützter Angebotssysteme):
Entwicklung rechnerunterstützter Angebotssysteme mit generischen Methoden (Bericht / Institut für Konstruktionslehre, Maschinen- und Feinwerkelemente, Technische Universität Braunschweig, 61). Aachen: Mainz, 2001. Zugl.: Braunschweig, Techn. Univ., Diss., 2001.

Martinho, P; Bártolo, P. J; Queirós, L; Pontes, A. J; Pouzada, A. S. (Hybrid moulds):
Hybrid moulds: the use of combined techniques for the rapid manufacturing of injection moulds, In: Bártolo, P. J. (Hrsg.): Virtual modeling and rapid manufacturing: *Advanced research in virtual and rapid prototyping* (Reihe: Balkema proceedings and monographs in engineering, water and earth sciences). London: Taylor & Francis, 2005.

Masur, M. (Kennzahlenbasiertes Verfahren zur bahnorientierten Bearbeitungszeitberechnung):
Kennzahlenbasiertes Verfahren zur bahnorientierten Bearbeitungszeitberechnung für das Laserstrahlschneiden (Berichte aus dem LZH, 2008-4). Garbsen: PZH Produktionstechn. Zentrum, 2008. Zugl.: Hannover, Univ., Diss., 2008.

Mendible, G. A; Rulander, J. A; Johnston, S. P. (Comparative study of rapid and conventional tooling):
Comparative study of rapid and conventional tooling for plastics injection molding, In: *Rapid Prototyping Journal*, Jg. 23, 2017, Nr. 2, S. 344–352.

Menges, G; Michaeli, W; Mohren, P. (Procedure for estimating mold costs):
Procedure for estimating mold costs, 2001, S. 85–104.

Meyer, B.-R; Falke, D. (Maßhaltige Kunststoff-Formteile):
Maßhaltige Kunststoff-Formteile. Toleranzen und Formteilengineering München: Carl Hanser Verlag, 2013.

Michaeli, W; Lindner, F. (Influence of Mould Materials on the Morphological and Mechanical Properties of Injection-Moulded Prototypes):
Influence of Mould Materials on the Morphological and Mechanical Properties of Injection-Moulded Prototypes, In: *Macromol. Mater. Eng.*, Jg. 286, 2001, Nr. 4, S. 232–236.

Nagahanumaiah; Mukherjee, N. P; Ravi, B. (An integrated framework for die and mold cost estimation):
An integrated framework for die and mold cost estimation using design features and tooling parameters, In: *International Journal of Advanced Manufacturing Technology*, Jg. 26, 2005, Nr. 9, S. 1138–1149.

Olmsted, B. A; Davis, M. E. (Practical injection molding):
Practical injection molding (Plastics engineering, 63). New York, NY: Marcel Dekker, 2001.

Oroszlany, Á; Nagy, P; Kovács, J. G. (Injection molding of degradable interference screws into polymeric mold):

Injection molding of degradable interference screws into polymeric mold, In: *Materials Science Forum*, Jg. 659, 2010, S. 73–77.
Ort, A. (Entwicklungsbegleitende Kalkulation):
Entwicklungsbegleitende Kalkulation mit Teilebibliotheken 1. Aufl. Clausthal-Zellerfeld: Papierflieger, 2000. Zugl.: Clausthal, Techn. Univ., Diss., 1998.
Pacyna, H. (Klassifikation von Gußstücken):
Klassifikation von Gußstücken als Hilfsmittel für die Arbeitsvorbereitung und Betriebswirtschaft in der Gießerei Düsseldorf: Giesserei-Verl., 1972. Zugl.: Aachen, Techn. Hochsch., Habil.-Schr., 1969.
Pereira, F; Mitchell, T; Botvinick, M. (Machine learning classifiers and fMRI):
Machine learning classifiers and fMRI. A tutorial overview, In: *NeuroImage*, Jg. 45, 2009, Nr. 1, S199-209.
Petersohn, H. (Data Mining):
Data Mining. Verfahren, Prozesse, Anwendungsarchitektur München, Wien: Oldenbourg, 2009. Zugl.: Leipzig, Univ., Habil, 2004.
Petzold, J. (Verbesserung der Datenqualität in der Vorkalkulation):
Verbesserung der Datenqualität in der Vorkalkulation des Werkzeug- und Formenbaus (Berichte aus dem IPH, 1/2008). Garbsen: PZH Produktionstechn. Zentrum, 2008. Zugl.: Hannover, Univ., Diss., 2008.
Piller, F. T. (Mass Customization):
Mass Customization. Ein wettbewerbsstrategisches Konzept im Informationszeitalter (Gabler Edition Wissenschaft Markt- und Unternehmensentwicklung). 4. Aufl. Wiesbaden: Dt. Univ.-Verl., 2008. Zugl.: Würzburg, Univ., Diss., 1999 u.d.T.: Kundenindividuelle Massenproduktion (mass customization) als wettbewerbsstrategisches Modell industrieller Wertschöpfung in der Informationsgesellschaft.
Pouzada, A. S. (Hybrid moulds):
Hybrid moulds. A case of integration of alternative materials and rapid prototyping for tooling, In: *Virtual and Physical Prototyping*, Jg. 4, 2009, Nr. 4, S. 195–202.
Protiq GmbH (Protiq):
Protiq. *Marketplace. URL:* https://www.protiq.com/?pk_campaign=adwords_generisch_3D_Druck&pk_kwd=drei%20d%20druck&pk_content=https://www.protiq.com&gclid=CjwKCAiAzNj9BRBDEiwAPsL0d9jwS9vbzlyQt-met2KIIbCe5fc381zCfEmXivfnD0b7qCzIOzzeadBoC6ywQAvD_BwE. Zuletzt geprüft am: 20.11.2020.
Proto Labs Germany GmbH (Protolabs):
Protolabs. *Manufacturing Accelerated. URL:* https://www.protolabs.de/?utm_campaign=de-branded-new-visitors-0220&utm_medium=cpc&utm_source=google&utm_content=de-protolabs-branded-new-visitors-responsive&gclid=CjwKCAiAzNj9BRBDEi-wAPsL0d0OSaAjj0v7QS6TksUurSEDqohv2ASoL4NjvMoelc4sVxfP8sjfZmRoCFlwQAvD_BwE. Zuletzt geprüft am: 20.11.2020.
Protolabs (Manufacturing accelerated):
Manufacturing accelerated. *URL:* https://www.protolabs.de/. Zuletzt geprüft am: 11.06.2020.

Pruner, H; Nesch, W. (Spritzgießwerkzeuge kompakt):
Spritzgießwerkzeuge kompakt. Ein Praxisbuch für Einsteiger 1. Aufl. s.l.: Carl Hanser Verlag, 2012.

Puppe, F; Gappa, U. (Towards knowledge acquisition by experts):
Towards knowledge acquisition by experts, In: Belli, F. (Hrsg.): Industrial and engineering applications of artificial intelligence and expert systems: *5th international conference, IEA/AIE - 92, Paderborn, Germany, June 9 - 12, 1992; proceedings* (Reihe: Lecture notes in computer science Lecture notes in artificial intelligence, Bd. 604). Berlin: Springer, 1992, S. 546–555.

Rahmati, S. (Direct Rapid Tooling):
Direct Rapid Tooling, In: Hashmi, S; van Tyne, C. J; Yilbas, B; Ferreira Batalha, G. (Hrsg.): Comprehensive Materials Processing Elsevier, 2014, S. 303–344.

Rahmati, S; Dickens, P. (Rapid tooling analysis of Stereolithography injection mould tooling):
Rapid tooling analysis of Stereolithography injection mould tooling, In: *International Journal of Machine Tools and Manufacture*, Jg. 47, 2007, Nr. 5, S. 740–747.

Rasmussen, C. E; Williams, C. K. I. (Gaussian processes for machine learning):
Gaussian processes for machine learning (Adaptive computation and machine learning). 3. print Aufl. Cambridge, Mass.: MIT Press, 2008.

Rimpau, C. (Wissensbasierte Risikobewertung):
Wissensbasierte Risikobewertung in der Angebotskalkulation für hochgradig individualisierte Produkte (Forschungsberichte IWB, 239). München: Utz, 2011. Zugl.: München, Techn. Univ., Diss., 2010.

Rosochowski, A; Matuszak, A. (Rapid tooling):
Rapid tooling. The state of the art, In: *Journal of Materials Processing Technology*, Jg. 106, 2000, Nr. 1, S. 191–198.

Roy, K; Kar, S; Das, R. N. (Validation of QSAR models):
Validation of QSAR models, In: *Journal of medicinal chemistry*, Jg. 53, 2010, Nr. 21, S. 231–289.

Schaal, S. (Integrierte Wissensverarbeitung mit CAD):
Integrierte Wissensverarbeitung mit CAD am Beispiel der konstruktionsbegleitenden Kalkulation (Konstruktionstechnik München, 8). München: Carl Hanser Verlag, 1992. Zugl.: München, Techn. Univ., Diss., 1991.

Scheer, A.-W. (CIM, Computer Integrated Manufacturing):
CIM, Computer Integrated Manufacturing. Der computergesteuerte Industriebetrieb 4. Aufl. Berlin: Springer, 1990.

Schürmeyer, J. T. (Interdependenzorientierte Angebotskalkulation):
Interdependenzorientierte Angebotskalkulation für den Werkzeug- und Formenbau (Berichte aus dem IFW, 6/2011). Garbsen: PZH Produktionstechn. Zentrum, 2011. Zugl.: Hannover, Univ., Diss., 2011.

Shehab, E; Abdalla, H. (An intelligent knowledge-based system for product cost modelling):
An intelligent knowledge-based system for product cost modelling, In: *International Journal of Advanced Manufacturing Technology*, Jg. 19, 2002, Nr. 1, S. 49–65.

Smith-Miles, K. A. (Cross-disciplinary perspectives on meta-learning for algorithm selection):
Cross-disciplinary perspectives on meta-learning for algorithm selection, In: *ACM Comput. Surv.*, Jg. 41, 2009, Nr. 1, S. 1–25.

Sortino, M; Motyl, B; Totis, G. (Preventive evaluation of mould production cost):
Preventive evaluation of mould production cost in aluminium casting, In: *International Journal of Advanced Manufacturing Technology*, Jg. 70, 2014, Nr. 1, S. 285–295.

Spur, G; Krause, F.-L. (Das virtuelle Produkt):
Das virtuelle Produkt. Management der CAD-Technik München: Carl Hanser Verlag, 1997.

Steinko, W; Bader, C. (Optimierung von Spritzgießprozessen):
Optimierung von Spritzgießprozessen 1. Aufl. München: Carl Hanser Verlag, 2008.

Stitz, S; Keller, W. (Spritzgießtechnik):
Spritzgießtechnik. Verarbeitung, Maschine, Peripherie 2. Aufl. München: Carl Hanser Verlag, 2004.

Tábi, T; Kovács, N. K; Sajó, I. E; Czigány, T; Hajba, S; Kovács, J. G. (Thermal, mechanical and thermomechanical properties of poly(lactic acid) injection-molded):
Comparison of thermal, mechanical and thermomechanical properties of poly(lactic acid) injection-molded into epoxy-based Rapid Prototyped (PolyJet) and conventional steel mold, In: *Journal of Thermal Analysis and Calorimetry*, Jg. 123, 2016, Nr. 1, S. 349–361.

Tönshoff, H. K; Reinsch, S; Siegbert, J; Kalogerakis, C. (Sicher zu genauen Kosten):
Sicher zu genauen Kosten. Steigerung der Datenqualität in der Angebotsplanung, In: *QZ Qualität und Zuverlässigkeit*, Jg. o. Jg., 2005, Nr. 11, S. 72–73.

Töpfer, A. (Erfolgreich Forschen):
Erfolgreich Forschen. Ein Leitfaden für Bachelor-, Master-Studierende und Doktoranden (Springer-Lehrbuch). 3. Aufl. Wiesbaden: Springer Gabler, 2012.

Tosello, G; Charalambis, A; Kerbache, L; Mischkot, M; Pedersen, D. B; Calaon, M; Hansen, H. N. (Value chain and production cost optimization):
Value chain and production cost optimization by integrating additive manufacturing in injection molding process chain, In: *The International Journal of Advanced Manufacturing Technology*, Jg. 100, 2019, Nr. 1, S. 783–795.

Toutenburg, H; Schomaker, M; Wißmann, M; Heumann, C. (Deskriptive und induktive Statistik):
Arbeitsbuch zur deskriptiven und induktiven Statistik (Springer-Lehrbuch). 2. Aufl. Berlin, Heidelberg: Springer, 2009.

Tümis, S. (Entwicklung eines kostenorientierten Planungssystems):
Entwicklung eines kostenorientierten Planungssystems für den rechnerintegrierten Werkzeug- und Formenbau (Produktionstechnik - Berlin, 65). München: Carl Hanser Verlag, 1988. Zugl.: München, Techn. Univ., Diss., 1987.

Ullmann, G. (Expertensystem zur Bereitstellung von Produktionssytem-Wissen):
Expertensystem zur Bereitstellung von Produktionssytem-Wissen für den Werkzeug- und Formenbau (Berichte aus dem IPH, 2010,5). Garbsen: PZH Produktionstechn. Zentrum, 2010. Zugl.: Hannover, Univ., Diss., 2010.

Veeramani, D; Joshi, P. (Methodologies for rapid and effective response to requests for quotation):
Methodologies for rapid and effective response to requests for quotation (RFQs), In: *IIE Transactions*, Jg. 29, 1997, Nr. 10, S. 825–838.

Wang, H; Ruan, X.-Y; Zhou, X. H. (Injection mould intelligent cost estimation system):
Research on injection mould intelligent cost estimation system and key technologies, In: *International Journal of Advanced Manufacturing Technology*, Jg. 21, 2003, Nr. 3, S. 215–222.

Westekemper, M. (Methodik zur Angebotspreisbildung):
Methodik zur Angebotspreisbildung am Beispiel des Werkzeug- und Formenbaus Aachen: Publikationsserver der RWTH Aachen University, 2002. Zugl.: Aachen, Techn. Hochsch., Diss., 2002.

Wiendahl, H.-P. (Betriebsorganisation für Ingenieure):
Betriebsorganisation für Ingenieure 9. Aufl. , 2019.

Winter, G. (Leitfaden zur Angebotserstellung):
Leitfaden zur Angebotserstellung. Prozessbeschreibung, konkrete Handlungsempfehlungen, direkt einsetzbare Arbeitshilfen (WEKA-Praxislösungen): WEKA-Media, 2001.

Witten, I. H; Frank, E; Hall, M. A. (Data mining):
Data mining. Practical machine learning tools and techniques (/Morgan Kaufmann series in data management systems]). 3. Aufl. Amsterdam: Elsevier/Morgan Kaufmann, 2011.

Wrede, D. (Das Gold in den Köpfen der Mitarbeiter):
Das Gold in den Köpfen der Mitarbeiter. Zur Integration von Ideen- und Wissensmanagement 1. Aufl. München: Grin-Verlag, 2007. Zugl.: Hannover, Univ., Diss., 2007.

Wu, X; Kumar, V; Ross Quinlan, J; Ghosh, J; Yang, Q; Motoda, H; McLachlan, G. J; Ng, A; Liu, B; Yu, P. S; Zhou, Z.-H; Steinbach, M; Hand, D. J; Steinberg, D. (Top 10 algorithms in data mining):
Top 10 algorithms in data mining, In: *Knowledge and Information Systems*, Jg. 14, 2008, Nr. 1, S. 1–37.

Wuest, T; Weimer, D; Irgens, C; Thoben, K.-D. (Machine learning in manufacturing):
Machine learning in manufacturing. Advantages, challenges, and applications, In: *Production & Manufacturing Research*, Jg. 4, 2016, Nr. 1, S. 23–45.

Yan, X; Su, X. (Linear regression analysis):
Linear regression analysis. Theory and computing Singapore, Hackensack, N.J: World Scientific Pub. Co, 2009.

Zhang, Y; Pedersen, D. B; Gøtje, A. S; Mischkot, M; Tosello, G. (A Soft Tooling process chain employing Additive Manufacturing):
A Soft Tooling process chain employing Additive Manufacturing for injection molding of a 3D component with micro pillars, In: *Journal of Manufacturing Processes*, Jg. 27, 2017, S. 138–144.

In der Reihe **Ergebnisse aus der Elektromobilproduktion** zuletzt erschienen:

Ayvaz, Peter:
Methode zur merkmalbasierten Gesamtkostenermittlung für polymer-additiv gefertigte Spritzgießwerkzeuge
ISBN 978-3-86359-999-7
Erscheinungsdatum: 20.09.2021

Hehl, Martin:
Lösungsraum-Management für die Produktionsplanung im Disruptiven Umfeld
ISBN 978-3-86359-974-4
Erscheinungsdatum: 10.06.2021

Haunreiter, Andreas:
Unsicherheitsmanagement von Produktanforderungen in der Entwicklung von Hochvolt-Batteriesystemen
ISBN: 978-3-86359-955-3
Erscheinungsdatum: 07.05.2021

Mohsseni, Ahmad:
Gestaltung von lebenszyklusrobusten Produktarchitekturen am Beispiel des Lithium-Ionen-Batteriesystems
ISBN: 978-3-86359-961-4
Erscheinungsdatum: 19.04.2021

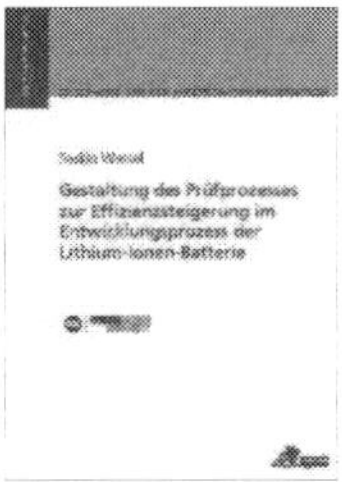

Wessel, Saskia:

Gestaltung des Prüfprozesses zur Effizienzsteigerung im Entwicklungsprozess der Lithium-Ionen-Batterie

ISBN: 978-3-86359-909-6

Erscheinungsdatum: 10.11.2020

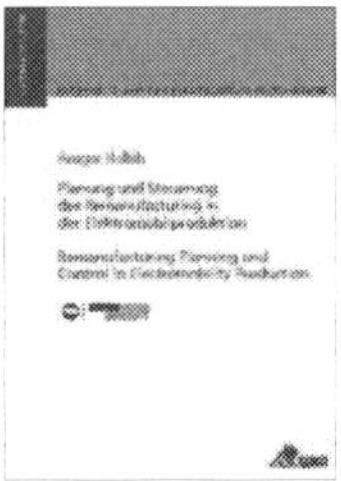

Hollah, Ansgar:

Planung und Steuerung des Remanufacturing in der Elektromobilproduktion

ISBN: 978-3-86359-896-9

Erscheinungsdatum: 20.10.2020

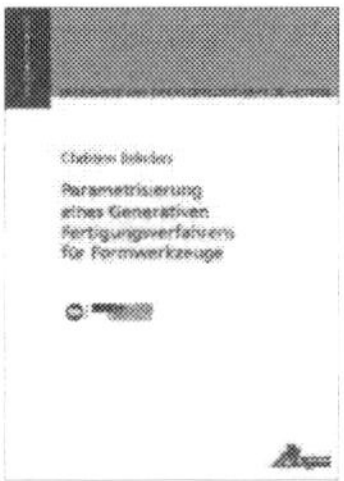

Reinders, Christian:

Parametrisierung eines Generativen Fertigungsverfahrens für Formwerkzeuge

ISBN: 978-3-86359-897-6

Erscheinungsdatum: 30.09.2020

vom Hemdt, Ansgar:

Methodik zur anwendungsspezifischen Gestaltung von Materialprozessketten für Lithium-Ionen-Batterien

ISBN: 978-3-86359-879-2

Erscheinungsdatum: 31.08.2020

Edition Wissenschaft
Apprimus

FSC
www.fsc.org
MIX
Papier | Fördert gute Waldnutzung
FSC® C083411

Kolibri 360 GmbH
Ferdinand-Jühlke-Straße 7
99095 Erfurt, Deutschland
produktsicherheit@kolibri360.de